高等职业教育土木建筑类专业新形态系列教材

建筑工程识图

主　编　徐　洁　杨　谦

副主编　张　喆　安亚强

参　编　凌　飞　宋　祥　侯经文　卫碧洋

主　审　武　强

机械工业出版社

本书内容包含两大部分：画法几何及工程图纸识读。其中，画法几何部分包括平面图形绘制、投影基础与技能、立体投影、组合体投影、轴测投影图、剖面图与断面图，主要培养学生的空间想象力，锻炼识图、绘图能力；工程图纸识读部分包括施工图概述、建筑施工图、结构施工图和建筑装饰施工图，主要培养学生识读施工图纸的能力，同时引入了多套工程实例图纸用于辅助教学，将教学与实践紧密连接。

本书内容新颖，引入了微课、三维动画、三维模型等信息化元素；每个模块前都有模块概述、知识目标、能力目标、素质目标，相关内容对接岗位要求；每个模块后都有本模块知识框架和本模块拓展练习，便于学生总结和自查。本书内容对接"1＋X"建筑工程识图职业技能等级标准及全国职业院校技能大赛"建筑工程识图"赛项，将岗、课、赛、证融通了起来。

本书可作为高职本科、高职专科土建类相关专业的教材，也可作为相关工程技术人员的参考用书。

为方便教学，本书配有电子课件、CAD图纸（模块八～模块十的拓展练习，需要结合实训图纸完成），凡使用本书作为教材的教师均可登录机工教育服务网 www.cmpedu.com 注册下载。咨询电话：010 - 88379375。

图书在版编目（CIP）数据

建筑工程识图/徐洁，杨谦主编. —北京：机械工业出版社，2024.4
高等职业教育土木建筑类专业新形态系列教材
ISBN 978-7-111-75632-3

Ⅰ.①建… Ⅱ.①徐… ②杨… Ⅲ.①建筑制图－识别－高等职业教育－教材 Ⅳ.①TU204.21

中国国家版本馆 CIP 数据核字（2024）第 076071 号

机械工业出版社（北京市百万庄大街22号　邮政编码100037）
策划编辑：常金锋　　　　　　　　　　责任编辑：常金锋　陈将浪
责任校对：孙明慧　李可意　景　飞　　封面设计：王　旭
责任印制：张　博
北京建宏印刷有限公司印刷
2024年10月第1版第1次印刷
184mm×260mm · 18.75 印张 · 460 千字
标准书号：ISBN 978-7-111-75632-3
定价：55.00元

电话服务　　　　　　　　　　　网络服务
客服电话：010-88361066　　　　机　工　官　网：www.cmpbook.com
　　　　　010-88379833　　　　机　工　官　博：weibo.com/cmp1952
　　　　　010-68326294　　　　金　书　网：www.golden-book.com
封底无防伪标均为盗版　　　　　　机工教育服务网：www.cmpedu.com

前 言

工程图纸被誉为"工程技术界的语言",既是工程技术人员表达和交流技术思想的重要工具,又是工程技术人员研究设计方案、指导和组织施工及编制工程概(预)算、审核工程造价的重要依据。作为未来的工程建设者,土建类专业学生应掌握制图的基本知识,了解并贯彻国家标准所规定的基本制图要求,学会正确使用绘图工具和绘图仪器,掌握建筑工程识图的方法及技巧。本书具有以下特点:

1. 秉持制度化、规范化、程序化全面推进的思想,强调建筑工程的一切活动必需以现行规范和标准为引领,实现制度化、规范化、程序化操作,杜绝一切违章、违法、违规——本书根据现行国家标准和标准图集编写而成,参考的国家标准和标准图集包括《总图制图标准》(GB/T 50103—2010)、《房屋建筑制图统一标准》(GB/T 50001—2017)、《建筑制图标准》(GB/T 50104—2010)、《建筑结构制图标准》(GB/T 50105—2010)、《房屋建筑室内装饰装修制图标准》(JGJ/T 244—2011),以及《混凝土结构施工图平面整体表示方法制图规则和构造详图(现浇混凝土框架、剪力墙、梁、板)》(22G101-1)、《混凝土结构施工图平面整体表示方法制图规则和构造详图(现浇混凝土板式楼梯)》(22G101-2)、《混凝土结构施工图平面整体表示方法制图规则和构造详图(独立基础、条形基础、筏形基础、桩基础)》(22G101-3)等。

2. 遵循推进教育数字化,建设全民终身学习的学习型社会、学习型大国的理念,立体开发——本书进行立体化教材建设,符合"互联网+职业教育"发展需求;本书引入了微课、三维动画、三维模型等信息化元素,增加了数字化配套资源,使内容组成呈现多元化。

3. 实践没有止境,理论创新也没有止境——本书采用模块化编写方式,每个模块前都有模块概述、知识目标、能力目标、素质目标,能让学生更好地了解模块学习内容;每个模块后都有本模块知识框架和本模块拓展练习,便于学生总结和自查。

4. 秉持加强企业主导的产学研深度融合,强化目标导向的思想——本书力邀优秀一线企业人员参编,针对施工图识图内容,企业人员从实践角度进行教材编写,将理论与实践相结合,并提供了宝贵的建议与相关资料。

5. 本书内容对接"1+X"建筑工程识图职业技能等级标准及全国职业院校技能大赛"建筑工程识图"赛项,在相应模块中融入了考点及赛点知识。

本书由陕西工业职业技术学院徐洁、杨谦担任主编,陕西工业职业技术学院张喆、安亚强担任副主编,参编者还有陕西工业职业技术学院凌飞、宋祥、侯经文和中国建筑西北设计研究院有限公司卫碧洋,全书由徐洁统稿。本书具体编写分工:徐洁编写模块三、模块四、模块六、模块七、模块九中的任务一~任务五;杨谦编写绪论以及模块一任务二;张喆编写模块十;安亚强编写模块二、模块五;凌飞编写模块八;宋祥编写模块一任务一;侯经文编写模块一任务三;卫碧洋编写模块九任务六,并在工程图纸识读部分给予了悉心指导与大力支持。本书由陕西工业职业技术学院武强主审。

限于编者的水平和经验,书中不妥之处在所难免,恳请广大读者和同行专家批评指正。

编 者

动画二维码清单

页码	名称	二维码	页码	名称	二维码
142	房屋的组成		201	独立基础的钢筋构造要求	
159	建筑平面图的形成及表达内容		203	有荷载受力变形过程（条形基础底板识图规则）	
160	建筑中间层平面图表达内容		216	柱的位置分类	
169	建筑立面图的形成及表达内容		222	梁的作用	
175	建筑剖面图的形成		223	连续多跨梁受力变形	
181	楼梯的组成		224	梁平法识图规则	
181	楼梯平面图的形成		231	梁支座负筋	
186	楼梯剖面图的形成		242	悬挑板受力变形	
194	混凝土建筑施工流程演示				

微课二维码清单

名称	二维码	名称	二维码
[1.1] 制图基本标准		[2.2.3] 屋顶平面图识读	
[1.2.1] 房屋的组成		[2.2.4] 建筑平面图的绘制	
[1.2.2] 阅读施工图的方法与步骤		[2.3.1] 建筑立面图的形成及表达内容	
[1.3.1] 定位轴线		[2.3.2] 建筑立面图的绘制	
[1.3.2] 索引符号、详图符号		[2.4.1] 建筑剖面图的形成及表达内容	
[1.3.3] 标高符号、引出线及对称符号		[2.4.2] 建筑剖面图的绘制	
[1.3.4] 剖切符号、指北针及风玫瑰		[2.5.1] 外墙身节点详图	
[2.1.1] 建筑首页图		[2.5.2] 楼梯平面详图识读	
[2.1.2] 建筑总平面图		[2.5.3] 楼梯平面图绘制-等分平行线法	
[2.2.1] 建筑平面图的形成及表达内容		[2.5.4] 楼梯剖面详图识读	
[2.2.2] 建筑中间层平面图表达内容		[2.5.5] 楼梯剖面详图绘制-网格法	

V

建筑工程识图

(续)

名称	二维码	名称	二维码
[3.1.1] 结构识图的基础知识-钢筋、混凝土材料		[3.2.10] 条形基础概述	
[3.1.2] 混凝土保护层		[3.3.1] 柱的种类	
[3.1.3] 结构识图基础知识-钢筋的锚固与连接		[3.3.2] 柱截面注写规则	
[3.2.1] 基础的分类		[3.3.3] 柱列表注写规则	
[3.2.2] 独立基础平法识图规则(1)		[3.3.4] 柱箍筋加密区构造	
[3.2.3] 独立基础平法识图规则(2)		[3.3.5] 柱纵筋锚固、搭接构造	
[3.2.4] 独立基础的钢筋构造要求		[3.4.1] 梁的种类	
[3.2.5] 绘制基础断面图		[3.4.2] 梁平法识图规则总述	
[3.2.6] 条形基础底板识图规则		[3.4.3] 梁平法识图规则-集中注写(1)	
[3.2.7] 条形基础底板的配筋构造		[3.4.4] 梁平法识图规则-集中注写(2)	
[3.2.8] 条形基础基础梁的集中标注		[3.4.5] 梁平法识图规则-原位注写	
[3.2.9] 条形基础基础梁的原位标注		[3.4.6] 梁截面注写方式	

微课二维码清单

（续）

名称	二维码	名称	二维码
[3.4.7] 梁上部通长筋构造 端支座、中间支座、悬挑端		[3.5.5] 板顶非贯通纵筋及温度筋构造	
[3.4.8] 梁支座负筋构造 端支座、中间支座、悬挑端		[3.5.6] 悬挑板识图及构造	
[3.4.9] 梁下部钢筋构造		[3.6.1] 板式楼梯种类	
[3.4.10] 梁侧面钢筋构造 + 拉结筋构造		[3.6.2] 板式楼梯平面注写规则	
[3.4.11] 梁箍筋构造（加密区）		[3.6.3] 板式楼梯剖面注写规则	
[3.4.12] 平面图绘制 梁的配筋断面图		[3.6.4] 板式楼梯列表注写规则	
[3.5.1] 板的种类		[3.6.5] AT 型楼梯板配筋构造	
[3.5.2] 板平法识图规则		[3.6.6] BT、CT 型楼梯应用及配筋构造	
[3.5.3] 板底贯通纵筋构造		[3.6.7] DT 型楼梯识图构造	
[3.5.4] 板顶贯通纵筋构造		[3.6.8] ATb 型楼梯识图构造	

目 录

前言

动画二维码清单

微课二维码清单

绪论 ·· 1

第一部分　画法几何

模块一　平面图形绘制 ·· 9

任务一　绘图工具及其使用方法 ·· 10

任务二　几何作图方法 ·· 14

任务三　平面图形的绘制 ··· 20

本模块知识框架 ·· 23

本模块拓展练习 ·· 23

拓展阅读——广州塔的建设 ·· 24

模块二　投影基础与技能 ·· 25

任务一　投影基本知识 ·· 26

任务二　三面投影图 ··· 28

任务三　点的投影 ·· 32

任务四　直线的投影 ··· 36

任务五　平面的投影 ··· 43

本模块知识框架 ·· 48

本模块拓展练习 ·· 48

拓展阅读——经典回眸之《营造法式》 ··· 49

模块三　立体投影 ·· 51

任务一　平面立体的投影 ··· 52

任务二　平面立体的截交线 ·· 57

任务三　曲面立体的投影 ··· 61

任务四　曲面立体的截交线及相贯线 ·· 70

本模块知识框架 ·· 78

本模块拓展练习 ··· 78
　　拓展阅读——精致严谨的手工绘图 ·· 80

模块四　组合体投影 ··· 81
　　任务一　组合体投影图的识读及绘制 ··· 82
　　任务二　组合体的尺寸标注 ··· 89
　　本模块知识框架 ··· 93
　　本模块拓展练习 ··· 93
　　拓展阅读——中央电视台总部大楼 ·· 95

模块五　轴测投影图 ··· 96
　　任务一　轴测投影图的基本知识 ·· 97
　　任务二　正轴测图 ·· 99
　　本模块知识框架 ··· 107
　　本模块拓展练习 ··· 107
　　拓展阅读——轴测图的发展者朱德祥 ·· 108

模块六　剖面图与断面图 ··· 109
　　任务一　建筑形体的视图 ··· 110
　　任务二　建筑形体的剖面图 ··· 112
　　任务三　建筑形体的断面图 ··· 119
　　任务四　简化画法 ·· 123
　　本模块知识框架 ··· 124
　　本模块拓展练习 ··· 124
　　拓展阅读——中国地铁 ·· 125

第二部分　工程图纸识读

模块七　施工图概述 ··· 127
　　任务一　制图基本标准 ·· 129
　　任务二　施工图基本知识 ··· 141
　　本模块知识框架 ··· 148
　　本模块拓展练习 ··· 148
　　拓展阅读——我国建筑制图标准的发展 ·· 149

模块八　建筑施工图 ··· 150
　　任务一　建筑首页图及总平面图 ·· 151
　　任务二　建筑平面图 ·· 159
　　任务三　建筑立面图 ·· 169

任务四	建筑剖面图	175
任务五	建筑详图	179
本模块知识框架		190
本模块拓展练习		190
拓展阅读——打好绘图基础		193

模块九　结构施工图　194

任务一	基础平法识图	195
任务二	柱平法识图	207
任务三	梁平法识图	222
任务四	板平法识图	236
任务五	楼梯平法识图	245
任务六	某办公楼结构施工图识读	251
本模块知识框架		260
本模块拓展练习		260
拓展阅读——自力更生、自主创新，筑起科技强国		262

模块十　建筑装饰施工图　263

任务一	建筑装饰施工图基础知识	264
任务二	建筑装饰平面图识读	268
任务三	建筑装饰顶棚平面图识读	273
任务四	建筑装饰立面图识读	276
任务五	建筑装饰剖面图与节点详图识读	282
本模块知识框架		285
本模块拓展练习		285
拓展阅读——依托室内设计传承中国传统文化		285

参考文献 287

绪　　论

一、课程性质及地位

"建筑工程识图"是土建类专业的一门既有系统理论又有较多实践操作的重要的专业基础课程。该课程具有较强的综合性及应用性,它以培养学生的方法能力与社会能力、空间想象能力与思维能力、对房屋建筑构造的认知能力以及识图与绘图能力为主要目标,同时为了适应行业对新技术、新岗位、新标准的需要,课程融入了"1+X"建筑工程识图职业技能等级证书相关内容,旨在培养新型土建类专业人才的综合专业能力。该课程同时兼顾了后续专业课程("建筑施工技术""建筑CAD""工程计量与计价""BIM建筑工程造价软件应用"等)的学习需要以及土建类专业领域"八大员"岗位和BIM建模工程师等的任职要求。

建筑工程识图是工程技术人员表达设计意图、交流技术思想、指导生产施工等必须具备的基本知识和技能,学好"建筑工程识图"课程是学好后续专业课程不可缺少的基础。

二、课程内容

本课程包含两部分内容,分别是画法几何及工程图纸识读。其中,画法几何部分包括平面图形绘制、投影、立体投影、组合体投影及轴测投影图,主要作用是让学生认识几何体,建立空间概念,从而培养学生的空间想象力和绘图能力;工程图纸识读部分包含施工图概述、建筑施工图、结构施工图和建筑装饰施工图,主要作用是培养学生的识图和绘图能力。

三、课程任务

1) 学习投影的基本理论及其运用。
2) 学习组合体投影绘制及尺寸标注方法。
3) 学习制图标准。
4) 培养学生绘制和识读建筑工程图纸的能力。
5) 培养学生空间思维能力和空间想象能力。
6) 培养学生尺规绘图、徒手绘图的能力。
7) 培养学生认真负责的工作态度和严谨细致的工作作风。
8) 培养学生分析问题、解决问题的能力。

9）培养学生的团队合作意识。

四、本书内容对接"1+X"建筑工程识图职业技能等级的具体要求

对应等级	教学内容	职业技能要求	对应模块
初级	1. 建筑投影知识应用	1.1 掌握投影的基本知识、规则、特征和方法，识读点、线、面、体的三面投影图 1.2 能识读剖面图、断面图的基本方法，准确区分和识读剖面图、断面图 1.3 能识读常见轴测图的投影、正等测图、斜二测图	模块二、模块三、模块四、模块五、模块六
初级	2. 建筑制图标准应用	2.1 能应用制图标准，能设置图幅尺寸 2.2 能规范应用图线、字体 2.3 能规范应用比例、图例符号、定位轴线、尺寸标注等	模块七
初级	3. 建筑平面图、立面图、剖面图识读	3.1 能识读小型工程平面图、立面图、剖面图的主要技术信息（平面及空间布局、主要空间控制尺寸、水平及竖向定位） 3.2 能识读相关图例及符号等	模块八
初级	4. 建筑设计说明及其他文件识读	4.1 能准确识读建筑设计说明 4.2 能准确识读门窗统计表 4.3 能准确识读其他建筑设计文件	模块八
中级（建筑设计类专业）	1. 建筑设计总说明识读	1.1 能掌握工程类别、工程规模、工程等级、设计依据等 1.2 能掌握建筑与装饰构造做法等 1.3 能掌握工程消防要求等	模块八
中级（建筑设计类专业）	2. 建筑总平面图识读	2.1 能掌握基地环境、场地布置等 2.2 能识读建筑物水平及竖向定位等	模块八
中级（建筑设计类专业）	3. 建筑平面图识读	3.1 能识读建筑定位轴线和墙体、出入口、门厅（过厅）、走廊、楼（电）梯、台阶、阳台、雨篷、散水等构件的定位及尺寸 3.2 能识读房间的开间和进深尺寸、门窗尺寸、轴线定位尺寸、建筑外包总尺寸、局部细节尺寸和标高等 3.3 能识读剖切符号、指北针与详图索引符号，以及屋面的排水组织等	模块八
中级（建筑设计类专业）	4. 建筑立面图识读	4.1 能识读外墙面上所有的可见的构（配）件，如室外地坪线、台阶、坡道、花坛、勒脚、门窗、雨篷、阳台、雨水管、檐口、变形缝及其他可见附属设施等 4.2 能识读外立面的装修做法、门窗、檐口高度及详图索引符号	模块八
中级（建筑设计类专业）	5. 建筑剖面图识读	5.1 能识读建筑竖向空间构成、建筑层数、每层的房间分隔等 5.2 能识读剖切到的室外台阶、雨篷、室内外地面、楼板层、墙、屋顶、楼梯等构件的技术信息 5.3 能识读建筑竖向的门窗洞口尺寸、楼层尺寸、总高度尺寸和主要部位标高、详图索引符号等	模块八
中级（建筑设计类专业）	6. 建筑详图识读	6.1 能识读各节点的构造形式及材料、规格、相互连接的方法、详细尺寸、标高、施工要求和做法说明等 6.2 能识读详图符号与比例注写方式等	模块八

绪论

（续）

对应等级	教学内容	职业技能要求	对应模块
中级（土建施工结构类专业）	1. 结构设计说明识读	1.1 能结合建筑施工图，掌握工程概况、设计依据等 1.2 能掌握建筑结构安全等级、建筑抗震设防类别、抗震设防标准 1.3 能掌握结构类型、结构抗震等级、主要荷载取值、结构材料、结构构造等	模块九
	2. 基础施工图识读	2.1 能识读地基基础设计等级、基础类型、基础构件截面尺寸、标高 2.2 能识读配筋构造、柱（墙）纵筋在基础中锚固构造等	模块九
	3. 柱（墙）施工图识读	3.1 能识读柱（框架柱、梁上柱、剪力墙上柱）的截面尺寸、标高及配筋构造 3.2 能识读剪力墙（剪力墙身、剪力墙柱及剪力墙梁）的截面尺寸、标高及配筋构造 3.3 能识读剪力墙的洞口尺寸、定位及加筋构造 3.4 能识读地下室的外墙截面尺寸、标高及配筋构造等	模块九
	4. 梁施工图识读	4.1 能识读梁（楼层框架梁、屋面框架梁、非框架梁、悬挑梁）的截面尺寸 4.2 能识读梁（楼层框架梁、屋面框架梁、非框架梁、悬挑梁）的标高 4.3 能识读梁（楼层框架梁、屋面框架梁、非框架梁、悬挑梁）的配筋构造等	模块九
	5. 板施工图识读	5.1 能识读有梁楼盖楼（屋）面板的截面尺寸、标高及配筋构造；明确悬挑板的截面尺寸、标高及配筋构造 5.2 能识读板洞口尺寸、定位及加筋构造等	模块九
	6. 结构详图识读	6.1 能识读现浇混凝土板式楼梯的截面尺寸、定位及配筋构造 6.2 能识读现浇混凝土梁式楼梯的截面尺寸、定位及配筋构造 6.3 能识读结构节点的截面尺寸、定位及配筋构造等	模块九

五、学习方法

1）培养空间想象力和思维能力，将投影分析和作图过程有机融合，做好三维立体和二维平面图形的互相转化训练，深入了解三维立体与二维平面图之间的转化规律，需要同学们在学习过程中多看、多想、多动手绘图。

建筑工程识图

2）工程图是施工的依据，学习时要结合书中案例和工程实例，理论联系实际，多思考解决实际问题的方法，灵活运用画法几何知识，逐步掌握绘图与识图的基本方法和基本能力，在绘图时要养成认真负责、严谨细致的工作作风。

3）想要学好本课程，必须要做好课前预习，课后要大量做练习，多动手、多思考、多识图，才能逐步提高空间想象力及识图能力。

4）学习方法概括：多看、多练、多记、多问。

六、本书学习导航

模块三　立体投影

【模块概述】

建筑形体都是由基本的几何体叠加、切割而来的，本模块以基本几何体为载体，分别讲解常见平面立体（棱柱、棱锥）、曲面立体（圆柱、圆锥、球）的三面投影特点，通过总结立体的投影规律能正确解知立体表面上点的投影，从而掌握立体截交线投影的作图方法。在本模块的学习中可通过二维图形与三维立体图形的对比，锻炼学生的空间想象力，培养空间感。

【知识目标】

1. 掌握棱柱、棱锥、圆柱、圆锥、球的投影特点。
2. 掌握棱柱、棱锥、圆柱、圆锥、球的表面点的投影作图方法。
3. 掌握棱柱、棱锥截交线的规范作图方法。
4. 掌握圆柱、圆锥、球被平面截切后的几种表达方法。

【能力目标】

1. 能熟练绘制平面立体、曲面立体的三面投影。
2. 能灵活运用积聚性、从属性求解立体表面点的投影。
3. 能区分素线法与纬圆法的适用范围。
4. 能将截交线的作图方法灵活运用于几何体的求解中。

【素质目标】

1. 培养课前预习的学习习惯。
2. 培养独立思考、善于总结的学习习惯。
3. 培养发现问题、解决问题的能力。
4. 培养善于动手作图的学习习惯。
5. 培养善于提问、多沟通交流的学习习惯。

任何复杂的建筑形体都可以看成是由一些简单的几何体经过叠加、切割或相交等形式组成的，一般把这些简单的几何体称为基本几何体或基本体，把建筑物及其构（配）件的形体称为建筑形体。

基本几何体根据表面的性质不同，可分为平面立体和曲面立体。平面立体是由若干个平面所围成的立体，每个表面都是平面，如棱柱、棱锥；曲面立体至少有一个面是曲面，如圆柱、圆锥、球。

> 每个模块前有模块概述、知识目标、能力目标、素质目标，让学生大致了解模块内容。

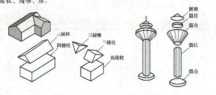

模块七 施工图概述

任务二 施工图基本知识

学习目标
1. 了解房屋的分类、组成及各组成部分的主要作用。
2. 熟悉施工图的分类和图纸的编排顺序。
3. 掌握房屋建筑施工图中常用符号的相关规定。
4. 了解结构施工图的种类及作用。
5. 了解设备施工图的种类及作用。

任务描述
1. 区分建筑施工图与结构施工图。
2. 对标准图集进行查阅。

一、房屋分类及组成

1. 分类

房屋是为了满足人们不同的生活和工作需要而建造的,房屋按照使用性质通常可以分为工业建筑(厂房、仓库等)和民用建筑(居住建筑和公用建筑等)。

2. 组成

房屋一般由基础、墙、柱、梁、楼地面、楼梯、屋顶、门、窗等基本部分组成;此外,还有阳台、雨篷、台阶、窗台、雨水管、明沟或散水,以及其他一些构(配)件,如图 7.2-1 所示。

房屋的组成

(1)基础 基础位于墙或柱的最下部,是建筑最下部的承重构件,承受房屋的全部荷载,并将这些荷载传递给地基。

(2)墙、柱和梁 墙和柱都是纵向承重构件,它们把屋顶和楼板传来的荷载传给基础。墙分为内墙、外墙,外墙起抵御自然界各种因素对室内侵袭的作用,内墙起分隔房间的作用;墙体按受力情况分为承重墙与非承重墙。对于框架结构,板将荷载传递给梁、柱,最后再传到基础。

(3)楼地面 楼面与地面是水平承重构件,起到竖向分隔楼层的作用,它们把屋顶和楼板传来的荷载传递给承重梁、柱、墙。

(4)屋顶 屋顶是建筑物最上部的承重构件,有保温、隔热、防水等作用。

(5)楼梯 楼梯是楼房的垂直交通设施,供人们上下楼使用,它一般由楼梯段、休息平台、栏杆、扶手和楼梯井组成。

(6)门、窗 门是用来沟通房间内外联系用的,窗户的作用是采光和通风。门、窗均属于非承重构件。

(7)其他构(配)件 雨篷、雨水管、散水等起到排水和保护墙身的作用,台阶是进入建筑物的主要通道。

> 在重要知识点,位置有二维码介绍,可扫码观看

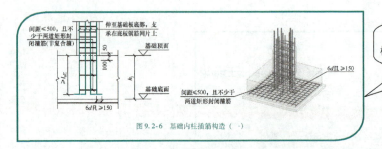

图 9.2-6 基础内柱插筋构造（一）

在结构施工图部分，增加三维钢筋模型示意图，提高空间感。

学生求解点 B 投影：

在难点处设置了思考练习，由学生补充完善，同时还有知识点要点小结。

求解知识要点：
1）点的三面投影特性。
2）直线的投影特性。
3）直线上点的投影特性——从属性。
4）点的可见性判断。

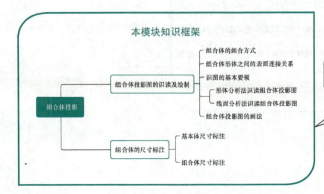

每个模块结束后有知识框架图进行知识汇总，方便学生总结、归纳知识点。

本模块拓展练习

1. 已知题1图所示双柱杯形基础的三视图，将正立面图改为全剖面图，左侧立面图改为半剖面图。

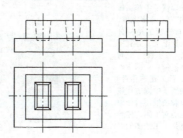

题1图

> 课后练习，对接"1+X"建筑工程识图职业技能等级标准。

2. 已知题2图所示1—1剖面图，求2—2剖面图。

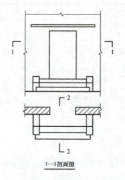

1—1剖面图

题2图

3. 求题3图中1—1、2—2、3—3断面图。

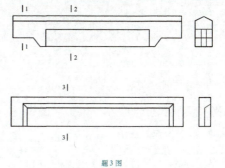

题3图

建筑工程识图

拓展阅读——精致严谨的手工绘图

立体截交线的绘制方法比较复杂，需要同学们有足够的耐心及细心按照作图方法进行标点，并求点的投影，从而正确作图。这里要提到一位我国著名建筑学家梁思成，他毕生致力于中国古代建筑的研究和保护，从1937年开始走遍中国15个省的二百多个县，在艰苦的条件下实地考察、测绘了两千多处古建筑物。每张图纸都是经过比例换算后照着实物绘制的，这些珍贵的手稿，每一张都很精致，可当作艺术品来欣赏。他的手稿线条流畅，有清晰的结构分析，成百上千的构件跃然纸上，并有中英文注解，备注详实，和实物一一对应，一笔一画胜过高清扫描仪，即使外行人看也能一目了然，让人连连称奇。这些手绘图清晰地勾勒出了中国古代建筑史的概要，即使在单看图纸不看任何文字说明的情况下，也能对中国古建筑有个粗略的了解，这就是手工绘图的魅力所在。

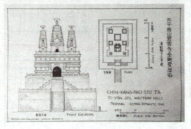

> 模块结尾有拓展阅读，根据本模块内容融入思政教育，提高学生素养水平。

作为新时代的青年，信息化技术虽然日新月异，发展迅速，但是我们仍然不能丢下初心，要培养不怕困难、勇于挑战的精神，要按规范作图，打好坚实的基础，才能迎接新技术的挑战。

第一部分　画法几何

模块一　平面图形绘制

【模块概述】

　　本模块重点讲解如何绘制复杂的平面图形，从绘图工具和绘图仪器的用法入手，培养学生规范的作图习惯；再通过练习几何作图基本方法，总结作图规律，从而绘制较复杂的平面图形。在作图时，培养学生细心审图、耐心分析图纸的职业素养，遵守制图标准，准确绘制复杂的平面图形。

【知识目标】

1. 掌握绘图工具的正确使用方法。
2. 掌握几何作图的基本方法。
3. 掌握平面图形的分析方法。
4. 掌握平面图形的绘图步骤。

【能力目标】

1. 了解制图工具的性能并熟练掌握其正确的使用方法。
2. 能正确、迅速地绘制平面图形。

【素质目标】

1. 培养细心审图、耐心分析图纸的职业素养。
2. 培养严谨的工作作风，能正确使用绘图仪器。
3. 培养良好的语言表达能力、应变能力、沟通能力和团队协作能力。

　　挂衣钩是人们日常生活中常见的家居物品，它包含了直线段与曲线段，在绘制时，如何将这些线段光滑地连接在一起，如何正确作图并完善几何尺寸，是本模块要解决的问题。

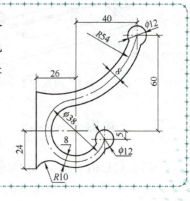

任务一　绘图工具及其使用方法

学习目标

1. 熟悉常用绘图工具和绘图仪器。
2. 能正确使用绘图工具和绘图仪器。

任务描述

1. 能正确使用绘图工具。
2. 能用曲线板将不在一条直线上的 5 个点连成一段光滑的曲线。

相关知识

为了保证工程图纸的绘制速度及质量，必须熟练掌握各种绘图工具及绘图仪器的使用方法。常用的绘图工具有图板、丁字尺、三角板、铅笔、曲线板等，绘图仪器有圆规、分规等。

一、图板和丁字尺

图板是用来铺放和固定图纸的，通常用胶合板制成，四周镶硬木条。图板有 0 号、1 号、2 号等不同规格，根据所画图幅的大小选择。固定图纸宜用透明胶带，不宜用图钉，如图 1.1-1 所示。

丁字尺由尺头和尺身组成，与图板配合画水平线。在使用丁字尺画线时，尺头紧靠图板的工作边，用左手扶尺头，将尺头上下推动，画不同位置的水平线，如图 1.1-2 所示。丁字尺用完后，宜竖直挂起来，以避免尺身弯曲或折断。

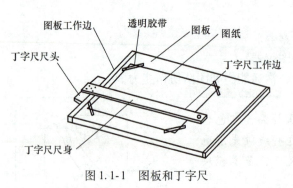

图 1.1-1　图板和丁字尺

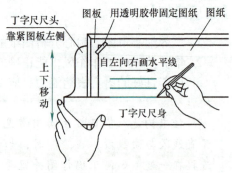

图 1.1-2　丁字尺的使用方法

二、三角板

一副三角板由一块 45°角的直角等边三角板和一块 30°角、60°角的直角三角板组成，与丁字尺配合使用可画多种角度线条，也可以画出已知直线的平行线和垂直线，如图 1.1-3、

图 1.1-4 所示。

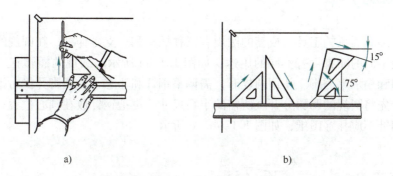

图 1.1-3 用三角板画竖直线和斜线
a) 画竖直线　b) 画斜线

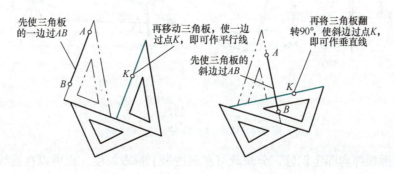

图 1.1-4 用三角板画已知直线的平行线和垂直线

三、铅笔

绘图铅笔按铅芯的硬度分为 B 型、H 型和 HB 型。其中"B"表示软，B 前数字越大，表示铅芯越软，绘出的图线颜色越深；"H"表示硬，H 前的数字越大，表示铅芯越硬，绘出的图线颜色越淡；HB 型铅笔的硬度介于 B 型和 H 型之间。所以，常用 H 型铅笔打底稿，B 型铅笔加粗，HB 型铅笔写字。不同型号铅笔的削法如图 1.1-5 所示。

图 1.1-5 不同型号铅笔的削法
a) H 型或 HB 型铅笔削成锥形　b) 2B 型或 B 型铅笔削成楔形

四、圆规和分规

圆规是画圆和圆弧的工具。成套的圆规有三种插脚和一支延伸杆，在圆规的一条腿上附有插脚，换上不同的插脚可有不同的用途，如图1.1-6a所示。圆规的插脚有三种：钢针插脚、铅笔插脚和墨水笔插脚。使用圆规时，需调整钢针和铅芯，使两脚并拢时钢针略长于铅芯。画圆时，先将圆规的两腿分开至所需的半径尺寸，再把钢针放在圆心位置，将钢针扎入图纸，注意钢针不应扎穿图纸，如图1.1-6b、c所示。

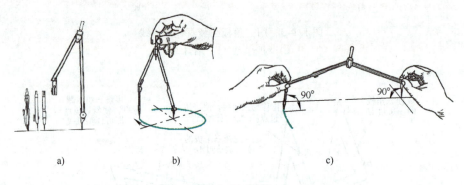

图1.1-6 圆规
a）圆规及其插脚 b）画小圆 c）画大圆

分规的两腿端部均固定钢针，分规既可在刻度尺上量取长度，也可以在直线或者圆弧上截取等长线段。分规绘图如图1.1-7所示。

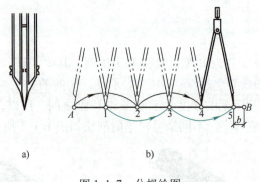

图1.1-7 分规绘图
a）分规 b）分规等分线段

五、曲线板

曲线板（图1.1-8）是用来画非圆曲线的工具。画曲线时，一段线最少应有三个点与曲线板上的某一段匹配，并与已画成的相邻线段重合一部分，还应留出一小段不画作为下段曲线连接时的过渡线，以保持曲线光滑（图 1.1-9）。

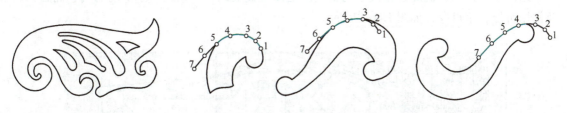

图 1.1-8　曲线板　　　　　　　图 1.1-9　使用曲线板画曲线

六、比例尺

比例尺是绘图时用来缩小图形的绘图工具。比例尺上有 6 种不同比例的刻度，画线时可以不经计算直接从比例尺上量取尺寸，常用的比例尺是三棱尺，如图 1.1-10 所示。

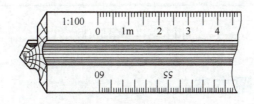

图 1.1-10　比例尺（三棱尺）

七、其他绘图用品

绘图时还需要用到其他用品，如图纸、橡皮、排笔（清扫橡皮屑）、削笔刀、透明胶带（固定图纸）、擦线板、砂纸、绘图模板等。

1. 擦线板

擦线板是修改图线用的辅助工具，将需要擦去的图线对准图片上对应的孔洞，再用橡皮擦去，可避免影响邻近的线条，如图 1.1-11 所示。

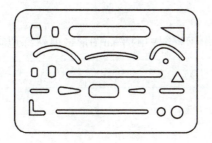

图 1.1-11　擦线板

2. 绘图模板

绘图模板是用来提高绘图效率的工具。绘图模板上刻有一系列大小不同的圆、椭圆，以及常用符号、字母等，如图 1.1-12 所示。

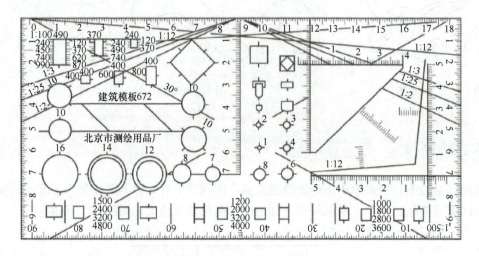

图 1.1-12　绘图模板

任务二　几何作图方法

学习目标

1. 掌握等分线段、正多边形及椭圆的绘图方法。
2. 掌握圆弧连接的作图原理和方法。

任务描述

1. 将一条直线 AB 进行五等分。
2. 用圆弧连接的方式将一条直线与圆弧光滑连接起来，并联系生活中常见的物品加以说明。

相关知识

为了能正确、迅速地画出工程图中的平面图形，要熟练地掌握各种几何图形的作图原理和方法。

一、基本作图规则

基本作图规则见表 1.2-1。

模块一 平面图形绘制

表1.2-1 基本作图规则

序号	项目	已知条件	作图方法	画法与步骤
1	作直线的平行线	已知直线BC及点A，求作过点A且平行于BC的直线		使三角板的一边与直线BC重合，另一边紧靠另一三角板的边，移动三角板至点A，过点A画线即可
2	作直线的垂直线	已知直线BC及点A，求作过点A且垂直于BC的直线		使三角板的一边与直线BC重合，另一边紧靠另一三角板的斜边，移动三角板使其另一直角边过点A，画线即可
3	作直线的中垂线	已知直线AB，求AB的中垂线	A　　　　B	学生补充：

二、等分线段

等分线段作图方法见表1.2-2。

表1.2-2 等分线段作图方法

序号	项目	已知条件	作图方法	画法与步骤
1	等分直线段	已知直线AB，将AB直线5等分		过A作任意直线AC，用分规打开任意角度，在直线AC上截取五等分得点1、点2、点3、点4、点5，连接5B，分别过点4、点3、点2、点1作5B的平行线，与已知直线AB的交点即为等分点
2	等分平行线间的距离	已知两条平行的直线AB、CD，将AB与CD之间的距离3等分		将直尺刻度0点置于CD上，转动尺身，使刻度3落在AB上，量得分点1、2（刻度线1、2所在点），过分点作直线AB的平行线，即为所求

15

三、绘制正多边形

正多边形绘制方法见表1.2-3。

表1.2-3 正多边形绘制方法

序号	项目	已知条件	作图方法	画法与步骤
1	画圆内接正六边形	已知圆O	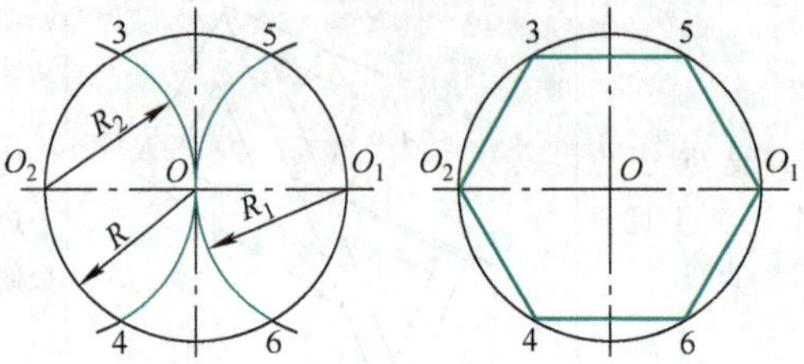	过O_1、O_2分别画弧,与圆交于点3、点4、点5、点6,用直线依次连接这6个点即为所求
2	画圆内接正五边形	已知圆O	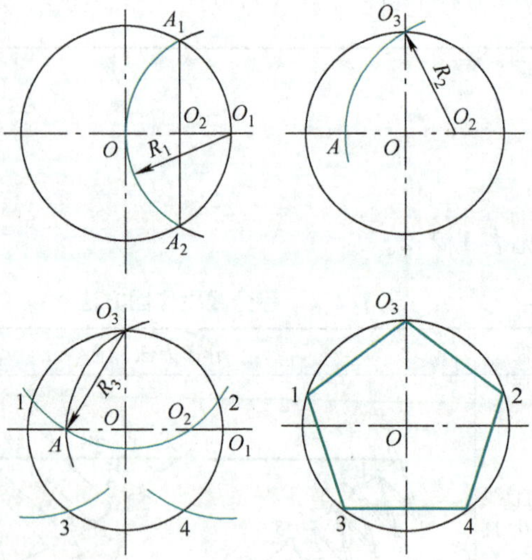	作出OO_1的等分点O_2,以O_2为圆心,O_2O_3为半径作圆弧,交圆的直径于A,以O_3A为半径分圆周为5等分,依次连接1、3、4、2、O_3即为所求

四、绘制椭圆

椭圆绘制方法见表1.2-4。

模块一　平面图形绘制

表 1.2-4　椭圆绘制方法

序号	项目	已知条件	作图方法	画法与步骤
1	四心法绘制椭圆	已知椭圆的长轴和短轴	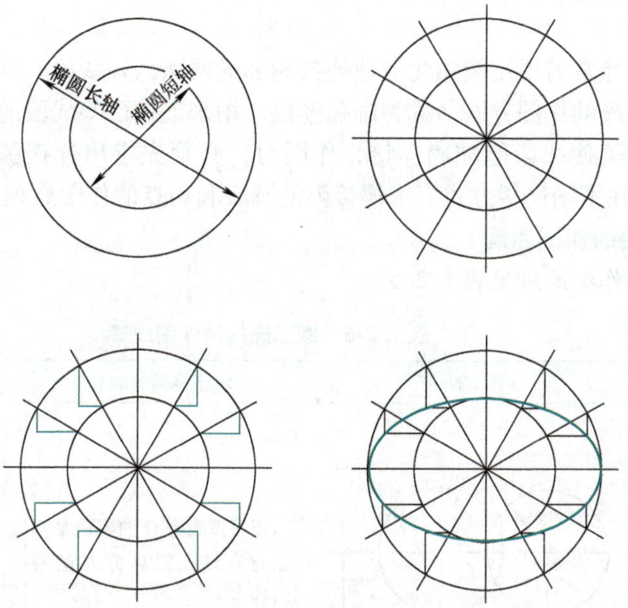	分别以长轴和短轴为直径作大小两圆，将圆周12等分，以大圆的各等分点作竖直线，与小圆对应等分点所作的水平线相交得椭圆上的点，用曲线板连接起来即为所求
2	同心圆法绘制椭圆	已知椭圆的长轴 AB 和短轴 CD	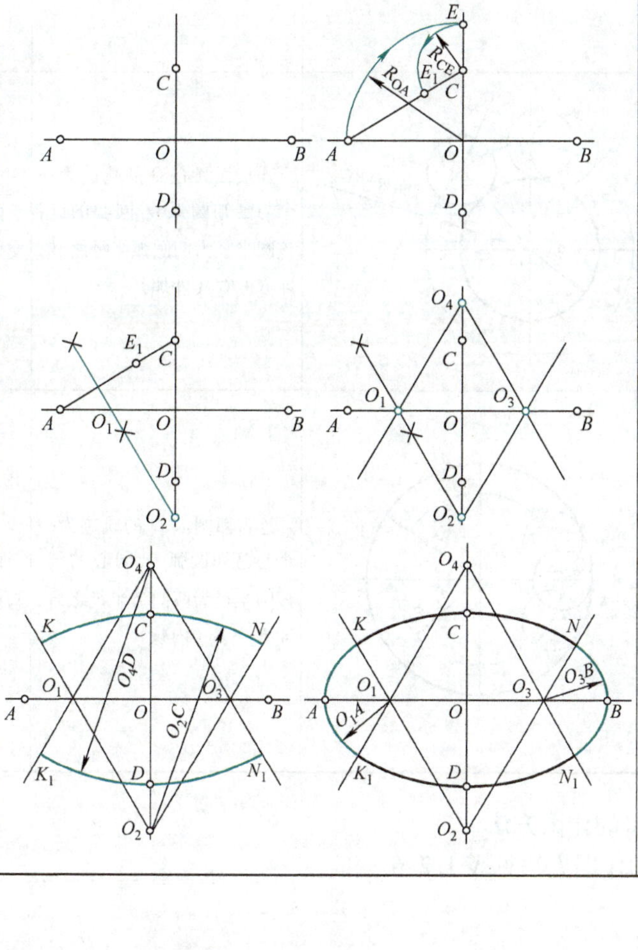	连 AC，以 O 为圆心、OA 为半径画弧交 OC 延长线于 E；再以 C 为圆心，CE 为半径画弧交 AC 于 E_1。作 AE_1 线段的垂直平分线分别交长轴、短轴于 O_1、O_2，并作 O_1、O_2 的对称点 O_3、O_4，即求出四段圆弧的圆心。分别以 O_1、O_2、O_3、O_4 为圆心，以 O_1A、O_2C、O_3B、O_4D 为半径作弧，相交于 K、N、N_1、K_1，即得近似的椭圆

五、圆弧连接

在绘图时，经常需要用圆弧光滑地连接相邻的两条已知线段，这种用一段圆弧光滑地连接两相邻已知线段的作图方法，称为圆弧连接。用来连接已知线段的圆弧称为连接弧，切点称为连接点。为了使线段能准确连接，作图时，必须先求出连接弧的圆心和切点的位置。表 1.2-5 说明了在不同连接方式下求连接弧的圆心和切点的作图原理。

1. 圆弧连接的作图原理

圆弧连接的作图原理见表 1.2-5。

表 1.2-5　圆弧连接的作图原理

项目	作图方法	求连接弧的圆心	求切点
圆弧连接直线		连接弧圆心 O 的轨迹是一条与直线 L 距离为 R 的平行线	由圆心 O 向直线 L 作垂线，垂足 k 即为切点
圆弧连接圆弧（外切）		连接弧圆心 O 的轨迹为一个与已知圆弧 O_1 同心的圆，该圆半径为两圆弧半径之和，即 $R+R_1$（外加）	两圆心连线 OO_1 与已知圆弧的交点 k 即为切点
圆弧连接圆弧（内切）		连接弧圆心 O 的轨迹为一个与已知圆弧 O_1 同心的圆，该圆半径为两圆弧半径之差，即 R_1-R（内减）	两圆心连线 OO_1 的反向延长线与已知圆弧的交点 k 即为切点

2. 圆弧连接的作图方法

圆弧连接的作图方法见表 1.2-6。

表 1.2-6　圆弧连接的作图方法

序号	项目	已知条件	作图方法	画法与步骤
1	连接两直线的连接弧	已知连接弧半径 R		分别作与已知直线相距为 R 的平行线，其交点 O 即为连接弧的圆心。自点 O 分别向已知直线作垂线，得垂足 K_1 和 K_2，即为切点。以 O 为圆心，R 为半径，自 K_1 点至 K_2 点画圆弧，即完成作图
2	外接两圆弧的连接弧	已知圆 O_1、R_1，圆 O_2、R_2，连接弧半径 R		以 O_1 为圆心，R_1+R 为半径作圆弧；以 O_2 为圆心，R_2+R 为半径作圆弧，两圆弧交于 O，O 即为所求连接弧的圆心。分别连接 O_1O 和 O_2O，分别交两已知圆弧于点 A、点 B，A、B 即为所求切点。以 O 为圆心，R 为半径，作圆弧 AB，即完成作图
3	内接两圆弧的连接弧	已知圆 O_1、R_1，圆 O_2、R_2，连接弧半径 R		以 O_1 为圆心，$R-R_1$ 为半径作圆弧；以 O_2 为圆心，$R-R_2$ 为半径作圆弧，两圆弧交于 O，O 即为所求连接弧的圆心。分别连接 O_1O 和 O_2O，反向延长分别交已知圆弧于 A、B 两点，A、B 即为所求切点。以 O 为圆心，R 为半径，作圆弧 AB，即完成作图

(续)

序号	项目	已知条件	作图方法	画法与步骤
4	绘制外接 O_1 圆弧、内接 O_2 圆弧的连接弧	已知圆 O_1、R_1，圆 O_2、R_2，连接弧半径 R		以 O_1 为圆心，$R+R_1$ 为半径画弧；再以 O_2 为圆心，$R-R_2$ 为半径画弧，两圆弧交点 O 即为连接弧的圆心。作两圆心连线 O_1O、O_2O，O_1O 与已知圆弧相交于点 K_1，O_2O 的反向延长线与已知圆弧相交于点 K_2，K_1、K_2 即为所求切点。以 O 为圆心，R 为半径，自点 K_1 至 K_2 画圆弧，即完成作图
5	绘制连接直线和内接圆 O_1 的连接弧	已知一条直线，圆 O_1、R_1，连接弧半径 R		同学们完成作图方法小结：

任务三　平面图形的绘制

学习目标

1. 掌握平面图形的尺寸分析及线段分析。
2. 掌握平面图形的作图方法与步骤。
3. 能熟练绘制简单的平面图形。

任务描述

1. 对平面图形进行尺寸分析及线段分析。
2. 对图 1.3-1 进行分析后，能准确绘制此图。

相关知识

平面图形是由若干直线段和曲线段所组成的，而线段的形状和大小是根据尺寸确定的。在构成平面图形的线段中，有些线段的尺寸是已知的，可以直接画出；有些线段的尺寸条件不足，需通过几何作图的方法才能画出。因此，画平面图形前，须先进行平面图形的分析，以便快速、准确地绘制图形。本任务以图 1.3-1 为例，说明尺寸与线段的关系。平面图形的分析包括尺寸分析和线段分析。

模块一　平面图形绘制

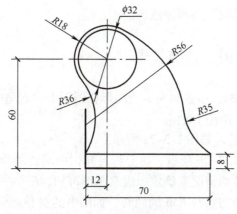

图 1.3-1　平面图形分析

一、平面图形的尺寸分析

1. 尺寸基准

尺寸基准是指标注尺寸的起点，平面图形的长度方向和高度方向都要确定一个尺寸基准。尺寸基准常选用图形的对称线、底边、侧边、圆或圆弧的中心线等。在图 1.3-1 中，高度方向基准线在底边，长度方向基准线在左侧边，如图中粗线所示。

2. 定形尺寸

定形尺寸是指确定平面图形各组成部分大小的尺寸，如图 1.3-1 中的 $\phi32$、$R18$、$R56$、$R36$、$R35$、70、8。

3. 定位尺寸

定位尺寸是指确定平面图形各组成部分相对位置的尺寸，如图 1.3-1 中的 60、12 等。从尺寸基准出发，通过定形尺寸确定图形中各部分的大小，通过定位尺寸确定图形中各部分之间的相对位置，进而确定整个图形的形状和大小，绘制出平面图形。

二、平面图形的线段分析

在绘制平面图形时，需要根据尺寸的完整性进行线段分析，以便于画图。

1. 已知线段

根据给出的尺寸可以直接画出的线段称为已知线段，即这个线段的定形尺寸和定位尺寸都完整，如图 1.3-1 中的 $\phi32$、$R18$、70、8。

2. 中间线段

有定形尺寸，但定位尺寸不完全，需要借助于与相邻线段相切的关系才能画出的线段，称为中间线段，如图 1.3-1 中的 $R56$，缺少圆心坐标信息。

3. 连接线段

只有定形尺寸，没有定位尺寸，需借助线段两端相切或相交的关系才能画出的线段称为连接线段，如图 1.3-1 中的 $R36$、$R35$，均缺少圆心坐标信息。

绘制平面图形时，应先画出已知线段，再画出中间线段，最后画连接线段，即按"已知线段→中间线段→连接线段"的顺序绘图。

三、平面图形的作图方法与步骤

1）选定图幅和绘图比例，布置幅面，使图形在图纸上位置适中。

2）用 H 型或者 HB 型铅笔打底稿。

① 画基准线及已知线段，如图 1.3-2a 所示。

② 画中间线段，如图 1.3-2b 所示，由分析可知，中间线段为 $R56$，圆心位置缺少坐标信息，因此借助于两端连接的情况来确定。观察图形可知，$R56$ 一端与 $R18$ 圆弧内接，通过圆弧连接原理可得到连接的切点与 $R56$ 的圆心，如图中的空心点所示。

③ 画连接线段，如图 1.3-2c 所示，$R35$ 与 $R36$ 是连接线段，不知道圆心位置，根据圆弧连接原理先判断 $R35$ 与两端的连接关系。$R35$ 一端与 $R56$ 外接，另一端过矩形底座端点，因此绘制圆弧确定 $R35$ 圆心；再依据圆弧连接原理确定切点，从而绘制 $R35$ 圆弧。$R36$ 绘图原理相同。

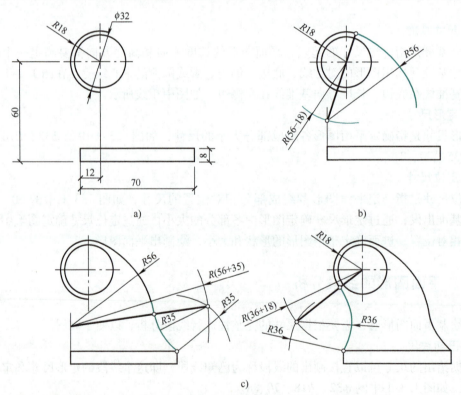

图 1.3-2　平面图形的绘制

a）画基准线及已知线段　b）画中间线段　c）画连接线段（切点及圆心见空心点）

请同学们依据图 1.3-2 的绘图步骤简要说明绘图原理（找圆心与切点的方法）：

3）检查无误后，线条加粗，标注尺寸。

模块一　平面图形绘制

本模块知识框架

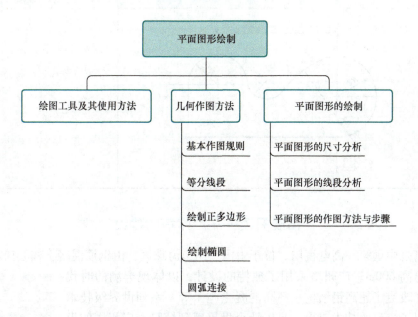

本模块拓展练习

绘图题，比例自选，照图绘制，绘制在表格中或另附页，并标注绘图方法。

序号	原图	绘图
1	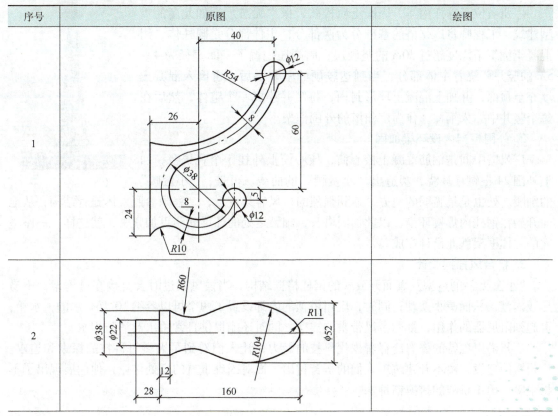	
2		

23

建筑工程识图

(续)

序号	原图	绘图
3	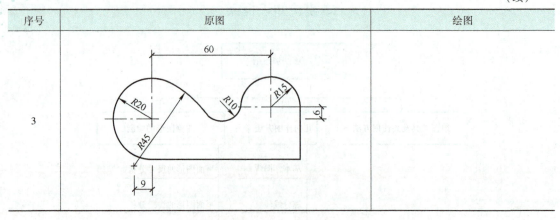	

拓展阅读——广州塔的建设

广州塔是中国第一高电视塔，位于中国广州市海珠区，由钢筋混凝土核心筒和钢结构外框构成，总高600m。广州塔采用了独特的设计，以体现丰满的时代感。项目部攻克了超高钢结构、超高混凝土施工等一系列世界级技术难题，取得了丰硕的技术成果，足以让全世界感到惊叹。广州塔的设计及施工有3个独特之处：

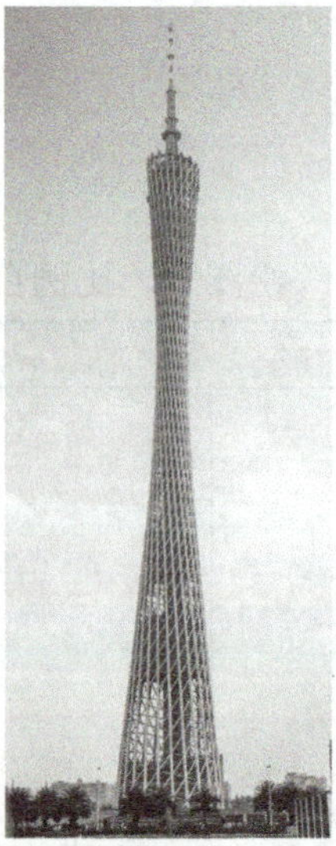

1. 地基处理

广州塔位于珠江南岸，周围土质松软，根本无法承受如此高的重型建筑。工程师将广州塔的基础分为两部分，主体部分是圆柱体，用混凝土浇筑至深度超过30m的坚硬层；周围还挖掘了一圈直径为4～5m的竖井环绕着主体部分，当到达较硬的坚硬层后，再倒入混凝土填充至顶部，并加上混凝土环形封面，将竖井连成一个整体，然后在每个竖井中插入钢柱，作为广州塔的外围框架。

2. 外围框架内设环梁加固

广州塔中间是钢筋混凝土核心筒，核心筒上外挂5个观景台，加上外围24根钢柱环绕，塑造出"小蛮腰"的曲线。可是，"小蛮腰"的细腰之处也是最脆弱的地方，遇到强烈的台风容易变形，工程师参照人体腿骨结构，从地面开始在钢柱内焊接环梁，以此加固塔身，细腰之处的环梁间距更加紧密，就这样，一座坚固的主体框架就此设计完成。

3. 抗台风摇摆设计

"小蛮腰"的造型及表面开放式的钢柱格栅结构，当强风吹过时会直接穿过框架，不易形成涡流，从而减小摆动；同时，广州塔顶的内部设置了两个可以容纳10万L水的大水箱，可起到阻尼器的作用，抵御台风带来的摇摆，同时还能提供日常用水及消防用水。

广州塔以独特的姿态诠释着现代科技的魅力，让人们看到了人类对科技的探索和追求。广州塔的建设，离不开建筑工人们的辛苦付出，面对困难重重的高处作业，他们展现出了不畏艰险、勇于挑战的拼搏精神。

模块二　投影基础与技能

【模块概述】

本模块重点讲解正投影原理及其作图方法，从影子和投影的区别入手，培养学生分析问题和解决问题的能力；再通过点、线、面的作图方法，总结投影作图的规律，从而绘制准确的投影图。在作图时，培养学生细心审图、耐心分析图纸的职业素养，遵守制图标准，准确绘制复杂的投影图。

【知识目标】

1. 掌握三面投影图的基本知识。
2. 掌握点的投影规律。
3. 掌握不同类型直线和平面的投影特性。

【能力目标】

1. 能初步构建形体的空间信息。
2. 能正确、迅速地绘制投影图。

【素质目标】

1. 培养细心识图、耐心分析投影图的职业素养。
2. 培养良好的空间想象能力。
3. 培养学生良好的语言表达能力、应变能力、沟通能力和团队协作能力。

建筑工程中，图纸是工程设计人员、施工人员交流的"语言"，图纸上的图形是二维平面的，而现实中不论是高楼大厦还是简单的房屋都是三维立体的，一般用投影图来表达这些立体的建筑物。工程图纸的基本要求是能在一个平面上准确地表达形体的几何形状及尺寸大小，建筑工程中所使用的图纸是根据投影的方法绘制的，投影原理和投影方法是绘图、识图的基础。那么，如何用正投影的方法表达几何体的形状构造，是本模块要解决的问题。

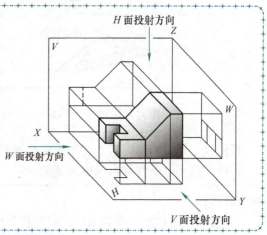

任务一　投影基本知识

学习目标
1. 熟悉投影的形成与分类。
2. 理解正投影的投影原理与特性。

任务描述
1. 正确区分正投影与斜投影。
2. 举例说明正投影的基本性质。

一、投影的形成

物体在光线的照射下会产生影子，影子反映物体的外面轮廓特点，这就是投影现象，如图 2.1-1 所示。投影就是根据这一现象，经过科学的抽象思维，假设光线能够透过物体，从而将物体的各个顶点和棱线在平面上投射出来。投影是在平面上表达空间物体的基本方法，是绘制工程图纸的基础。

根据投影所得到的图形称为投影图，如图 2.1-2 所示。一般将光线称为投射线（投射方向），地面或墙面称为投影面，影子就是物体在投影面上的投影。如图 2.1-2 所示，设有空间中一个光源点 S，过 S 作经过空间物体 $ABCD$ 表面的投射线 SA、SB、SC 和 SD，它们和投影面 H 相交，交点围成的图形 $abcd$ 就是空间物体 $ABCD$ 在投影面上的投影。

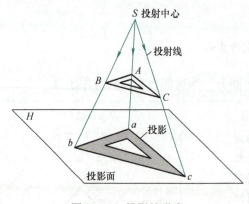

图 2.1-1　投影的形成

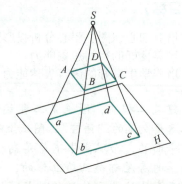

图 2.1-2　投影图 $abcd$

根据以上投影知识可知，产生投影必须具备投射线、投影面和形体三个条件，三个条件缺一不可，这三个条件称为投影三要素。

特别提示：
　　当投射方向和投影面确定后，点在投影面上的投影是唯一的。

二、投影的分类

投影根据投射中心与投影面距离的远近，有中心投影和平行投影两种形式。

1. 中心投影

当投射中心距离投影面有限远时，所有投射线从投射中心出发（如同灯光照射物体）的投影，称为中心投影。

如图 2.1-1 所示，投射线 SA、SB、SC 相交于投射中心 S，$\triangle ABC$ 的投影 abc 不反映其真实形状大小，投影 abc 的形状大小随着三角形与投射中心和投影面的距离的变化而变化。

中心投影得到的物体的投影大小与物体的位置有关。在投射中心与投影面不变的情况下，当物体靠近或远离投影面时，它的投影就会变大或变小，且一般不能反映物体的实际尺寸大小，即度量性差。这种投影能反映物体在视觉上近大远小的效果，立体感强，主要应用于绘制建筑物的立体图，也称为透视图。因此，在一般的工程图纸中，不采用中心投影作图。

2. 平行投影

当投射中心距离投影面无限远时，所有投射线互相平行（如同太阳照射物体）的投影，称为平行投影。在平行投影中，当平行移动物体时，其投影的形状和大小都不会改变。平行投影主要用于绘制工程图纸。平行投影按投射方向与投影面是否垂直，可分为斜投影（图 2.1-3a）和正投影（图 2.1-3b）。

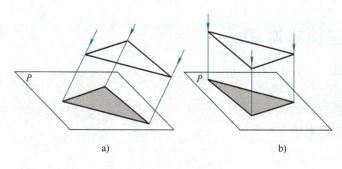

图 2.1-3 平行投影
a）斜投影 b）正投影

（1）斜投影 投射线倾斜于投影面的平行投影称为斜投影，如图 2.1-3a 所示，斜投影不反映物体的真实形状大小，作图较复杂，直观性强，工程上常用于绘制辅助图纸。

（2）正投影 投射线垂直于投影面产生的平行投影称为正投影，如图 2.1-3b 所示。正投影能在投影面上较"真实"地表达空间物体的大小和形状，且作图简便，度量性好，工程图纸多采用正投影绘制。利用正投影绘制的工程图纸，称为正投影图。由于工程图纸多为正投影图，所以凡是不做特别说明的图纸均指正投影条件下形成的投影图。

三、正投影的基本性质

1. 真实性

如图 2.1-4a 所示，当直线 AB 或平面 P 与投影面平行时，直线的投影 ab 反映空间直线的实际长度，平面的投影 p 反映空间平面的实际形状大小。这种特性称为真实性。

2. 积聚性

如图 2.1-4b 所示，当直线 AD 或平面 Q 与投影面垂直时，直线的投影 ad 积聚为一点，平面的投影 q 积聚为一条直线。这种特性称为积聚性。

3. 类似性

如图 2.1-4c 所示，当直线 BC 或平面 R 与投影面倾斜时，直线的投影 bc 为小于空间直线实长的直线段，平面的投影 r 为空间平面的类似形（多边形平面的边数及凹凸、平行等关系不变）。这种特性称为类似性。

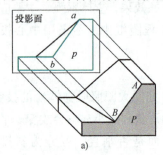 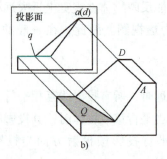 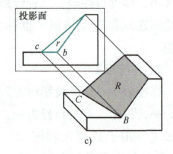

图 2.1-4 正投影特性
a) 真实性 b) 积聚性 c) 类似性

任务二 三面投影图

学习目标

1. 熟悉三面投影图的形成。
2. 理解三视图的对应关系。

任务描述

1. 根据所学内容，分析三面投影的三等关系原理。
2. 绘制室外台阶的三视图，并对其各个面的投影特性进行分析。

相关知识

将物体放置在投影面和观察者之间，将观察者的视线视为一组相互平行且与投影面垂直的投射线，用正投影的方法在投影面上得到物体的投影，此时在一般情况下，物体的一面投影或两面投影不能够完整地确定物体的形状结构，如图 2.2-1 所示。三维立体有三个不同方向的形状需要反映，因此物体的结构一般采用三面投影图来表示。

模块二 投影基础与技能

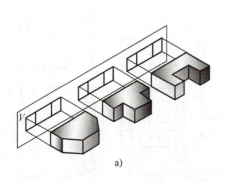 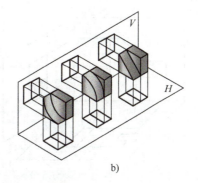

a) b)

图 2.2-1 物体的一面和两面正投影
a) 一面投影相同的不同立体 b) 两面投影相同的不同立体

一、三面投影体系

三面投影体系由互相垂直的三面和三轴组成。在三面投影体系中，3 个两两相互垂直的轴构成了投影轴系，这 3 个轴分别为 X 轴、Y 轴和 Z 轴，这 3 个轴的交点为原点 O。3 个两两互相垂直的投影面分别为：水平投影面，用字母 H 表示，简称 H 面，物体在 H 面上产生的投影称为 H 面投影，也称为水平投影；正投影面，用字母 V 表示，简称 V 面，物体在 V 面上产生的投影称为 V 面投影，也称为正面投影；侧投影面，用字母 W 表示，简称 W 面，物体在 W 面上产生的投影称为 W 面投影，也称为侧面投影，如图 2.2-2 所示。

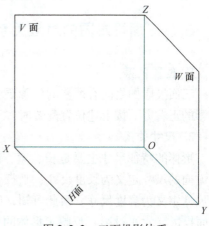

图 2.2-2 三面投影体系

二、三面投影图的形成

将物体放置在三面投影体系中，使其处于观察者与投影面之间，并使物体的主要表面平行于或垂直于投影面，用正投影方法分别向 V 面、H 面、W 面投影，即可得到物体的三面投影。其中，正面投影指的是由前向后在正面所得到的投影；水平投影指的是由上向下在水平面所得到的投影；侧面投影指的是由左向右在侧面所得到的投影。

在工程图纸中，为了把空间中的 3 个投影面上的投影画在一个平面上，需将 3 个相互垂直的投影面按一定规律展开，使其成为一个平面。展开过程是：令 V 面保持不动，H 面绕 X 轴向下翻转 90°，W 面绕 Z 轴向右翻转 90°；原 OX 轴、OZ 轴的位置不变；原 OY 轴则分为两条，在 H 面上的用 Y_H 表示，它与 Z 轴成一条直线；在 W 面上的用 Y_W 表示，它与 X 轴成一条直线，这样 H 面、W 面与 V 面就在同一个平面上了，就得到了同一个平面上的三面投影图，如图 2.2-3 所示。

三个投影面展开后，展开后的三面正投影位置是：H 投影面在 V 投影面的正下方；W 投影面在 V 投影面的正右方。按照这种位置布置投影图时，在图纸上可以不标注投影面、投

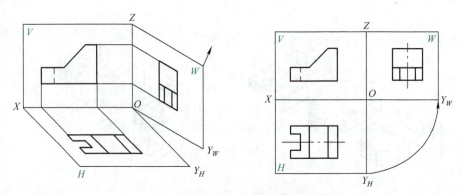

图 2.2-3 三面投影图的形成

影轴和投影图的名称。

三、三面投影图的对应关系

1. 位置关系

三面投影图之间有严格的位置要求，即水平投影在正面投影的正下方，侧面投影在正面投影的正右方。按上述位置配置时，不需要标注三个投影图的名称，如图 2.2-3 所示。

2. 尺寸关系

形体的特征尺寸主要是长、宽、高 3 个方向的尺寸。在三面投影体系中，将平行于 X 轴方向的尺寸定义为长度尺寸；平行于 Y 轴方向的尺寸定义为宽度尺寸；平行于 Z 轴方向的尺寸定义为高度尺寸。由此可知，V 面投影（正面投影）反映了形体的长度与高度尺寸，H 面投影（水平投影）反映了形体的长度及宽度尺寸，W 面投影（侧面投影）反映了形体的高度及宽度。把 3 个投影图联系起来看，就可以得出这 3 个投影图之间的相互关系，即 V 面投影和 H 面投影"长相等"、V 面投影和 W 面投影"高相等"、H 面投影和 W 面投影"宽相等"，也就是"长对正、高平齐、宽相等"，如图 2.2-4 所示。

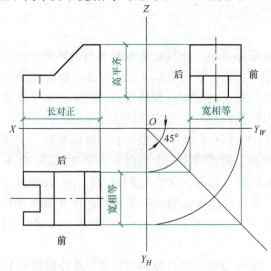

图 2.2-4 三面投影图的尺寸关系

模块二 投影基础与技能

3. 方位关系

描述形体各部分之间的方位关系时通常有上、下、左、右、前、后 6 个方向。由投影图可以看出，沿着 X 轴能看出形体左右的相对方位，沿着 Y 轴能看出形体前后的相对方位，沿着 Z 轴能看出形体上下的相对方位。每个投影图各反映其中 4 个方向的情况，即 V 面投影图反映形体的上、下和左、右的情况，H 面投影图反映形体的左、右和前、后的情况，W 面投影图反映形体的上、下和前、后的情况，如图 2.2-5 所示。

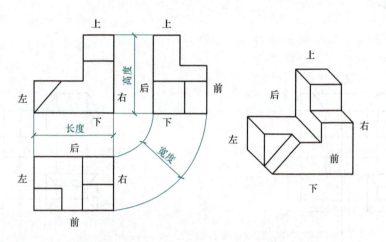

图 2.2-5 三面投影图的方位关系

通过上述分析可知，要有物体的两个投影才能完全反映物体的 6 个方位关系，绘图和识图时应特别注意水平投影和侧面投影之间的前、后对应关系。

四、三面投影图的画法

绘制三面投影图时，一般先绘制 V 面投影图和 H 面投影图，然后再绘制 W 面投影图，熟练地掌握形体的三面投影图的画法是绘制和识读工程图纸的重要基础。下面是绘制三面投影图的具体方法和步骤：

1）在图纸上先画出水平方向和垂直方向的十字相交线作为图中的投影轴，如图 2.2-6a 所示。

2）根据形体在投影体系中的放置位置，先画出能够反映形体特征的某一面投影图（此处以 V 面为例），V 面投影的长度和高度尺寸从图 2.2-6a 的立体图中量取或截取，如图 2.2-6b 所示。

3）根据投影关系，按"长对正"的投影规律，画出 H 面投影图；按"高平齐""宽相等"的投影规律，把 V 面投影图中涉及高度的各相应部位用水平线拉向 W 投影面；用过原点 O 作 45°斜线或以原点 O 为圆心作圆弧的方法，得到引线在 W 投影面上与"等高"水平线的交点，连接各交点得到 W 面投影图，如图 2.2-6c、d 所示。

建筑工程识图

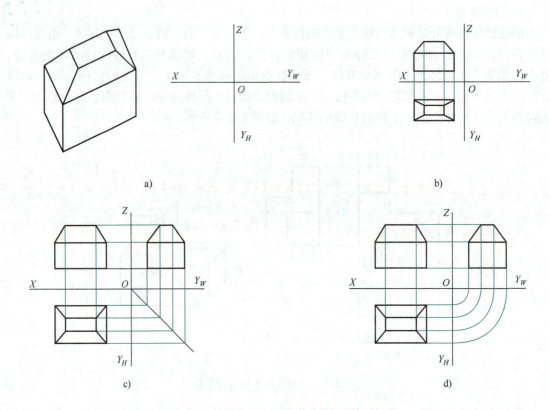

图 2.2-6 双坡屋面房屋三面投影图的画法

a）绘出投影轴　b）绘出 V 面投影及 H 面投影　c）45°斜线法绘图　d）圆弧法绘图

任务三　点的投影

学习目标

1. 掌握点的投影规律。
2. 能够利用点的投影规律补全三面投影图。

任务描述

1. 已知点的两面投影，求点的第三面投影。
2. 通过投影坐标轴判断两点的位置关系。

相关知识

建筑物可以看作一个形体，它是由一系列的平面构成的，而平面由线组成，线又由点构成。因此，点是构成线、面、体的基本元素，掌握点的投影知识是学习线、面、体的投影的基础。

一、点的投影

1. 点的三面投影

将空间点 A 置于三面投影体系中,分别向 V、H、W 三个投影面作正投影,如图 2.3-1 所示。

1) A 点到 H 面上的投影,以 a 表示,称为点 A 的 H 面投影,即水平投影。
2) A 点到 V 面上的投影,以 a' 表示,称为点 A 的 V 面投影,即正面投影。
3) A 点到 W 面上的投影,以 a″ 表示,称为点 A 的 W 面投影,即侧面投影。

> **特别提示:**
> 通常用大写字母表示空间的点或平面,空间的面一般用 P、Q、R 表示,相应的小写字母表示其水平投影,小写字母加一撇表示其正面投影,小写字母加两撇表示其侧面投影。

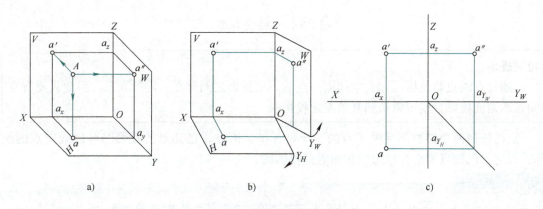

图 2.3-1 点的三面投影图

2. 点的投影规律

在图 2.3-1c 中,将点的相邻投影用细实线相连,图中 aa'、$a'a''$ 称为投影连线,aa'、$a'a''$ 分别与投影轴 OX、OZ 交于 a_x、a_z;水平投影 a 与侧面投影 a″ 的连接需借助 45°辅助线来完成。从图中可以得出点的投影规律如下:

1) 点 A 的 V 面投影和 H 面投影的连线垂直于 OX 轴,即 $aa' \perp OX$。
2) 点 A 的 V 面投影和 W 面投影的连线垂直于 OZ 轴,即 $a'a'' \perp OZ$。
3) 点 A 的 H 面投影到 OX 轴的距离等于点 A 的 W 面投影到 OZ 轴的距离,即 $aa_x = a''a_z$。

二、点的投影与直角坐标的关系

空间点的位置可以由点的三个方位坐标(X 轴、Y 轴、Z 轴)来定义。在三面投影体系中,也可以将各投影轴看作空间的直角坐标轴系,即 O 点为坐标原点,X、Y、Z 三个投影轴为坐标轴,H、V、W 为三个坐标平面。则空间点 A 到三个投影面的距离就是点 A 的三个坐标值，即：

1) 点 A 到 W 面的距离为 x 坐标（$Aa'' = a'a_z = aa_y = x$ 坐标）。
2) 点 A 到 V 面的距离为 y 坐标（$Aa' = a''a_z = aa_x = y$ 坐标）。
3) 点 A 到 H 面的距离为 z 坐标（$Aa = a'a_x = a''a_y = z$ 坐标）。

点 A 的空间坐标为 (x, y, z)，点 A 在 3 个投影面上的坐标分别可以用 $a(x, y)$，$a'(x, z)$，$a''(y, z)$ 表达，如图 2.3-2 所示。

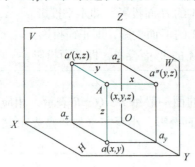 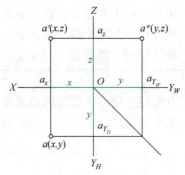

图 2.3-2 点的坐标图

特别提示：
　　通过点的投影分析可知，空间同一点的三面投影之间存在一定的联系，因此只要有空间点的两面投影，就可以得到其第三面投影。

点的任何两个投影都反映了点的三个坐标值。因此，已知点的投影图可以确定点的坐标；反之，已知点的坐标也可以作出点的投影图。

【例 2.3-1】

已知空间点 A 的 H 面与 V 面投影如图 2.3-3a 所示，求作其 W 面投影。

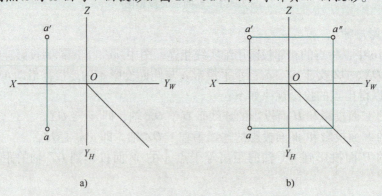

图 2.3-3 已知点的两面投影求作第三面投影

【解】 根据点的投影关系可知，点的 V 面投影到 OX 轴的距离与点的 W 面投影到 OY_W 轴的距离相等；点的水平投影到 OY_H 轴的距离与点的侧面投影到 OZ 轴的距离相等；由此，可以根据点的正面与水平投影，作出点 A 的侧面投影。作图步骤如下：

1) 过 O 点作45°辅助线。

2) 过 a' 作 $a'a''\perp OZ$ 轴；过 a 作直线平行于 OX 轴，与45°辅助线相交后，从交点作平行于 OZ 轴的直线交 $a'a''$ 于 a'' 点。

3) a'' 点即为空间点 A 的侧面投影。

【例 2.3-2】

空间点 A 的坐标为（25，15，20），求作它的三面投影图。

【解】 根据点的投影与坐标的关系可以知道，点的正面投影由 x、z 坐标确定；点的水平投影由 x、y 坐标确定，点的侧面投影由 y、z 坐标确定。因此，可以根据3个坐标值作出点的三面投影。作图步骤如下：

1) 根据 $x=25$，$y=15$，$z=20$ 分别在 X 轴、Y 轴、Z 轴上定出 a_x、a_y、a_z。

2) 过 a_x、a_y、a_z 作各投影轴的垂线，在水平投影面上的交点 a 即为水平投影，在正投影面上的交点 a' 为其正面投影，在侧投影面上的交点 a'' 即为侧面投影，如图 2.3-4 所示。

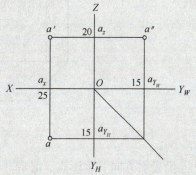

图 2.3-4 根据点的坐标作投影图

三、两点的相对位置

空间两点上下、左右、前后的相对位置，可以通过两点的三面投影图中的各组同名投影来进行判断。沿 X 轴坐标方向判断其左右的相对位置，X 轴坐标增大的方向为左；沿 Y 轴坐标方向判断其前后的相对位置，Y 轴坐标增大的方向为前；沿 Z 轴坐标方向判断其上下的相对位置，Z 轴坐标增大的方向为上，如图 2.3-5 所示。

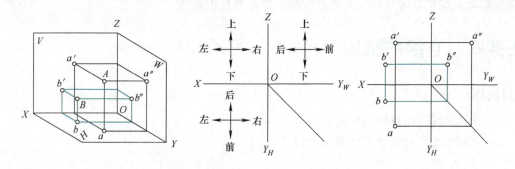

图 2.3-5 两点的相对位置

因此，由水平投影可以判断两点前后、左右的相对方位；由正面投影可以判断两点上下、左右的相对方位；由侧面投影可以判断两点前后、上下的相对方位。如图 2.3-5 所示，空间点 B 在点 A 的下方、左侧、后边。

四、重影点及其可见性判断

如果两点位于某一投影面的同一投射线上,此时,两点在该投影面上的投影重合为一点,这两个点称为该投影面上的重影点。如图 2.3-6 所示,A、B 为 H 面上的重影点。

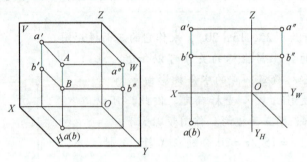

图 2.3-6 重影点的投影

沿投射方向看重影点,必有一点被另一点所遮挡,即一点可见,一点不可见。在投影图的标注中,重影点中可见点的投影标注在前,不可见点的投影标注加括号写在其后。一般情况下,若两点为水平投影面上的重影点,则上面的点可见,下面的点不可见;若两点为正投影面上的重影点,则前面的点可见,后面的点不可见;若两点为侧投影面上的重影点,则左边的点可见,右边的点不可见。如图 2.3-6 所示,空间点 A、B 为水平面上的重影点,点 A 在点 B 的正上方。

如图 2.3-6 所示,A、B 两点是水平面上的重影点,A、B 两点的 x、y 坐标值相同,z 坐标值不同,由于 $z_A > z_B$,因此 A 点在 B 点的正上方。

当两点的投影重合时,需要判断其可见性。可见性的判断是通过比较两点坐标值的大小来完成的,坐标值大的可见,坐标值小的不可见。

重影点是针对某一投影面而言的,如果空间两点是某一个投影面的重影点,就不可能在其他投影面上发生投影重合。重影点有两个坐标值是相同的。

任务四　直线的投影

学习目标

1. 掌握直线三面投影的绘制方法。
2. 能够熟悉不同位置直线的投影特点。

任务描述

1. 已知直线的两面投影,求直线的第三面投影。
2. 求直线上点的投影。
3. 判断点是否在直线上。

相关知识

空间两点确定一条直线，要获得直线的投影，只需作出已知直线上两个点的投影，再将两点的同名投影相连即可。

一、各种位置直线的投影特性

根据直线与 3 个投影面的相对位置不同，直线有投影面平行线、投影面垂直线及投影面倾斜线 3 种位置。投影面平行线、投影面垂直线称为特殊位置直线；投影面倾斜线称为一般位置直线。

在三面投影体系中，直线对 H 面、V 面、W 面的夹角分别用 α、β、γ 表示。

1. 投影面平行线

当空间直线平行于某一个投影面，倾斜于其他两个投影面时，称为投影面平行线。投影面平行线根据平行的投影面不同有以下几种线：

1）水平线——平行于 H 面，倾斜于 V 面及 W 面的直线。
2）正平线——平行于 V 面，倾斜于 H 面及 W 面的直线。
3）侧平线——平行于 W 面，倾斜于 H 面及 V 面的直线。

投影面平行线的投影图及投影特性见表 2.4-1。

表 2.4-1 投影面平行线的投影图及投影特性

名称	水平线	正平线	侧平线
空间直线	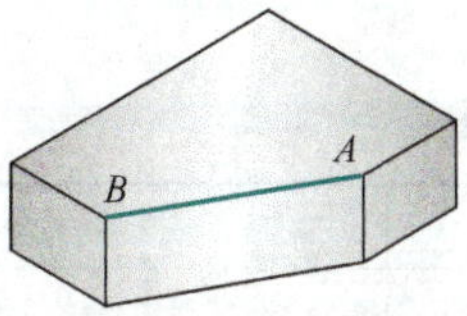	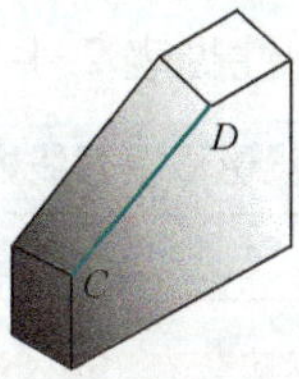	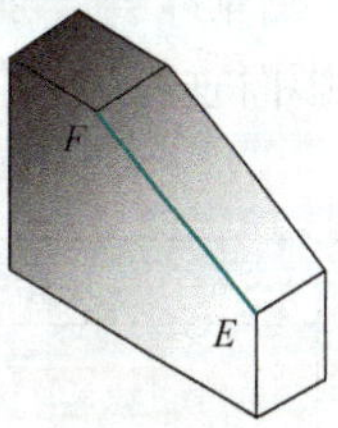
立体投影图	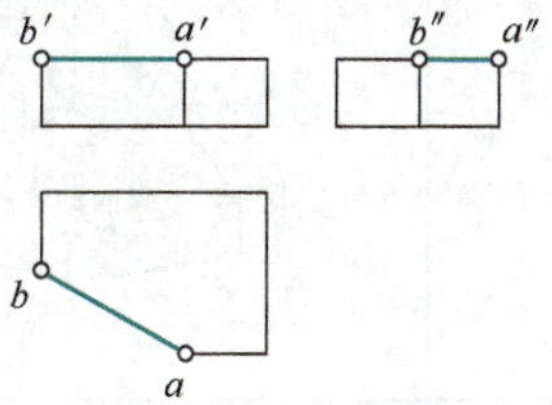	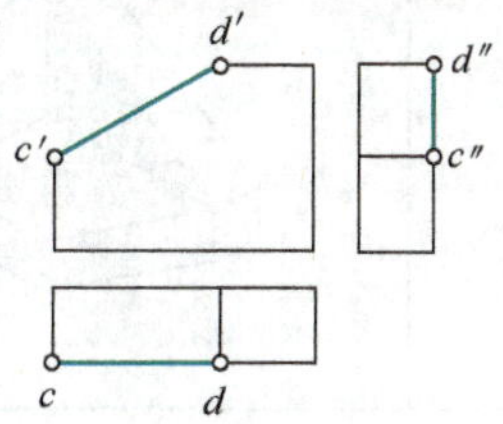	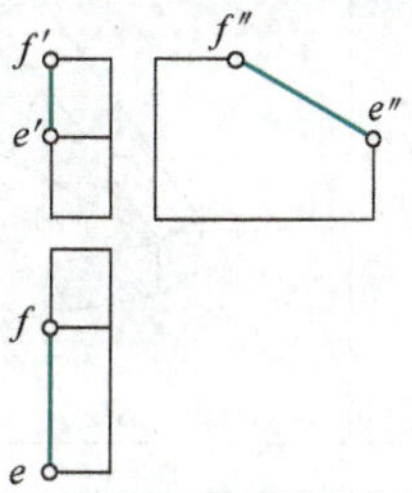
直线投影图	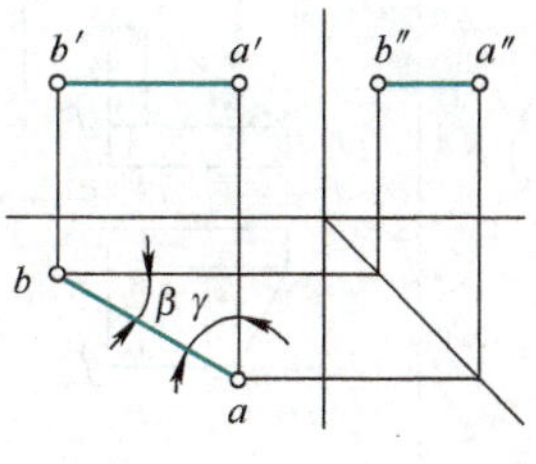	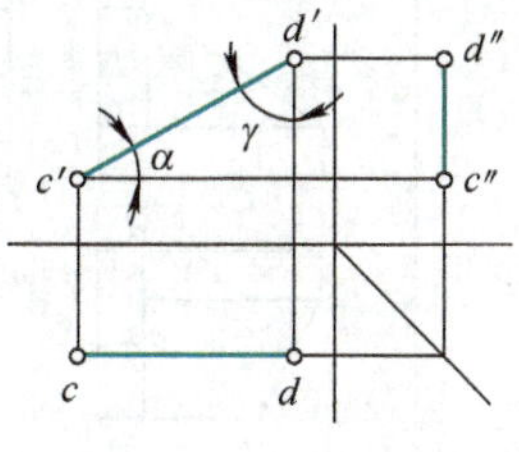	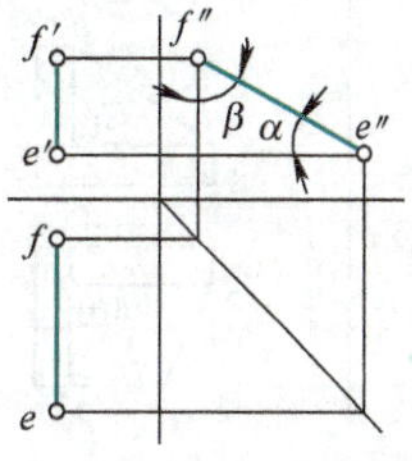

(续)

名称	水平线	正平线	侧平线
投影特性	$ab = AB$,反映 β, γ $a'b' // OX$ $a'b' < AB$ $a''b'' // OY_w$ $a''b'' < AB$	$c'd' = CD$,反映 α, γ $cd // OX$ $cd < CD$ $c''d'' // OZ$ $c''d'' < CD$	$e''f'' = EF$,反映 α, β $e'f' // OZ$ $e'f' < EF$ $ef // OY_H$ $ef < EF$

特别提示:

1)投影面平行线在其平行的投影面上的投影反映它的实长及相对其他两个投影面的倾斜角度,具有真实性。

2)其他两面投影分别平行于相应的投影轴,且小于实长,具有类似性。

3)投影面平行线的投影特性可概括为"一斜两平线";画图时先画出反映实长的一个投影,再画其他两个投影。

2. 投影面垂直线

当空间直线与某一个投影面垂直,而平行于其他两个投影面时,称为投影面垂直线。投影面垂直线根据垂直的投影面不同有以下几种线:

1)铅垂线——垂直于 H 面,平行于 V 面及 W 面的直线。

2)正垂线——垂直于 V 面,平行于 H 面及 W 面的直线。

3)侧垂线——垂直于 W 面,平行于 H 面及 V 面的直线。

投影面垂直线的投影图及投影特性见表 2.4-2。

表 2.4-2　投影面垂直线的投影图及投影特性

名称	铅垂线	正垂线	侧垂线
空间直线			
立体投影图			

（续）

名称	铅垂线	正垂线	侧垂线
直线投影图	a' a'' b' b'' $a(b)$	$c'(d')$ d'' c'' d c	e' f' $e''(f'')$ e f
投影特性	ab 积聚为点 $a'b' // OZ$ $a'b' = AB$ $a''b'' // OZ$ $a''b'' = AB$	$c'd'$ 积聚为点 $cd // OY_H$ $cd = CD$ $c''d'' // OY_W$ $c''d'' = CD$	$e''f''$ 积聚为点 $e'f' // OX$ $e'f' = EF$ $ef // OX$ $ef = EF$

特别提示：
1）投影面垂直线在所垂直的投影面上的投影积聚为一点，具有积聚性。
2）投影面垂直线在另外两个投影面上的投影分别为平行于同一个投影轴的直线，且反映空间直线的实长，具有真实性。
3）投影面垂直线的投影特性可概括为"一点两平线"；画图时先画出投影为点的投影，再画其他投影。

3. 一般位置直线

对3个投影面都倾斜的直线，称为一般位置直线。一般位置直线在各投影面上的投影都不反映实长，且与各投影轴倾斜。一般位置直线的投影如图2.4-1所示。

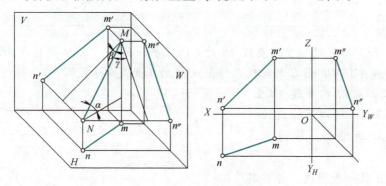

图2.4-1 一般位置直线的投影

一般位置直线的投影特性为：3个投影面的投影都是倾斜于投影轴的缩短直线（三短三斜），三个投影都不能反映空间直线与投影面倾角 α、β、γ 的大小。

直线类型判别方法：
1）一斜（倾斜投影轴）两平（平行于不同投影轴）平行线，斜哪面平哪面。
2）一点两平（平行于同一投影轴）垂直线，点在哪面垂哪面。
3）三短三斜一般线，倾斜三个投影面。

二、直线上的点

直线上的点具有从属性和定比性的特点。

1. 从属性

直线上的点，其投影必定在直线的同名投影上；反之也成立，即如果一个点的三面投影都在某一直线的同名投影上，则这个点一定是该直线上的点，这就是直线上的点的投影的从属性。由此可以判断一个点是否在直线上，图 2.4-2 中的点 D 是直线 AB 上的点，而点 C 不是直线 AB 上的点。

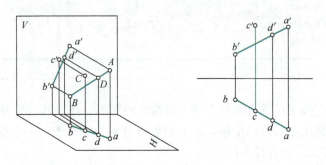

图 2.4-2 直线上点的投影

2. 定比性

直线上的点分空间线段所成的比例，等于该点的投影分该线段同名投影的比例，这一特性称为定比性。如图 2.4-2 所示，线段 AB 上的点 D 分 AB 成 AD、BD 两段，则有 $AB:BD = ab:bd = a'b':b'd'$。

【例 2.4-1】

如图 2.4-3a 所示，已知空间直线 AB 的正面及水平投影，点 M 是直线 AB 上的点，且点 M 将 AB 分成 $AM:MB = 3:2$ 的比例，作出点 M 的正面及水平投影。

【解】 已知点 M 在直线 AB 上，且 $AM:MB = 3:2$，所以根据定比性可以作出点 M 的投影。作图步骤如下：

1) 过 a 点引一条射线，并将其 5 等分。

2) 连接 5b，过 3 点作 5b 的平行线，交 ab 于点 m。

3) 由 m 向上作垂直于 OX 轴的投影连线，交 a'b' 于点 m'。

4) mm' 即为所求，如图 2.4-3b 所示。

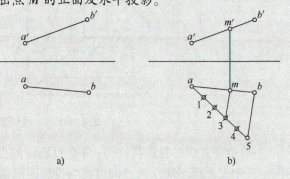

图 2.4-3 根据点的坐标作投影图

三、两直线的相对位置

空间两直线的相对位置有三种情况：平行、相交、交叉（异面）。

1. 两直线平行

若空间两直线相互平行，则其各同名投影必然相互平行；反之，若两直线的各同名投影均相互平行，则这两条直线为空间平行直线，如图 2.4-4 所示。

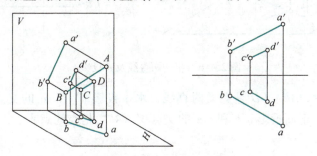

图 2.4-4　两平行直线的投影

特别提示：
　　根据投影图判断两直线是否相互平行时，若是一般位置直线，则根据直线的两组同名投影是否平行即可得出结论。但对于特殊位置直线，只有两组同名投影互相平行，而空间直线不一定平行，如图 2.4-5 所示。

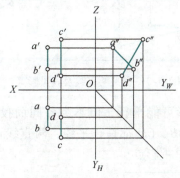

图 2.4-5　两面投影平行的直线投影

---

2. 两直线相交

若空间两直线相交，则它们的同名投影也必然相交，交点是两直线的共有点，交点的投影符合直线上点的投影规律，即具有从属性和定比性，如图 2.4-6 所示。

3. 两直线交叉

空间两直线既不平行也不相交时，称为交叉。

两交叉直线同名投影的"交点"是一对重影点，通过对重影点可见性的判别可以帮助判断两直线的空间相对位置。

1）交叉两直线的各同面投影可能都相交，但"交点"不符合点的投影规律。同面投影的交点不是空间两直线真正的交点，而是重影点。

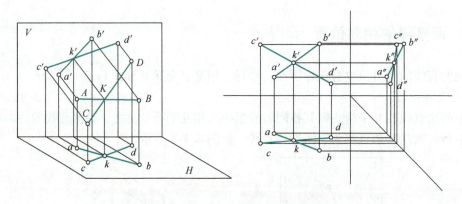

图 2.4-6 相交两直线及其投影

如图 2.4-7 所示，AB、CD 是交叉两直线，水平投影 ab 和 cd 的交点 1（2）是空间点Ⅰ、点Ⅱ的重影点；正面投影 a'b' 和 c'd' 的交点 3'（4'）是空间点Ⅲ、点Ⅳ的重影点，不是空间两直线的交点。

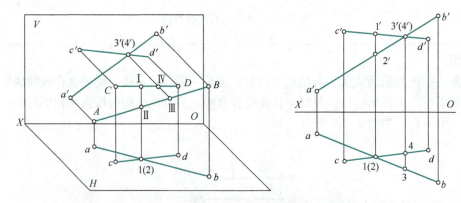

图 2.4-7 交叉两直线及其投影（一）

2）交叉两直线的同面投影可能平行，但不会各同面投影都平行。如图 2.4-8 所示，AB、CD 是交叉两直线，直线 AB、CD 都是正平线，两直线正面投影相交，但水平投影平行。正面投影的交点 1'（2'）是重影点。

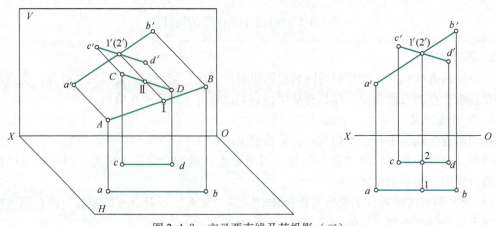

图 2.4-8 交叉两直线及其投影（二）

模块二 投影基础与技能

任务五 平面的投影

学习目标

1. 掌握平面投影的特点。
2. 能够准确绘制出平面的投影。

任务描述

1. 已知平面的两面投影，求平面的第三面投影。
2. 根据已知条件，求平面上点、线的投影。

相关知识

由初等几何学知识可知，平面是没有形状、没有大小的。那么，在投影图中平面是如何表示的？平面的投影有哪些特点？本任务将学习有关平面的投影知识。

一、平面的表示方法

确定空间平面的方法有以下几种：不在同一条直线上的三个点；直线及直线外一点；相交两直线；两平行直线；任意的平面图形。可以利用点及直线的投影知识作出平面的投影图，如图 2.5-1 所示。

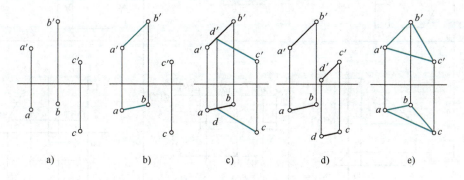

图 2.5-1 平面的表示方法

a) 不共线的三点 b) 直线和线外一点 c) 相交两直线 d) 平行两直线 e) 平面图形

二、各种位置平面的投影

根据平面相对投影面的位置不同，平面可分为三类：投影面平行面、投影面垂直面和一般位置平面。

1. 投影面平行面

当空间平面平行于某一个投影面,同时垂直于其他两个投影面时称为投影面平行面。投影面平行面根据所平行的投影面不同,有以下 3 种形式:

1)正平面——平行于 V 面,垂直于 H 面和 W 面。
2)水平面——平行于 H 面,垂直于 V 面和 W 面。
3)侧平面——平行于 W 面,垂直于 H 面和 V 面。

投影面平行面的投影特性见表 2.5-1。

表 2.5-1 投影面平行面的投影特性

名称	正平面	水平面	侧平面
空间平面	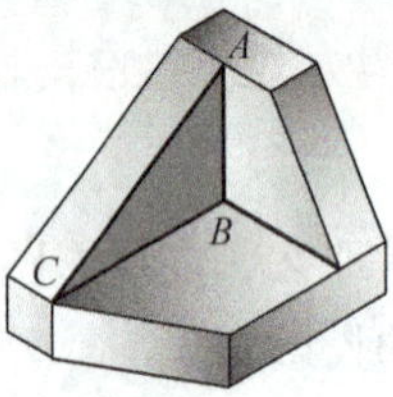	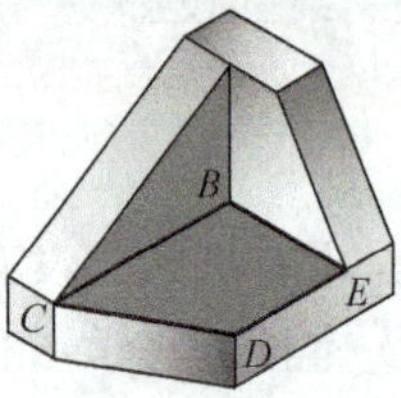	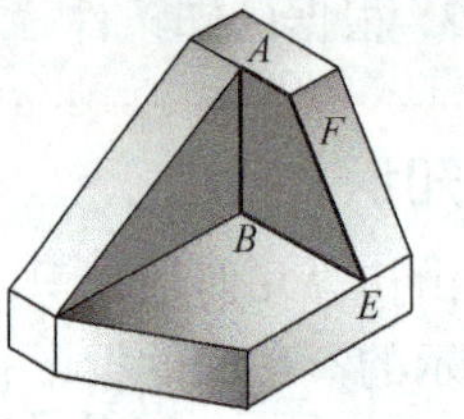
立体投影图	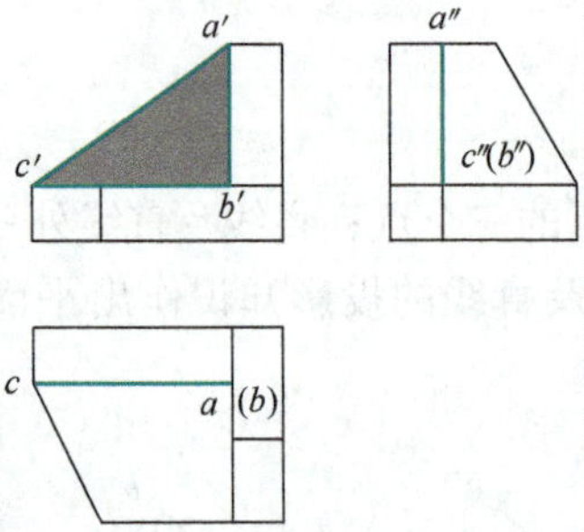	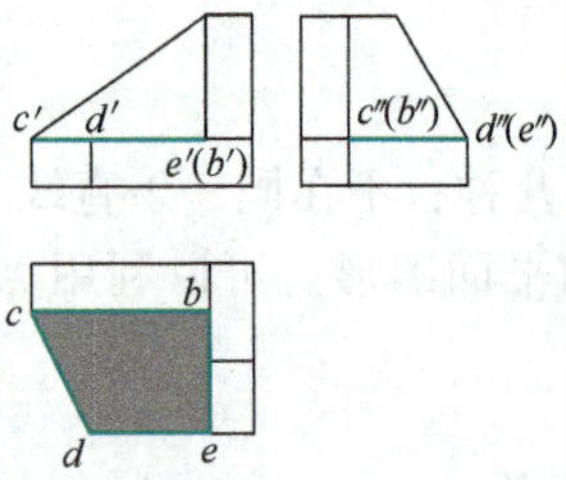	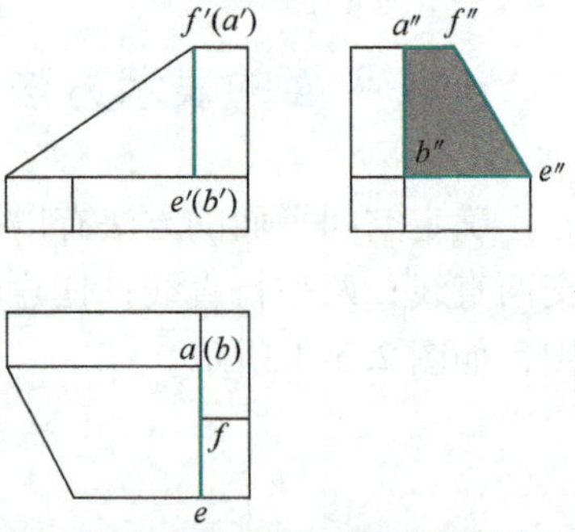
平面投影图	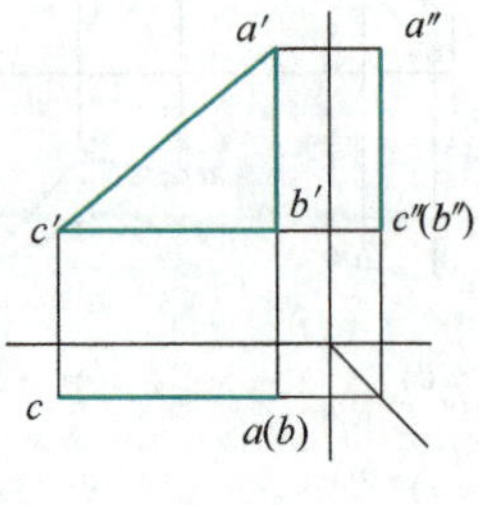	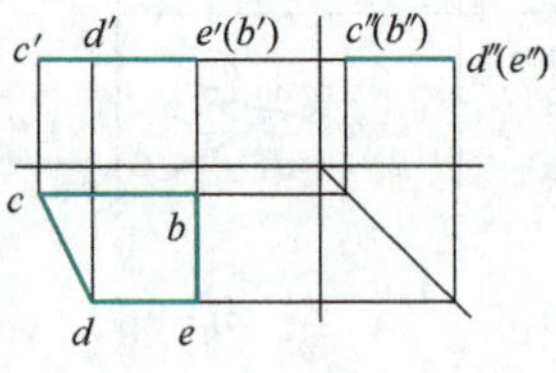	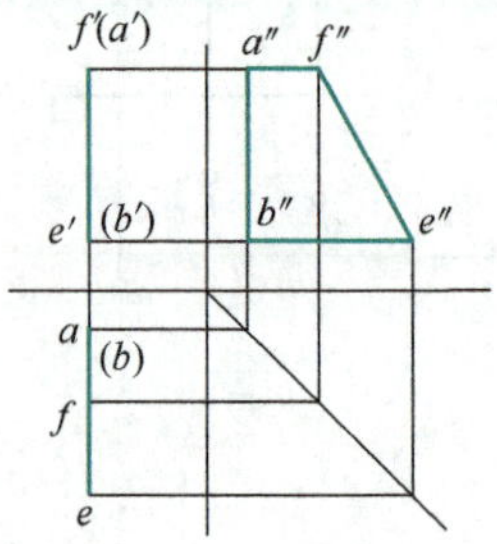
投影特性	$a'b'c'$ 反映实形,abc 和 $a''b''c''$ 积聚为直线	$bcde$ 反映实形,$b'c'd'e'$ 和 $b''c''d''e''$ 积聚为直线	$a''b''e''f''$ 反映实形,$a'b'e'f'$ 和 $abef$ 积聚为直线

对于投影面的平行面,画图时一般先画出反映实形的投影后,再画其他两个投影面的投影。识图时,如果平面的任何两个投影都是平行于投影轴的直线,则该平面是第三个投影面的平行面;若平面的一个投影是平面图形,而另外任一投影是平行于投影轴的直线,则该平面是投影为平面图形所在投影面的平行面。

模块二 投影基础与技能

> **特别提示：**
> 1）空间平面平行于投影面时，它在该投影面的投影反映平面实形，即体现真实性。
> 2）投影面平行面在另外两个投影面上的投影均为平行于相应投影轴的直线，具有积聚性。
> 3）投影面平行面的投影特性可概括为一框（线框）两平线（平行于投影轴的直线）。

2. 投影面垂直面

当空间平面垂直于某一个投影面，同时与其他两个投影面都倾斜时称为投影面垂直面。投影面垂直面根据所垂直的投影面不同，有以下3种形式：

1）正垂面——垂直于 V 面，与 H 面和 W 面倾斜。
2）铅垂面——垂直于 H 面，与 V 面和 W 面倾斜。
3）侧垂面——垂直于 W 面，与 H 面和 V 面倾斜。

投影面垂直面的投影特性见表 2.5-2。

表 2.5-2 投影面垂直面的投影特性

名称	铅垂面	正垂面	侧垂面
空间平面	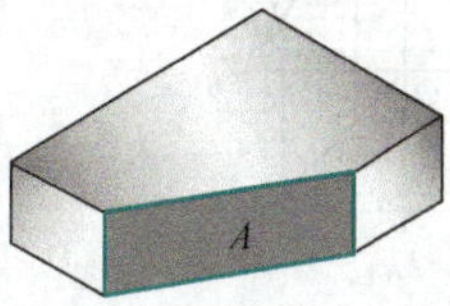 A	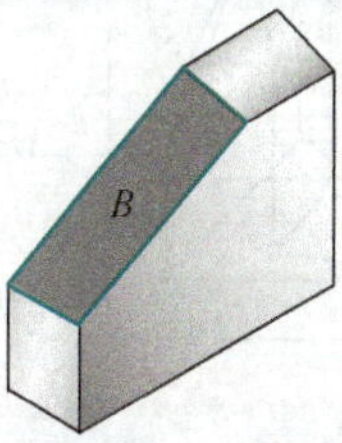 B	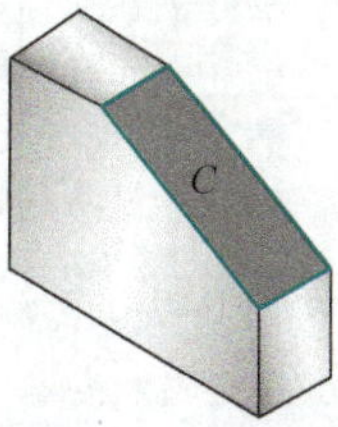 C
立体投影图	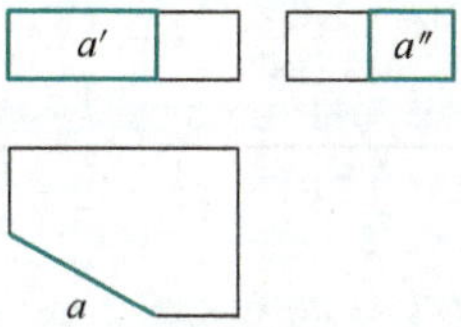 a'、a''、a	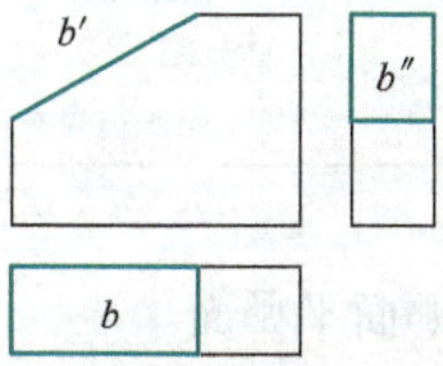 b'、b''、b	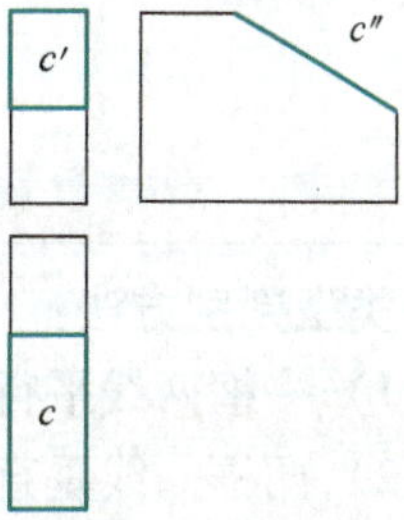 c'、c''、c
平面投影图	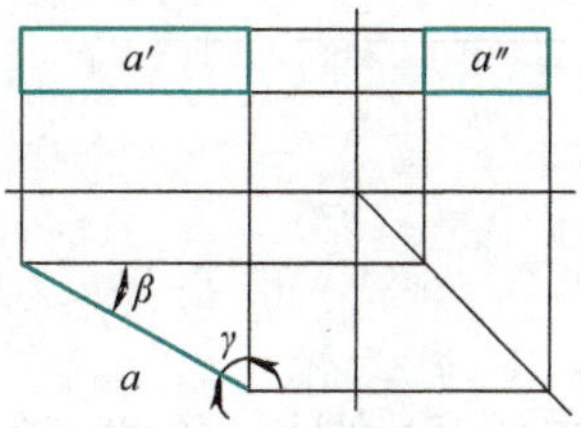 a'、a''、a（含 β、γ）	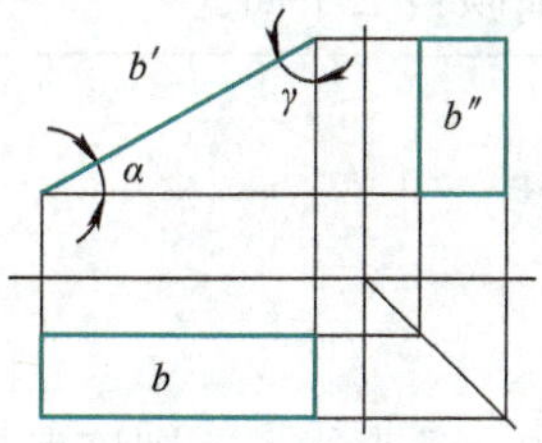 b'、b''、b（含 α、γ）	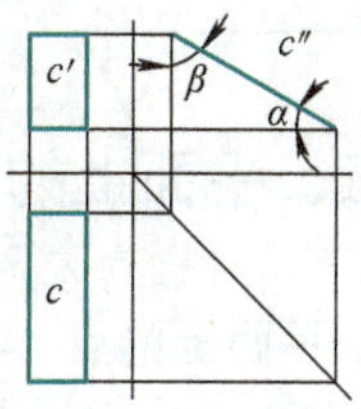 c'、c''、c（含 α、β）
投影特性	a 积聚为直线，反映 β 和 γ。a' 和 a'' 都是类似形	b' 积聚为直线，反映 α 和 γ。b 和 b'' 都是类似形	c'' 积聚为直线，反映 α 和 β。c 和 c' 都是类似形

对于投影面的垂直面，画图时一般先画出积聚性投影斜线后，再画其他投影。识图时，如果3个投影中有一个投影是倾向于投影轴的斜线，其他两面投影为平面图形，则该平面为斜线所在投影面的垂直面。

> 特别提示：
> 1）空间平面垂直于投影面时，它在该投影面的投影积聚为一条直线，即体现积聚性；直线与投影轴的夹角反映该平面与另外两投影面的倾角的真实大小。
> 2）投影面垂直面在另外两个投影面上的投影不反映实形，均为缩小的类似形，具有类似性。
> 3）投影面垂直面的投影特性可概括为两框一斜线。

3. 一般位置平面

当空间平面与3个投影面都倾斜时，称为一般位置平面。一般位置平面的三面投影是面积缩小的类似形，如图 2.5-2 所示。

一般位置平面的投影特性：三个投影都是缩小的类似形，具有类似性，可概括为三框三小。

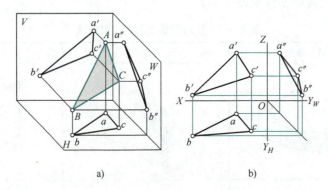

图 2.5-2 一般位置平面及其投影
a）轴测图 b）投影图

> 平面类型判别方法：
> 1）一框两线平行面，框在哪面平哪面。
> 2）两框一线垂直面，线在哪面垂哪面。
> 3）三框三小一般面，平面倾斜三个面。

三、平面上的点和直线

1. 平面上的点

如果空间一点在已知平面的一条直线上，则该点是已知平面上的点。因此，在平面上找点时，先在平面上取一条过点的直线作为辅助线，然后在所作的辅助线上求点。这是在平面的投影图上确定点所在位置的依据。

如图 2.5-3 所示，AK 是平面 ABC 上的直线，S 点在直线 AK 上，因此 S 点在平面 ABC 上。

2. 平面上的直线

当空间直线符合以下条件之一时，该直线在已知平面上：

模块二 投影基础与技能

1) 直线通过已知平面上的两点。
2) 直线通过已知平面上的一个点,且平行于该平面上的一条直线。

符合以上条件之一的直线,就是已知平面上的直线,如图 2.5-4a 所示,K、S 两点分别位于平面 ABC 的 BC、AB 直线上,直线 KS 在平面 ABC 上;如图 2.5-4b 所示,点 E 在平面 ABC 的 AC 直线上,且 EF∥BC,平面 BCEF 与 ABC 在同一平面,所以 EF 在平面 ABC 上。

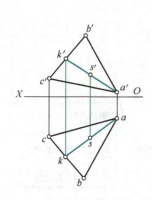 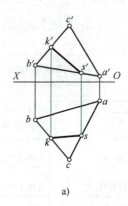 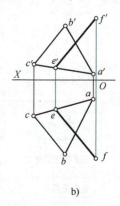

图 2.5-3 平面上的点及其投影　　图 2.5-4 平面上的直线及其投影
　　　　　　　　　　　　　　　　a) 平面上的直线 KS　b) 平面上的直线 EF

特别提示:
在平面上进行点与直线的作图,可以解决以下问题:
1) 判别已知点、线是否属于已知平面。
2) 完成已知平面上的点和直线的投影。
3) 完成多边形的投影。

【例 2.5-1】

如图 2.5-5a 所示,已知平面 ABCD 的 AD 边为正平线,完成四边形 ABCD 的水平投影。

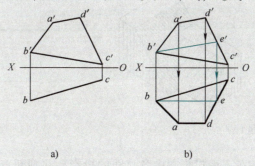

图 2.5-5 完成四边形 ABCD 的水平投影
a) 已知条件　b) 在 ABCD 面内作正平线 BE

【解】　因为 AD 是正平线,因此在平面内作一条与 AD 直线平行的正平线作为辅助线,在同一平面内,两平行直线的同面投影互相平行。作图步骤如下:
1) 过 b' 作 b'e'∥a'd' 交 c'd' 于 e',由于 BE 是正平线,因此 be 平行于 OX 轴。过 b 作

OX 轴的平行线，再通过 e' 求出 E 点的水平投影 e，连接 ce，如图 2.5-5b 所示。

2）通过 d' 在 ce 延长线上作出 d，连接 ed，如图 2.5-5b 所示。

3）过 d 作 be 的平行线，通过 a' 在 be 的平行线上作出 a，连接 ab、ad，即得到四边形 $ABCD$ 的水平投影 $abcd$，如图 2.5-5b 所示。

本模块知识框架

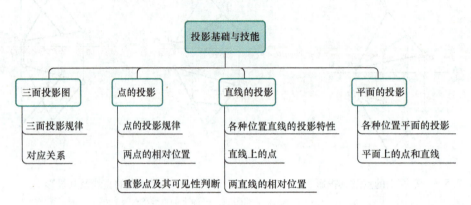

本模块拓展练习

1. 根据题 1 图在三面投影图中标出 A、B、C 3 点的各面投影。
2. 如题 2 图所示，A 点在 B 点左 10mm 处、上 5mm 处、前 10mm 处，求作 B 点的三面投影。

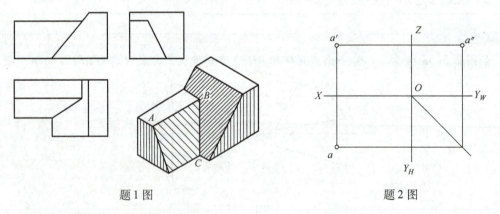

题 1 图　　　　　　　　　　题 2 图

3. 题 3 图，标出立体在三面投影图中各直线的投影，并判断直线的类型：AB 是_____线，BC 是_____线，CD 是_____线，DK 是_____线，AE 是_____线。

4. 如题 4 图所示，作正平线 MN 的水平投影，并判断 A 点是否在直线 MN 上。

5. 如题 5 图所示，参照立体图在三面投影图上和轴测图上的形状，分别标出 P、Q、R、S 平面的投影，并判断各平面的空间位置。

6. 如题 6 图所示，已知 AC 是正平线，完成平面 ABC 的水平投影，并作面内 D 点的水平投影。

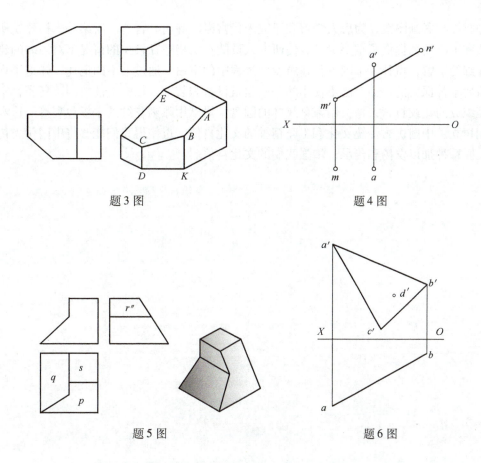

题 3 图　　　　　　　　　题 4 图

题 5 图　　　　　　　　　题 6 图

拓展阅读——经典回眸之《营造法式》

《营造法式》共34卷，357篇，3555条，其中的第29卷~第34卷记录的是宋代的测量工具，石作、大木作、小木作、雕木作和彩画作的三面投影平面图、剖面图、构件详图，以

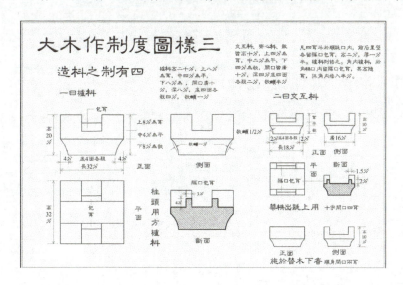

建筑工程识图

及各种雕饰与彩画图案，为后人学习和研究宋代宫殿、寺庙、官署、府第等木构建筑所使用的方法和工匠技艺提供了重要参考，使研究人员能在实物遗存较少的情况下对当时的建筑有非常详细的了解，填补了中国古代建筑发展过程中的空白。通过书中的记述，知道了现存古代建筑所不曾保留的、如今已不使用的一些建筑设备和装饰，如檐下铺竹网防鸟雀，室内地面铺编织成的花纹竹席，椽头用雕刻纹样的圆盘，梁栿用雕刻花纹的木板包裹等。这本巨著为我们树立了中国优秀传统文化和工匠精神的文化自信，也使得我们能够将中国优秀传统文化和工匠精神加以发扬和传承，增强我们的文化自信。

模块三 立体投影

【模块概述】

建筑形体都是由基本的几何体叠加、切割而来的，本模块以基本几何体为载体，分别讲解常见平面立体（棱柱、棱锥）、曲面立体（圆柱、圆锥、球）的三面投影特点，通过总结立体的投影规律能正确求解立体表面上点的投影，从而掌握立体截交线投影的作图方法。在本模块的学习中可通过二维图形与三维立体图形的对比，锻炼学生的空间想象力，培养空间感。

【知识目标】

1. 掌握棱柱、棱锥、圆柱、圆锥、球的投影特点。
2. 掌握棱柱、棱锥、圆柱、圆锥、球的表面点的投影作图方法。
3. 掌握棱柱、棱锥截交线的规范作图方法。
4. 掌握圆柱、圆锥、球被平面截切后的几种表达方法。

【能力目标】

1. 能熟练绘制平面立体、曲面立体的三面投影。
2. 能灵活运用积聚性、从属性求解立体表面点的投影。
3. 能区分素线法与纬圆法的适用范围。
4. 能将截交线的作图方法灵活运用于几何体的求解中。

【素质目标】

1. 培养课前预习的学习习惯。
2. 培养独立思考、善于总结的学习习惯。
3. 培养发现问题、解决问题的能力。
4. 培养善于动手作图的学习习惯。
5. 培养善于提问、多沟通交流的学习习惯。

> 任何复杂的建筑形体都可以看成是由一些简单的几何体经过叠加、切割或相交等形式组成的，一般把这些简单的几何体称为基本几何体或基本体，把建筑物及其构（配）件的形体称为建筑形体。

建筑工程识图

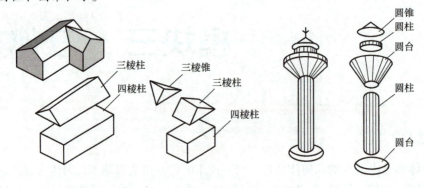

基本几何体根据表面的性质不同，可分为平面立体和曲面立体。平面立体是由若干个平面所围成的立体，每个表面都是平面，如棱柱、棱锥；曲面立体至少有一个面是曲面，如圆柱、圆锥、球。

任务一 平面立体的投影

学习目标

1. 掌握平面立体的概念和特点。
2. 掌握棱柱、棱锥三面投影的特性、画法以及表面上点的投影的作图方法。

任务描述

1. 绘制棱柱、棱锥的三面投影。
2. 根据面的投影原理，绘制棱柱、棱锥上点的投影。

一、棱柱

有两个平面（上下底面）互相平行，其余各平面都是四边形，并且每相邻两个四边形的公共边都相互平行，由这些平面所围成的基本体称为棱柱。当底面为三角形、四边形、五边形等形状时，所组成的棱柱分别为三棱柱、四棱柱、五棱柱等。下面以三棱柱（图3.1-1）为例，分析三棱柱的形体特征及投影等。

1. 形体特征——组成

由图3.1-1可知，三棱柱由上下两个相互平行的底面及三个矩形侧面组成，相邻两侧面两两相交的交线称为棱线，棱线相互平行。

2. 投影分析

在三面投影体系中，选择三棱柱的上下底面平行于水平面（H面）进行放置，得到其投影如图3.1-2所示。

模块三 立体投影

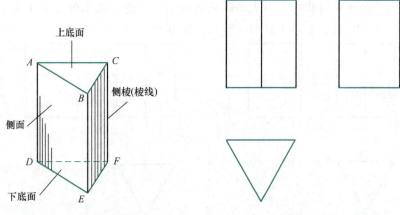

图 3.1-1　三棱柱的组成　　　　图 3.1-2　三棱柱的投影（投影分析）

1）在 H 面中，三棱柱的投影为三角形，此三角形是三棱柱上底面和下底面的投影，上底面可见，下底面不可见，它们的投影重合为一个三角形。组成三角形的三条边是三棱柱三个侧面的积聚性投影，三条侧棱分别积聚成三角形的三个顶点。

2）在 V 面中，三棱柱的投影是两个矩形线框，分别是三棱柱左前和右前两个侧面的投影，两个矩形之和的大矩形是三棱柱后侧面的投影。三条处于铅垂位置的直线分别是三棱柱的三条侧棱，上下两条直线则是上底面和下底面的积聚性投影。

3）在 W 面中，三棱柱的投影是一个矩形，它是三棱柱左前和右前侧面的投影，左前侧面可见，右前侧面不可见，它们重合为一个矩形，矩形的上下两条直线也是三棱柱上底面和下底面的积聚性投影。

3. 表面上点的投影

由棱柱的投影分析可知，棱柱底面、侧面对不同的投影面都存在积聚性，因此在求棱柱表面点的投影时，先分析点所在棱柱的面，再进一步应用积聚性、从属性求解。

棱柱体表面上求点的方法：
1）积聚性——判断点所在的面，点在面上，点一定在面积聚的线上。
2）从属性——点在棱线上，可通过点的从属性求解。

【例 3.1-1】

已知三棱柱的三面投影，其表面点有 a′ 及 (c′)，如图 3.1-3 所示，求点 A、C 的其余两面投影。

【解】如图 3.1-3 所示，求三棱柱表面上 A 点的投影时，首先根据已知正面投影 a′ 可以判断出点 A 在三棱柱左前侧棱面上，利用积聚性可以直接求出点 A 的水平投影 a 在三角形的左侧直线上，最后利用点的投影规律可求出点的侧面投影 a″，三个投影均为可见，所以不需要加括号。这里要注意，在求解点在平面上非积聚性的投影时需要判断可见性，对于不可见的点的投影需要加括号。

同理，求三棱柱表面上 C 点的投影时，首先根据已知正面投影 (c′) 可以判断出点 C 在三棱柱后侧棱面上，利用积聚性可以直接求出点 C 的水平投影 c 在三角形的最后面的直线上,最后利用点的投影规律可求出点的侧面投影 c''。注意,在求解点在平面上积聚性的投影时不需要判断可见性,如水平投影 c 和侧面投影 c''。

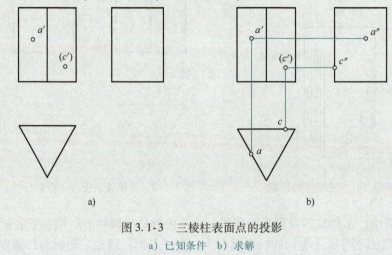

图 3.1-3　三棱柱表面点的投影
a) 已知条件　b) 求解

4. 几种常见的棱柱投影

图 3.1-4 为几种常见的棱柱立体及其投影,要能正确分析其组成规律,准确绘制其三面投影。

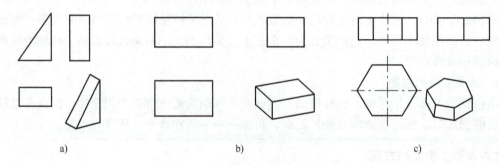

图 3.1-4　几种常见的棱柱立体及其投影
a) 三棱柱　b) 四棱柱　c) 六棱柱

二、棱锥

棱锥由一个多边形底面与若干个呈三角形的侧面围成,且所有侧面相交于一点 S(锥顶),相邻两侧面的交线称为棱线,所有棱线相交于锥顶 S。当底面为三角形时称为三棱锥,底面为四边形时称为四棱锥,依次类推。下面以三棱锥(图 3.1-5)为例,分析三棱锥的形体特征及投影特点。

1. 形体特征——组成

由图 3.1-5 可知,三棱锥由一个三角形底面及三个三角形侧面组成,三个侧面的顶点交于一点 S(锥顶),相邻两侧面两两相交为棱线,所有棱线汇交于锥顶。

2. 投影分析

如图 3.1-6 所示，在三面投影体系中，选择三棱锥的底面平行于水平面（H 面）进行放置。

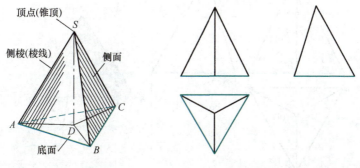

图 3.1-5　三棱锥　　　图 3.1-6　三棱锥的投影（投影分析）

1）在 H 面中，三棱锥的水平投影是等边三角形，反映底面的实形，三个小三角形分别是三棱锥的三个侧面投影。

2）在 V 面中，两个三角形分别是三棱锥左前、右前两个侧面的投影，两个三角形之和的大三角形是三棱锥后侧面的投影，底面积聚为三角形的底边直线。

3）在 W 面中，三角形是左前、右前两个侧面重合为一个三角形，后侧面积聚为一条直线，底面积聚为三角形的底边直线。

3. 表面上点的投影

由投影分析可知，三棱锥底面投影具有积聚性，三个侧面投影大部分不具有积聚性，因此在求表面点的投影时，先分析点在哪个面上，再选择求解方法。

棱锥表面上求点的方法：

1）积聚性法——点在底面上，利用从属性求解；点在面上，点一定在面积聚的线上。

2）从属性法——点在棱线上，则依据点的从属性求解。

3）辅助线法——点在侧面上，过点作一条辅助线求解。为了保证这条辅助线在侧面上，一般作点与锥顶连接的直线，或过点作平行于锥底的直线，将面上求点的投影转化为线上求点的投影。

【例 3.1-2】

已知三棱锥的三面投影，其表面点有 1′、2′、（3′）及（4），如图 3.1-7 所示，求点 1、2、3、4 的其余两面投影。

【解】 1）求三棱锥表面上点 1 的投影时，首先根据已知正面投影 1′判断出点 1 在三棱锥左前侧棱面上，但是该侧面的三个投影都没有积聚性，需要作辅助线。通常将 1′与锥顶 s′连接并延长，其延长线与三角形底边有交点 r′，此交点的水平投影利用点在直线上的投影规律可直接求出 r；再将这个水平投影 r 与锥顶 s 的水平投影连接，那么点 1 的水平投影 1 就在这个连线上，过 1′作铅垂线与 rs 的交点就是 1；最后通过 1′和 1 利用点的投影规律"高平齐，宽相等"求出 1″，三个投影均为可见，所以不需要加括号，如图 3.1-8a 所示。

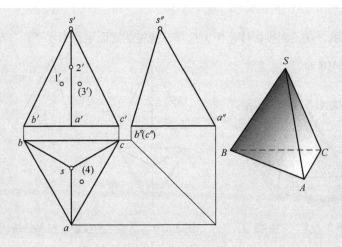

图 3.1-7 已知条件

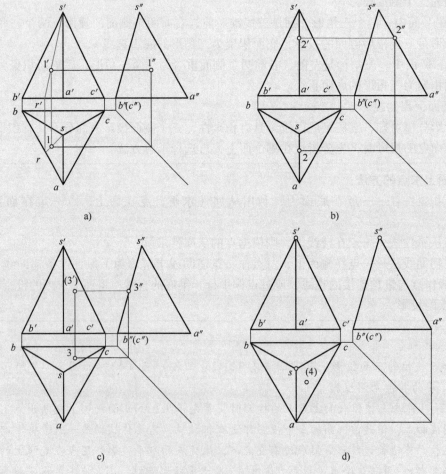

图 3.1-8 求解方法

a) 点 1 表面投影——辅助线法求解　b) 点 2 表面投影——从属性法求解
c) 点 3 表面投影——积聚性法求解　d) 点 4 表面投影（学生练习）

2）由已知条件中的点2′可知，点2在SA棱线上，根据点的从属性可知2″在s″a″上；再由点的投影规律"长对正，宽相等"得到点2的水平投影，如图3.1-8b所示。

3）由已知条件中的点（3′）的投影可知，点3在后侧面SBC上，后侧面SBC在W面上的投影积聚为线，根据点的从属性可知，点在面上，点一定在面积聚的线上，由此可求得3″；再根据点的投影规律"长对正、宽相等"求得3的水平投影，如图3.1-8c所示。

4）点4的两面投影由同学们自己完成，可在已知条件的原图上作图。

简述例3.1-2中点4投影的分析方法：

4. 不同形体位置对投影的影响——以四棱锥为例

图3.1-9中四棱锥的摆放形式不同，其三面投影略有不同，要清楚其方位，从而正确分析立体的投影。

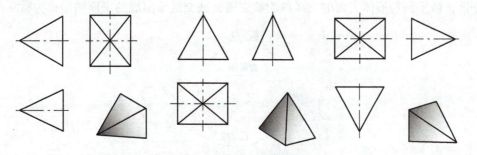

图3.1-9　四棱锥不同位置的投影

任务二　平面立体的截交线

学习目标

1. 掌握截交线的概念及性质。
2. 掌握平面立体被截平面切割后截交线的形状及作图步骤。
3. 能运用学到的方法，分析常见的截切体截交线作图方法。

任务描述

1. 根据切割后立体的三面投影，确定未被切割前立体的形状。
2. 根据截断面的投影标注出特殊点，求截断面上点的投影。

相关知识

在形体的表面上，常会见到一些交线（截交线），如图 3.2-1 所示，在绘制形体投影时，如果这些截交线表达不清楚，就会影响识图者的判断。因此，我们需要掌握截交线的绘制及识读方法。根据立体形状的不同，截交线分为平面立体截交线与曲面立体截交线。

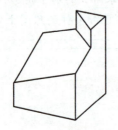 

图 3.2-1 建筑形体的截交线

一、截交线

1. 截交线的概念

基本体被截平面截切后的形体，称为截切体，如图 3.2-2 所示。其中，截切体的平面称为截平面，截平面与形体表面的交线称为截交线，截交线所围成的平面图形称为截断面。

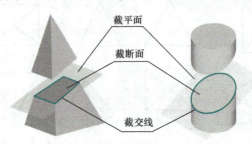

图 3.2-2 截切体

2. 截交线的性质

立体的形状及截平面切割的位置不同，产生的截交线形状千差万别，但所有的截交线都具有以下两个基本性质：

（1）封闭性　由于立体表面都是封闭的，而截交线又是截平面和立体表面的交线，所以截交线所围成的图形一定是封闭的。

（2）共有性　因为截交线既属于截平面，又属于立体表面，所以截交线是截平面和立体表面的共有线。

由此可知，求作截交线的实质，就是求出截平面与立体表面公共点的集合。截交线的形状取决于立体表面的几何形状及截平面与立体的相对位置。在求截交线时，应先求出截交线上的特殊点，即最高点、最低点、最左点、最右点、最前点、最后点及拐点（转折点），分析线段的可见性后，再按一定顺序连接起来，即得截交线。

二、平面立体截交线的画法

由图 3.2-2 可知，平面立体的表面是平面图形，因此平面立体的截交线为封闭的平面多边形，多边形的各个端点是截平面与立体的棱线或底边的交点，多边形的各条边是截平面与平面立体表面的交线。求平面立体上截交线的方法可归纳为交点法，即先求出平面立体的各棱线与截平面的交点，然后将各点依次连接起来。连接各交点时应注意：

1) 只有两点在同一投影面上时才能连接。
2) 可见棱面上的两点用实线连接，不可见棱面上的两点用虚线连接。

需要注意的是，求平面立体截交线的投影时，要先分析平面立体在未切割前的形状，它是怎样被切割的，以及截交线有何特别等问题，然后再进行作图。

> **截交线作图方法——交点法的求解思路**
> 1) 分析未切割前的形状，是怎样切割的？切了"几刀"？
> 2) 在已知条件中选择截平面积聚为一条线的投影，此条积聚的线就是截交线，在此线上标点，这些点即为截交线的端点，也称特殊点。要标出最高点、最低点、最左点、最右点、最前点、最后点及拐点（转折点）；若切到棱线，棱线上的点也要标出。
> 3) 求出特殊点的其他两面投影。
> 4) 依次连接各投影面上的特殊点的投影，所得到的图形就是截交线。
> 5) 判断线段的可见性，整理后加粗。

【例 3.2-1】

试求正四棱锥被一正垂面 P 截切后的投影，如图 3.2-3 所示。

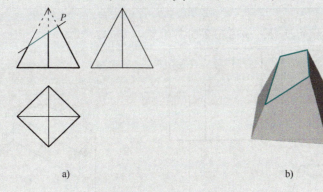

a)　　　　　　　　　　b)

图 3.2-3　求作四棱锥的截交线（一）
a) 正四棱锥的三面投影　b) 被截切后的立体图

【解】　作图步骤如下：

1) 在截平面具有积聚性的投影面（V）上标特殊点，即最高点 3′、最低点 1′、最前点 2′、最后点 4′，这 4 个点都在棱线上，2′与 4′重合，4′在 2′的正后方，由于看不见，因此带括号，如图 3.2-4a 中 V 面投影所示。

2) 根据点的投影规律，求特殊点 1、2、3、4 的其余两面投影，依次连接求得 H 面、

W面的截交线，如图3.2-4a中H面、W面投影所示。

3）加粗线条，判断线段可见性，看不见的线画成虚线，如图3.2-4b所示。

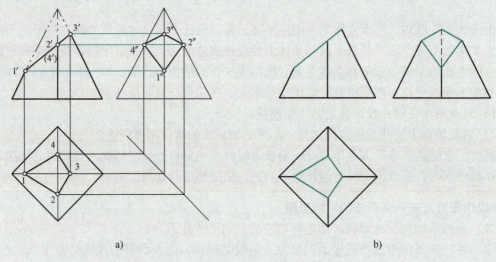

图3.2-4　求作四棱锥的截交线（二）
a）求特殊点的投影　b）加粗线条，判断可见性

求解要点：
1）正投影的投影特性——积聚性。
2）直线上点的投影特性——从属性。
3）点的可见性判断。

【例3.2-2】

求带切口的五棱柱的投影，如图3.2-5所示。

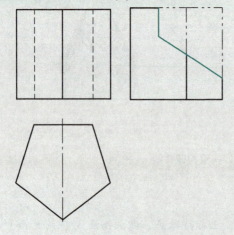
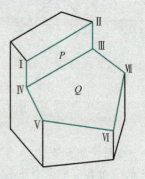

图3.2-5　求作五棱柱的截交线

【解】　作图步骤如下：

1）在W面投影上，截平面积聚成了线，经分析可知，五棱柱被切割了两次，先竖向

切割再斜向切割。

2) 在截平面具有积聚性的投影面 W 面上标特殊点：最高点 1″(2″)、最低点 6″、最左点（最右点）5″(7″) 及拐点 4″(3″)，如图 3.2-6a 中 W 面投影所示。由于切割了两次，因此截平面相交的点 4″(3″) 是一条交线，必须标注，这就是拐点，拐点在其余两面的投影是线。

3) 求特殊点的其余两面投影，依次判断点所在立体表面的位置，通过积聚性及从属性求得点的其余两面投影，如图 3.2-6a 中 H 面、V 面投影所示。判断线段可见性，并用直线依次连接起来，如图 3.2-6b 所示。

4) 整理、加粗线条，如图 3.2-6c 所示。

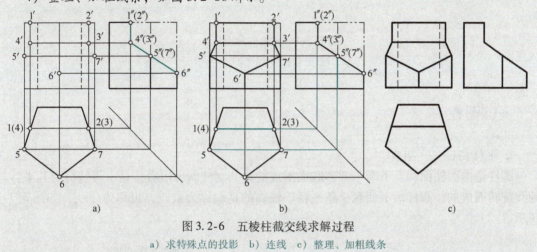

图 3.2-6 五棱柱截交线求解过程
a) 求特殊点的投影 b) 连线 c) 整理、加粗线条

任务三　曲面立体的投影

学习目标

1. 掌握曲面立体的概念和特点。
2. 掌握圆柱、圆锥、球的三面投影特性、画法及表面上点的投影的作图方法。

任务描述

1. 绘制圆柱、圆锥的三面投影。
2. 根据面的投影原理，绘制圆柱、圆锥上点的投影。

相关知识

有一个面是曲面的立体称为曲面立体。常见的曲面立体有圆柱、圆锥和球，也称为回转体。回转体的曲面可以看作是由一条直线或曲线（母线）绕一固定直线（轴线）旋转而成的曲面，如图 3.3-1 所示。其中，母线上任一点的运动轨迹都是垂直于轴线的圆，称为纬圆；曲面上任意位置的母线称为素线；回转面的可见部分与不可见部分的分界素线称为转向轮廓线。绘制回转体的投影就是画回转面的转向轮廓线的投影、底面的投影和轴线的投影。

建筑工程识图

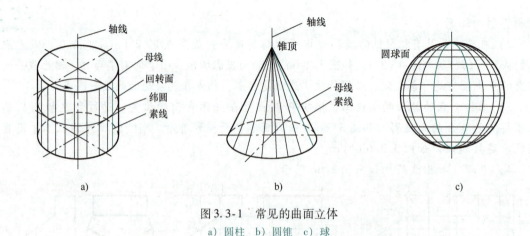

图 3.3-1　常见的曲面立体
a）圆柱　b）圆锥　c）球

一、圆柱

1. 形体特征——组成

圆柱是由圆柱面和上下两个圆形底面围成的，其圆柱面可以看作是由母线绕与其平行的轴线旋转而成的。圆柱面上任意一条平行于轴线的直线称为素线，也称为母线，如图 3.3-2 所示。

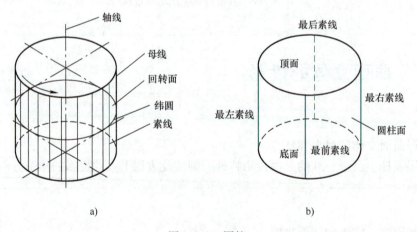

图 3.3-2　圆柱
a）圆柱的形成　b）圆柱表面上特殊的素线

2. 投影分析

将圆柱体的轴线垂直于 H 面放置在三面投影体系中，如图 3.3-3 所示，其三面投影图的投影特性如下：

1）H 面投影是一个圆，反映上下底面实形的圆，其中上底面可见，下底面不可见。圆柱体的侧面与 H 面垂直，积聚为圆的边线。

2）V 面投影是一个矩形，其中上下边线分别是圆柱上下底面的积聚投影，左右边线分别是圆柱侧面最左素线、最右素线（也称为转向轮廓线）的投影，这两条转向轮廓线将圆

模块三　立体投影

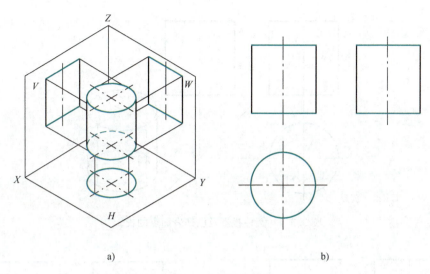

图 3.3-3　圆柱的投影
a) 圆柱立体图　b) 三面投影图（投影分析）

柱分为前后两部分，前半部分可见，后半部分不可见。

3) W 面投影是一个矩形，其中上下边线分别是圆柱上下底面的积聚投影，左右边线分别是圆柱侧面最后素线、最前素线（也称为转向轮廓线）的投影，这两条转向轮廓线将圆柱分为左右两部分，左半部分可见，右半部分不可见。

通过上述分析可知，圆柱投影为"一圆两矩"，圆反映底面实形，且上下底面的投影具有积聚性。

3. 表面上点的投影

由圆柱的投影特性可知，圆柱侧面及底面在投影面上都具有积聚性，因此在求表面点的投影时，可利用点的从属性求解，即点在面上，点一定在面积聚的线上。

特别注意：
　　圆柱面上求点的投影时，可利用点的积聚性求解。

【例 3.3-1】

已知圆柱投影，如图 3.3-4 所示，补全圆柱表面 A、B、C、D 四点的其余两面投影。

【解】　1) 分析可知 a' 在圆柱左边的转向轮廓线上，由点的从属性并分析圆柱投影可知，左边的转向轮廓线在 H 面的投影积聚为圆的最左边的点，在 W 面的投影是矩形的中心线，因此通过点的投影规律得到 a 与 a'' 的投影，如图 3.3-5a 所示。

2) 分析可知 b' 在圆柱的前表面，前表面在 H 面的投影积聚为圆的边线，依据积聚性及点的从属性可得到 b 的投影，再根据点的投影规律得到 b''，如图 3.3-5a 所示。

3) 分析可知 c' 在圆柱最前的转向轮廓线上，最前的转向轮廓线在 H 面的投影积聚为圆的最前面的点，在 W 面的投影是矩形右边的边线，因此根据点的从属性及点的投影规律得到 c 与 c'' 的投影，如图 3.3-5b 所示。

4) 同学们自己作点 D 的其余两面投影，并总结规律。

63

建筑工程识图

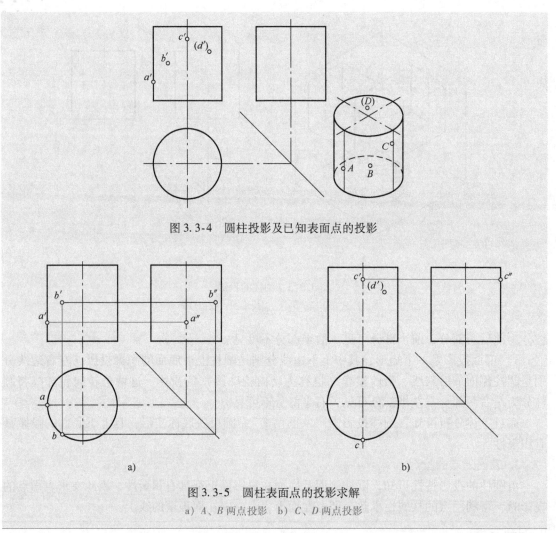

图 3.3-4 圆柱投影及已知表面点的投影

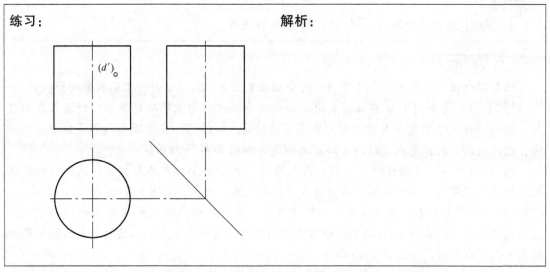

a) b)

图 3.3-5 圆柱表面点的投影求解
a) A、B 两点投影 b) C、D 两点投影

练习：	解析：

二、圆锥

1. 形体特征——组成

圆锥是由圆锥面和圆锥底面所围成的回转体（图 3.3-6）。其中，圆锥面是由母线绕与其相交并且呈一定角度的轴线回转而成的。母线与轴线的交点称为锥顶。圆锥面上的所有素线都交于锥顶，并且对底面的倾角相等。

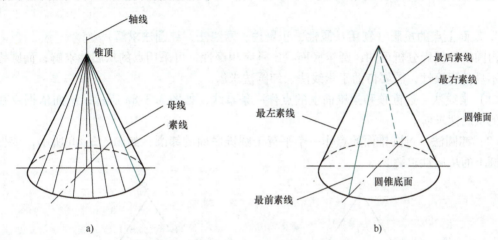

图 3.3-6　圆锥
a) 圆锥的形成　b) 圆锥面上特殊的素线

2. 投影分析

将圆锥的轴线垂直于 H 面放置在三面投影体系中，如图 3.3-7 所示，其三面投影图的投影特性如下：

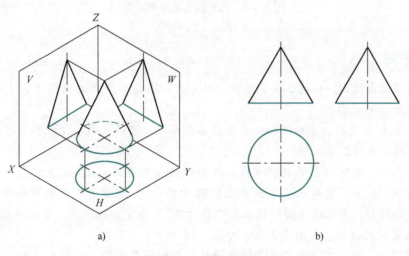

图 3.3-7　圆锥的投影
a) 圆锥立体图　b) 圆锥三面投影（投影分析）

建筑工程识图

1）H 面投影是一个圆，反映底面实形的圆，同时也是圆锥面的投影，底面被圆锥面投影遮挡住而看不见。

2）V 面投影是一个等腰三角形，三角形的底边线为圆锥底面投影，左右两边线分别是圆锥面上最左素线、最右素线（也称为转向轮廓线）的投影。

3）W 面投影是一个等腰三角形，三角形的底边线为圆锥底面投影，左右两边线分别是圆锥面上最后素线、最前素线（也称为转向轮廓线）的投影。

通过上述分析可知，圆锥投影为"**一圆两角**"，圆反映底面实形，底面的投影具有积聚性。

3. 表面上点的投影（利用从属性、积聚性、素线法、纬圆法求解）

由圆锥的投影分析可知，圆锥底面投影具有积聚性，可采用点的从属性求解；而圆锥面投影不具备积聚性，需要借助于素线法、纬圆法求解。

（1）素线法　过锥顶和圆锥面上的点作一条素线，如图 3.3-8a 所示，从而依据点在素线上的从属性求解。

（2）纬圆法　过圆锥面的点作一个平行于圆锥底面的纬圆，如图 3.3-8b 所示，依据点在纬圆上的从属性求解。

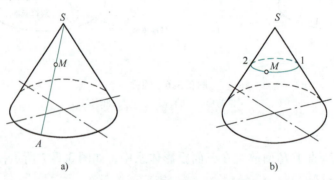

图 3.3-8　圆锥面上求点的方法
a）素线法　b）纬圆法

【例 3.3-2】

已知圆锥三面投影，如图 3.3-9 所示，补全表面点的其余两面投影（学生在已知条件上自主绘制点 B 的投影）。

【解】　已知 a' 投影，分析可知点 A 在圆锥表面上，圆锥表面的投影不具有积聚性，因此需要用素线法或纬圆法求解。

（1）素线法　过 a' 连接锥顶作直线，与底边线相交于 r'，r' 在底边线上，根据点的从属性及点的投影规律"长对正"求出 R 点的 H 面投影 r，连接 r 与 H 面中的锥顶，得到 a 点所在的线的投影；再依据点的从属性及"长对正"，确定 a 的位置；最后根据"高平齐、宽相等"确定 a'' 的投影，如图 3.3-10a 所示。

（2）纬圆法　过 a' 作平行于底边的平行线，得到纬圆直径，以此直径在 H 面投影中以中心点为圆心画圆，得到 a 点所在纬圆的投影，由点的从属性及"长对正"确定点 a 的投影，再根据"高平齐、宽相等"确定 a'' 的投影，如图 3.3-10b 所示。

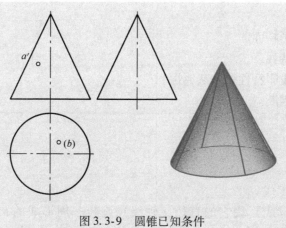

图 3.3-9　圆锥已知条件

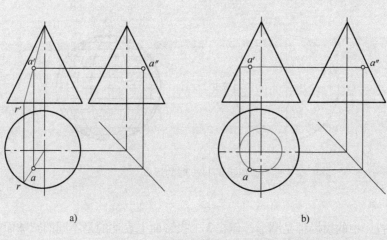

图 3.3-10　表面点 A 的求解方法
a) 素线法　b) 纬圆法

学生求解点 B 投影：

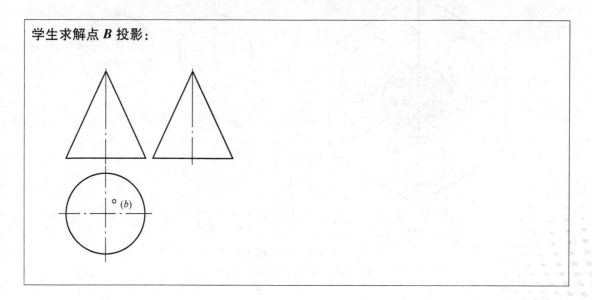

建筑工程识图

> **求解知识要点：**
> 1）点的三面投影特性。
> 2）直线的投影特性。
> 3）直线上点的投影特性——从属性。
> 4）点的可见性判断。

三、球

1. 形体特征——组成

圆球面是由圆（母线）绕它的直径（轴线）旋转一周形成的，球由圆球面围成，如图 3.3-11 所示。母线圆是圆球面上的最大圆。

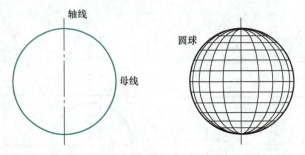

图 3.3-11 球的形成

2. 投影分析

球在三面投影中的投影都是圆形，但在 3 个投影面上表达的是不同的圆球面，如图 3.3-12 所示，其三面投影图的投影特性如下：

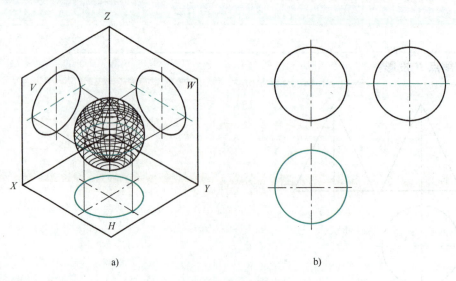

图 3.3-12 球的投影
a）球立体图 b）球的三面投影（投影分析）

1)H 面投影是一个圆,是水平面上最大的圆,它将球面分成上半部分与下半部分,两部分重合,其中上半部分可见,下半部分看不见。

2)V 面投影是一个圆,是正面上最大的圆,它将球面分成前半部分与后半部分,两部分重合,其中前半部分可见,后半部分看不见。

3)W 面投影是一个圆,是侧面上最大的圆,它将球面分成左半部分与右半部分,两部分重合,其中左半部分可见,右半部分看不见。

通过上述分析可知,球的投影为"三圆",圆反映过球心最大的圆,作图时要注意判断投影的可见性。

3. 表面上点的投影

通过投影分析可知,圆球面的投影不具有积聚性,又由于圆球面都是曲线,因此素线法不适用于求圆球面上点的投影,只能应用纬圆法求解。

圆球面上点的投影的求作方法为纬圆法,注意判断可见性。

【例 3.3-3】

已知球的三面投影如图 3.3-13 所示,补全圆球面上点的其余两面投影(学生在已知条件上自主绘制点 B 的投影)。

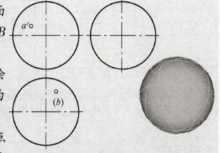

【解】 分析可知点 A 位于球的上半表面,需要绘制纬圆求解,在这里纬圆有多种作图方法,以 A 点为例,列举两种作图方法:

1)过 a′作平行于中心线的水平线,与圆边线有交点 1′与 2′,则 1′2′连线长度的一半是纬圆半径,在 H 面以此半径画圆,得到 a 点所在的纬圆,根据点的从属性及"长

图 3.3-13 求圆球面上点的投影

对正"得到 a 点的 H 面投影,再根据"高平齐、宽相等"得到 a″的投影,如图 3.3-14a 所示。

2)过 a′作平行于中心线的竖直线,与圆边线有交点 1′与 2′,则 1′2′连线长度的一半是纬圆半径,在 W 面以此半径画圆,得到 a″点所在的纬圆,根据点的从属性及"高平齐"得到 a″点的 W 面投影,再根据"长对正、宽相等"得到 a 的投影,如图 3.3-14b 所示。

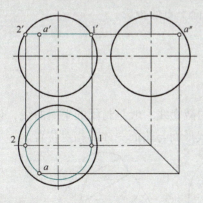 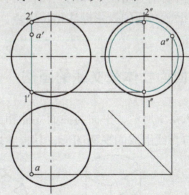

a)   b)

图 3.3-14 纬圆法求圆球面上点的投影

a)纬圆作图方法一 b)纬圆作图方法二

求解知识要点：
1) 点的三面投影特性。
2) 直线上点的投影特性——从属性。
3) 点的可见性判断。

学生求解点 B 投影并思考：过点 b 的纬圆有几种画法？分别怎么画？可直接画在原图上。

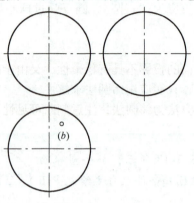

任务四　曲面立体的截交线及相贯线

学习目标

1. 掌握曲面立体被截平面切割后截交线的形状及作图步骤。
2. 掌握两曲面立体相交时，相贯线的形状及画法。

任务描述

1. 根据切割后曲面立体的三面投影，确定立体切割后的截断面形状。
2. 根据截断面的投影标注出特殊点，求截断面上点的投影。

一、曲面立体截交线的画法

如图 3.4-1 所示，平面与曲面立体相交产生的截交线一般是封闭的平面曲线，但也可能是由曲线与直线围成的平面图形，其形状取决于截平面与曲面立体的相对位置。

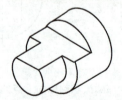

图 3.4-1　曲面立体被切割后

模块三 立体投影

求曲面立体的截交线就是求截平面与曲面立体表面的共有点的投影,然后把各点的投影依次光滑连接起来。当截平面或曲面立体的表面垂直于某一投影面时,则截交线在该投影面上的投影具有积聚性,可直接利用面上取点的方法作图。

> 平面立体截交线求解知识点:
> 1)截交线的性质:共有性、封闭性。
> 2)平面立体求截交线:在截平面积聚为线的投影面上标注点的投影——特殊点。
> 3)特殊点:最上、最下、最左、最右、最前、最后及拐点(转折点)。

这里需要注意的是,对于曲面立体的截交线,既可能是直线围成的封闭线段,也可能是曲线围成的封闭线段。对于曲线,不仅要求特殊点的投影,还需要标注出多个一般位置点的投影,点越多,画出的曲线越精确。

二、圆柱的截交线

平面与圆柱相交,根据截平面与圆柱轴线的相对位置不同,截交线的形状也不同,见表 3.4-1。

表 3.4-1 圆柱的截交线

截平面 P 的位置	截平面垂直于圆柱轴线	截平面倾斜于圆柱轴线	截平面平行于圆柱轴线
截交线空间形状	圆 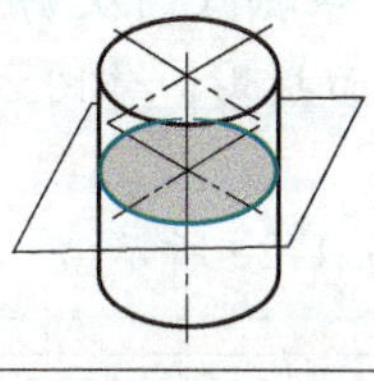	椭圆 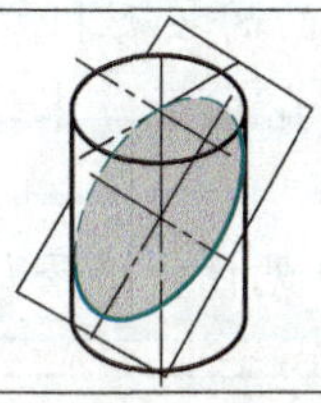	矩形 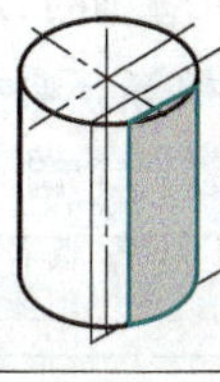
投影图	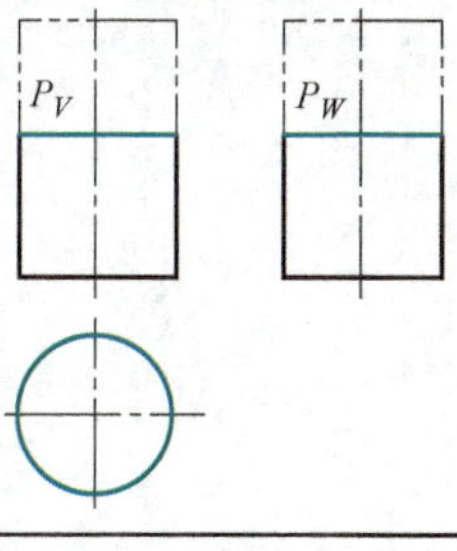	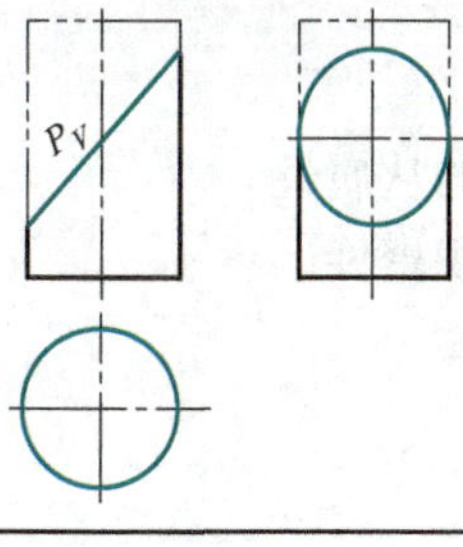	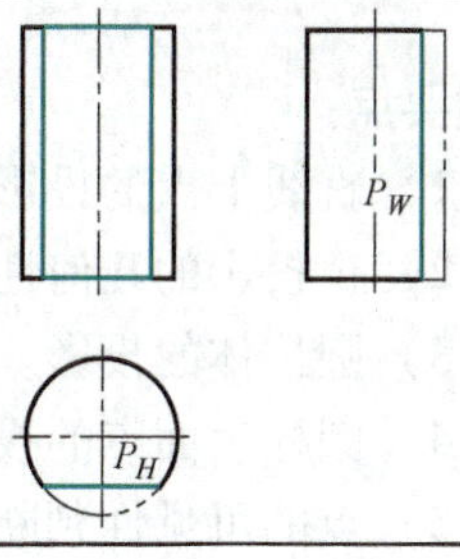

【例 3.4-1】

圆柱体被正垂面 P 所截切,已知水平投影与正面投影,如图 3.4-2a 所示,求侧面投影。

【解】 分析可知,截平面与圆柱轴线斜交,截交线为一椭圆。因为截平面是正垂面,在 V 面投影积聚为线,此线即为截交线,因此在 V 面投影上找点求其余两面的投影,连线

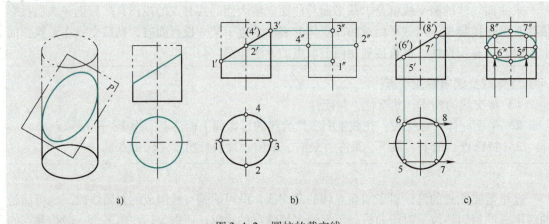

图 3.4-2 圆柱的截交线
a) 已知条件 b) 特殊点投影 c) 一般位置点投影

即得所求。曲面立体的截交线为曲线时,不仅要求出特殊点的投影,还要找一般位置点的投影,连接的曲线即为截交线的投影。作图过程如图 3.4-2b 所示。

1) 画出完整的未被切割之前的 W 面投影。

2) 在截平面积聚为一条线的投影面上标注出特殊点,即在 V 面投影的斜线上找特殊点,取最高点 3′、最低点 1′、最前(最后)点 2′(4′),这 4 个点分别是最左、最右、最前、最后 4 条转向轮廓线上的点,然后直接在 H 面投影上标注出来,再通过"高平齐、宽相等"求这些点的 W 面投影,作图方法同圆柱表面上点的投影,如图 3.4-2b 所示。

3) 求一般位置点的投影,在 V 面投影的斜线上找一般位置点 5′(6′)、7′(8′),这 4 个点都在圆柱表面上,圆柱表面在 H 面的投影积聚为圆边线,依据点的从属性及"长对正"求得 H 面投影,再根据"高平齐、宽相等"求这些点的 W 面投影,作图方法同圆柱表面上点的投影,如图 3.4-2c 所示。

4) 连接各点得截交线,判断可见性,线条加粗,如图 3.4-2c 所示。

作图要点:

1) 直线上点的投影——点的从属性。
2) 正投影的几何性质——积聚性。
3) 圆柱体的投影。
4) 圆柱表面点的投影。
5) 点的可见性判断。

三、圆锥的截交线

圆锥被截平面切割时,锥面与截平面的交线见表 3.4-2。

表 3.4-2　圆锥的截交线

截平面 P 的位置	截平面垂直于圆锥轴线	截平面与锥面上所有素线相交	截平面平行于圆锥面上一条素线	截平面平行于轴线	截平面通过锥顶
截交线空间形状	圆	椭圆	抛物线	双曲线	三角形
投影图					

【例 3.4-2】

圆锥被正垂面截切,已知被切割后的正面投影,求其余两面投影,如图 3.4-3 所示。

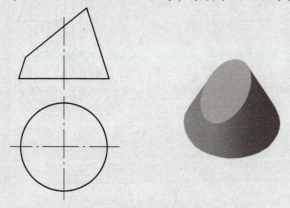

图 3.4-3　已知条件

【解】　分析可知,截平面与圆锥轴线斜交,截交线为一椭圆;截平面是正垂面,在 V 面投影积聚为线,此线即为截交线,因此在 V 面投影上标注点并求点的其余两面投影,连线即得所求。作图过程如图 3.4-4 所示。

1) 画出完整的未被切割之前的第三面投影,并在 V 面投影上标注特殊点,取最高点 a'、最低点 b'、最前(最后)点 $c'(d')$,如图 3.4-4a 所示。

2) 求特殊点的投影,4 个特殊点都在转向轮廓线上,根据点的从属性,通过"长对正、高平齐、宽相等"求这些点的其余两面投影,如图 3.4-4b 所示。

3) 求一般位置点的投影,由于截交线是椭圆,特殊点标出了椭圆的长轴,因此在确

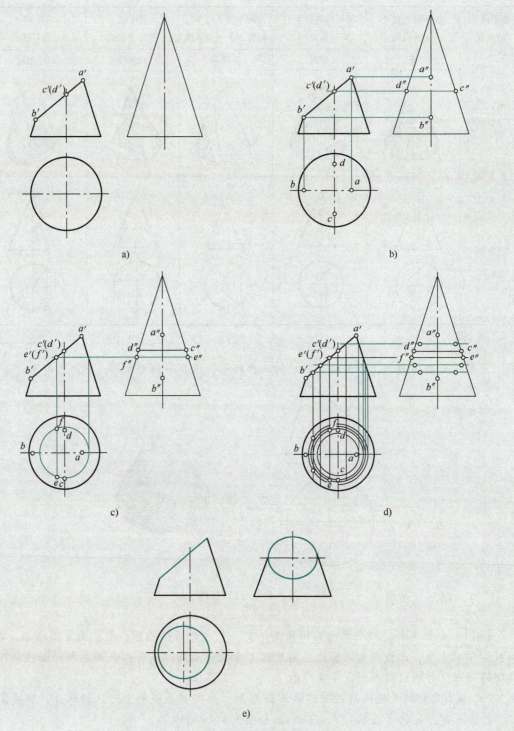

图 3.4-4 圆锥的截交线求解过程
a) 作 W 面原投影并标注特殊点 b) 特殊点的其余两面投影 c) 截交线椭圆短轴点的投影
d) 一般位置点的投影 e) 整理、加粗线条

定一般位置点时，必须确定椭圆短轴上的点的投影，如图 3.4-4c 中的 $e'(f')$ 点，通过纬圆法作这两点的 H 面投影，再通过"高平齐、宽相等"求 W 面投影。

在 V 面投影的斜线上多确定一些一般位置点，求这些点的其余两面投影，求解方法同 $e'(f')$ 点，如图 3.4-4d 所示。

4）连接各点得截交线，判断可见性，整理、加粗线条，如图 3.4-4e 所示。

作图要点：

1）直线上点的投影——点的从属性。
2）正投影的几何性质——积聚性。
3）圆锥的投影。
4）圆锥表面点的投影——纬圆法。
5）点的可见性判断。

四、球的截交线

球被平面切割，不论截平面处于什么位置，其空间交线总为圆。当截平面为投影面平行面时，截交线的投影为圆，如图 3.4-5a 所示；当截平面为一般位置平面时，截交线的投影为椭圆，如图 3.4-5b 所示。

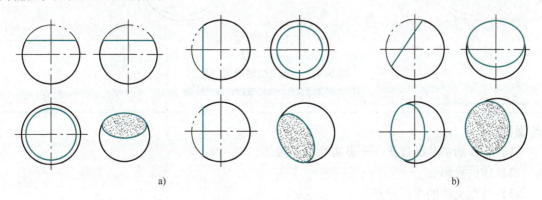

图 3.4-5　球的截交线
a）截交线投影——圆　b）截交线投影——椭圆

【例 3.4-3】

如图 3.4-6 所示，已知切割球的 V 面投影，求其 H 面、W 面投影。

【解】　分析可知，半球被截平面切割了 3 次：竖向切割、横向切割、竖向切割，竖向切割在 W 面上的投影是圆弧，横向切割在 H 面上的投影是圆弧，其余投影都是线。作图过程如图 3.4-7 所示。

1）通过纬圆法确定切割后截交线圆弧的半径，并在投影面作圆弧 R_1、R_2、R_3，如图 3.4-7a 所示。

2）利用"长对正，高平齐，宽相等"补全截交线积聚的线的投影，整理并加粗线条，

建筑工程识图

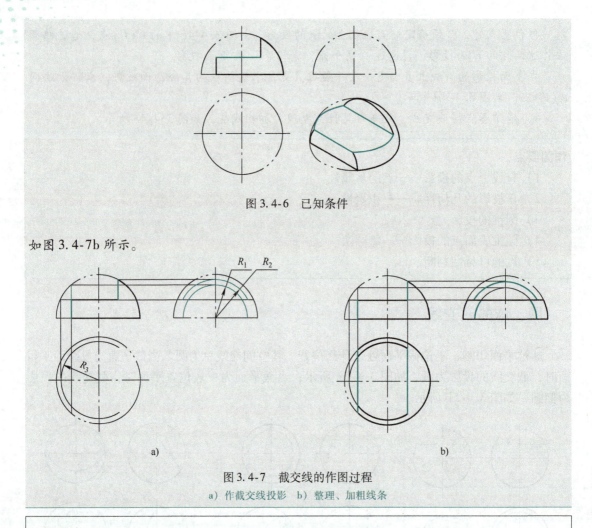

图 3.4-6 已知条件

如图 3.4-7b 所示。

图 3.4-7 截交线的作图过程
a) 作截交线投影　b) 整理、加粗线条

作图要点：
1) 正投影的几何性质——显实性、积聚性。
2) 球的投影。
3) 球截交线的投影特点。

五、两曲面立体相贯的简化画法

建筑形体多是由两个或两个以上的基本形体相交组成的，两相交形体称为相贯体，它们的表面交线称为相贯线。相贯线是两形体表面的共有线，相贯线上的点即为两形体表面的共有点，同时也是两形体表面的分界点，作图时应先求出这些点，再根据求截交线的方法求出每段曲线或直线。两曲面立体相贯如图 3.4-8 所示。

1. 直径不相等的两圆柱正交相贯

为了简化作图，允许采用简化画法绘制相贯线的投影。例如，当两圆柱正交，且两条轴线平行于某个投影面时，相贯线在该投影面上的投影可用大圆柱半径所作的圆弧来代替，圆

模块三 立体投影

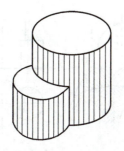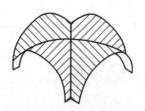

图 3.4-8 两曲面立体相贯

弧的圆心在小圆柱的轴线上，相贯线向着大圆柱的轴线方向弯曲，如图 3.4-9 所示。作图步骤如下：

（1）找圆心　以两圆柱转向轮廓线的交点 1′ 或 2′ 为圆心，以大圆柱的半径 $D/2$ 为半径，在小圆柱的轴线上找出圆心 O。

（2）作圆弧　以 O 为圆心，$D/2$ 为半径画弧。

需要注意的是，相贯线是从小圆柱凸向大圆柱。

2. 直径相等两圆柱正交相贯线

直径相等两圆柱正交相贯线如图 3.4-10 所示，相贯线是垂直于 V 面的两个垂直相交的椭圆，分别连接两圆柱矩形投影线不相邻的两个交点，即十字交叉线，便是这两条相贯线在该投影面上的有积聚性的投影，而这两条相贯线的另两个投影，则分别积聚在这两个圆柱的有积聚性的投影上。

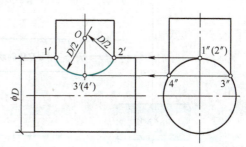

图 3.4-9 直径不相等的两圆柱正交相贯线

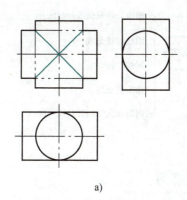

a) b)

图 3.4-10 直径相等两圆柱正交相贯线
a) 投影图　b) 立体图

3. 特殊的两曲面立体相贯线

特殊的两曲面立体相贯线如图 3.4-11 所示。

77

建筑工程识图

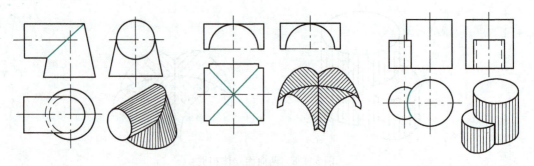

图 3.4-11 特殊的两曲面立体相贯线

本模块知识框架

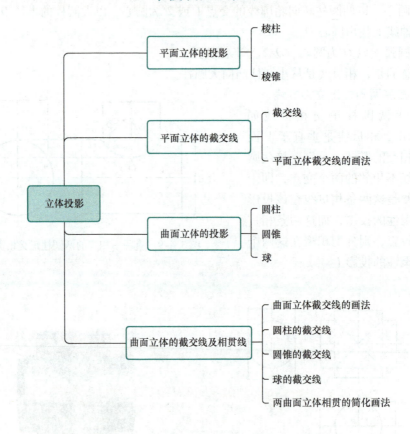

本模块拓展练习

1. 根据已知条件补全题 1 图中第三面投影并求出其表面点的投影。
2. 补全题 2 图第三面投影,并作平面立体的截交线的投影。
3. 求题 3 图中曲面立体的第三面投影,并补全表面点的投影。
4. 求题 4 图中曲面立体的截交线,并作出第三面投影。

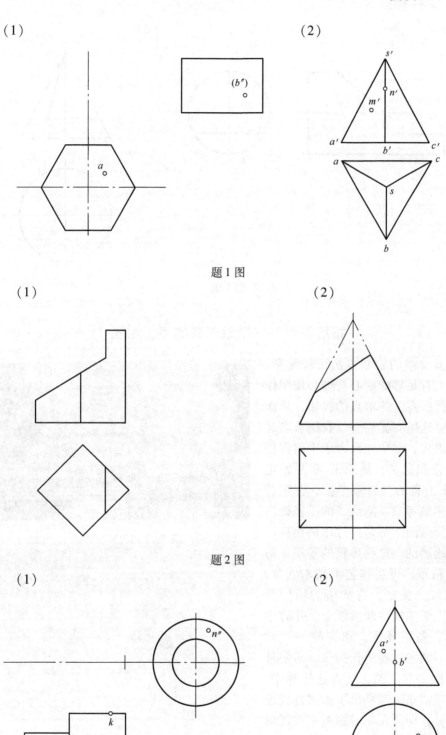

题 1 图

题 2 图

题 3 图

建筑工程识图

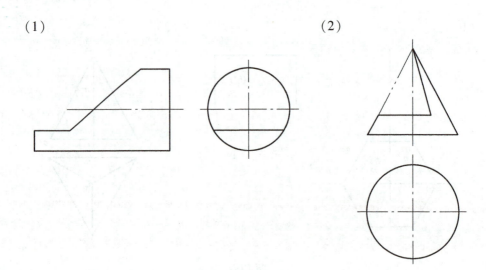

题 4 图

拓展阅读——精致严谨的手工绘图

立体截交线的绘制方法比较复杂，需要同学们有足够的耐心及细心按照作图方法进行标点，并求点的投影，从而正确作图。这里要提到一位我国著名建筑学家梁思成，他毕生致力于中国古代建筑的研究和保护，从 1937 年开始走遍中国 15 个省的二百多个县，在艰苦的条件下实地考察、测绘了两千多处古建筑物。每张图纸都是经过比例换算后照着实物绘制的，这些珍贵的手稿，每一张都很精致，可当作艺术品来欣赏。他的手稿线条流畅，有清晰的结构分析，成百上千的构件跃然纸上，并有中英文注解，备注详实，和实物一一对应，一笔一画胜过高清扫描仪，即使外行人看也能一目了然，让人连连称奇。这些手绘图清晰地勾勒出了中国古代建筑史的概要，即使在单看图纸不看任何文字说明的情况下，也能对中国古建筑有个粗略的了解，这就是手工绘图的魅力所在。

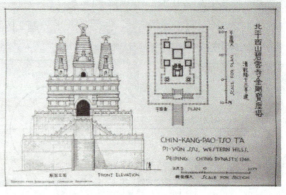

作为新时代的青年，信息化技术虽然日新月异，发展迅速，但是我们仍然不能丢下初心，要培养不怕困难、勇于挑战的精神，要按规范作图，打好坚实的基础，才能迎接新技术的挑战。

模块四　组合体投影

【模块概述】

基本形体的投影知识学完后，就进入了组合体的投影知识学习。本模块主要介绍组合体的组合方式、组合体投影图的画法、组合体投影图尺寸标注及识图方法等，这是学习专业图纸的重要基础。

【知识目标】

1. 掌握组合体的组合方式。
2. 掌握组合体投影图的画法。
3. 掌握组合体投影图尺寸标注方法。
4. 掌握组合体识读的形体分析法。

【能力目标】

1. 能分析组合体的组成，并绘制组合体的投影图。
2. 能正确使用尺寸标注四要素，并完成组合体投影图的尺寸标注。
3. 能正确区分形体分析法与线面分析法，并会灵活运用。

【素质目标】

1. 培养独立进行识图分析的能力。
2. 培养认真识图、细心绘图的能力。
3. 培养空间想象力。

在实际工程中，建筑物的形状很复杂，从宏观的角度来观察，可以把下图这样的建筑形体看成组合体，这些组合体如何进行识图分析？如何进行工程图纸绘制？几何尺寸的标注原则有哪些？这些就是本模块要解决的问题。

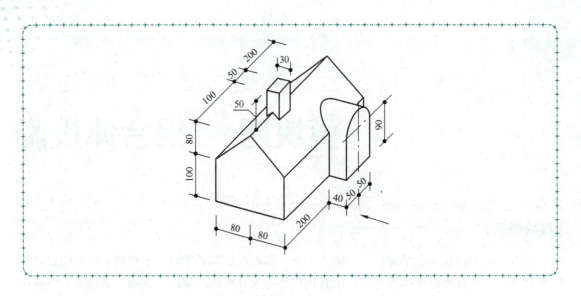

任务一　组合体投影图的识读及绘制

学习目标

1. 了解组合体的组合形式。
2. 掌握组合体形体之间的表面连接关系。
3. 掌握识读组合体投影图的要领。
4. 掌握形体分析法和线面分析法的概念及识图方法。
5. 掌握组合体投影图的画法。

任务描述

1. 根据形体分析法识读组合体。
2. 由组合体的两面投影绘制其第三面投影。

相关知识

建筑工程中会经常接触到各种形状的建筑物及其构（配）件，虽然它们的形状比较复杂，但经过分析，不难看出它们是一些简单的基本体经过叠加、切割后组合而成的。这种由两个或两个以上的基本体按一定方式组合而成的形体称为组合体，如图 4.1-1 所示。

一、组合体的组合方式

根据构成方式不同，组合体可分为叠加式、切割式和混合式 3 种形式。其中，叠加式组合体是由若干个基本体叠加而成的，如图 4.1-2a 所示；切割式组合体是由基本体切割某些形体后形成的，如图 4.1-2b 所示；混合式组合体是既有叠加又有切割的组合体，如图 4.1-2c 所示。

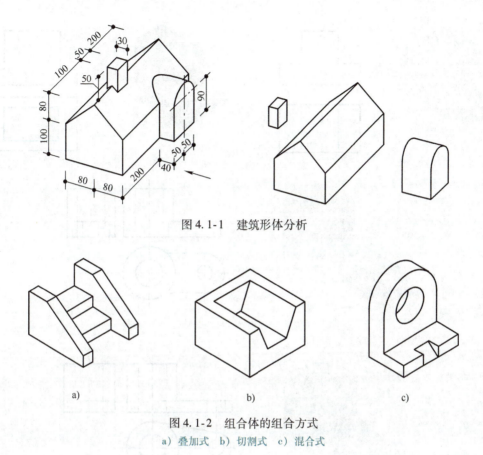

图 4.1-1 建筑形体分析

图 4.1-2 组合体的组合方式
a) 叠加式 b) 切割式 c) 混合式

二、组合体形体之间的表面连接关系

组合体形体之间的表面连接关系是指基本体组合成组合体时，各基本体表面之间真实的相互关系。组合体的表面连接关系主要有表面平齐、表面不平齐、表面相交、表面相切，如图 4.1-3 所示。

三、识图的基本要领

1. 三面投影结合识图

因为单面投影不能反映物体的准确形状，所以识图时要把各个视图按三等规律联系起来。如图 4.1-4 所示各图，具有相同的正面投影和侧面投影，但水平投影不同，分别表示着不同的形体。因此，要抓住最能反映形状的投影图来识图。

2. 找出最能反映位置的投影图

在看三面投影时，要找出最能反映各个基本体位置的视图，如图 4.1-5a 所示，已知形体的两面投影，但在进行分析时发现形体的立体形状不能确定唯一，它的立体形状如图 4.1-5b所示，因此还要看 W 面投影来辅助识图。

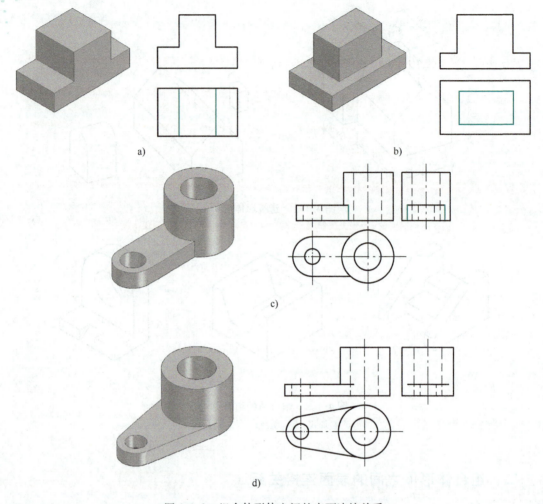

图 4.1-3 组合体形体之间的表面连接关系
a)表面平齐 b)表面不平齐 c)表面相交 d)表面相切

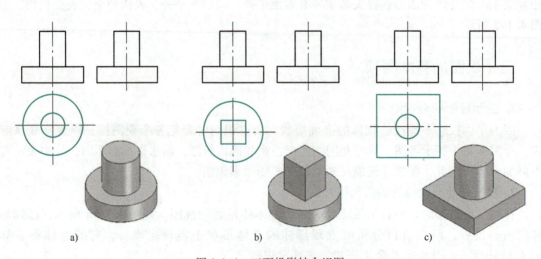

图 4.1-4 三面投影结合识图

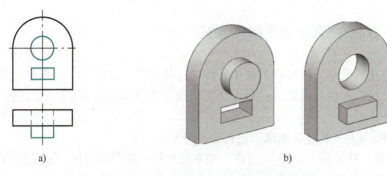

图 4.1-5 找出最能反映位置的投影图
a) 已知投影　b) 立体形状

3. 明确投影图中图线和线框的意义

1) 观察图 4.1-6, 投影图中的图线可以表示两个面交线的投影、形体上一个面的积聚投影、曲面立体上一条轮廓素线的投影。

2) 观察图 4.1-6, 投影图中的线框可以表示形体上一个平面的投影, 形体上一个曲面的投影, 形体上孔洞、坑槽或叠加体的投影（对于孔洞或坑槽, 其他投影上必对应有虚线的投影）。

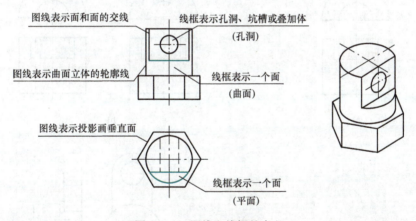

图 4.1-6　图线和线框的意义

具备一定的识图基本知识后, 下面介绍两种识图的基本方法: 形体分析法和线面分析法。

> **相关知识：**
> 　　画图是运用正投影法把空间物体表达在平面图形上——由物到图; 识图是根据视图想象出物体的结构形状——由图到物。识读组合体视图是识读专业图纸的重要基础, 识图的基本方法有两种: 形体分析法和线面分析法。识图时, 以形体分析法为主; 对于切割式组合体, 则采用线面分析法。

四、形体分析法识读组合体投影图

形体分析法是指根据三面投影的规律,将物体的投影分解成若干个部分,从投影中分析各组成部分的形状以及相对位置,然后综合起来确定组合体的整体形状与结构。形体分析法的识图步骤如下:

1) 以主视图为主,配合其他视图进行投影分析。
2) 分解形体,找投影,利用"三等"关系找出每一部分的投影,想象出物体的形状。
3) 辨别投影的位置和连接关系。
4) 综合起来想象整体。

【例 4.1-1】

如图 4.1-7 所示,由组合体的主俯视图想象出整体形状,并补画左视图。

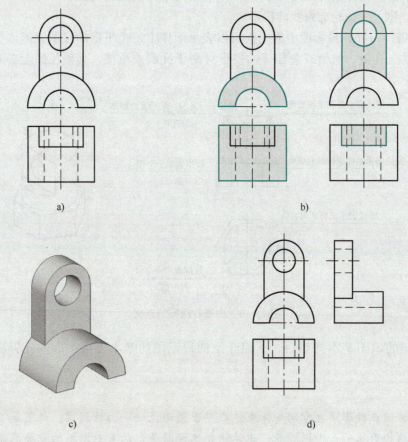

图 4.1-7 形体分析法
a) 已知条件 b) 分线框、定位置 c) 综合起来想象出整体形状 d) 利用"三等"关系得第三面投影

【解】 由图 4.1-7a 可知,此形体由两部分组成;如图 4.1-7b 所示,底座是半圆环,上部是中间掏空的曲面立体,从而综合起来想象出立体形状,如图 4.1-7c 所示;再根据"三等"关系及立体形状画出 W 面投影,如图 4.1-7d 所示。

五、线面分析法识读组合体投影图

线面分析法是以线、面的投影规律为基础,根据围成形体的某些棱线和线框,分析它们的形状和相互位置,从而想象出它们围成的形体的整体形状。线面分析法的识图步骤如下:

1)将特征投影用实线划分成若干个封闭线框(不考虑虚线)。
2)确定每个封闭线框所表达的空间意义。
3)综合分析整体形状。

【例 4.1-2】

分析图 4.1-8,想象出物体的形状。

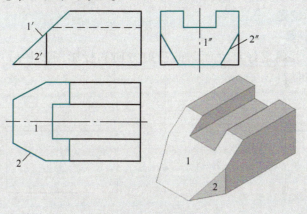

图 4.1-8 线面分析法

【解】 对 V 面投影的线 1 与面 2 进行分析,在已知图上的其他两面投影中分别标出,然后进行组合,得到立体图。

六、组合体投影图的画法

画组合体投影时,首先要进行形体分析,即分析该组合体的组成方式、各基本体的形状以及基本体之间的相对位置和连接关系,然后再选择合适的主视方向逐个画出各基本体的投影,最后组成组合体的投影图。

1. 形体分析

对组合体进行形体分析,就是假想将组合体分解成若干个基本体,进而分析这些基本体之间的相对位置以及它们的组合方式,从而对组合体的形体特征形成总体概念,为画三视图做好准备。如图 4.1-9 所示为挡土墙的形体分析。

2. 选择正立面图的投射方向

画图时,首先要确定正立面图的投射方向,其正立面图按最能反映出组合体的结构特征和形状特征的原则选择,尽量减少投影图中的虚线,挡土墙的正立面选择如图 4.1-9 中的箭头指向。

建筑工程识图

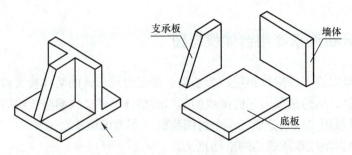

图 4.1-9　挡土墙的形体分析

3. 确定投影图数量

确定投影图数量的原则是以最少数量的投影图把形体完整、清晰地表达出来。一般的形体用三视图即可表示清楚。

4. 画投影图的步骤

经过形体分析，并确定好正立面图的投射方向和投影图数量后，开始绘制视图，以图 4.1-10 为例进行讲解：

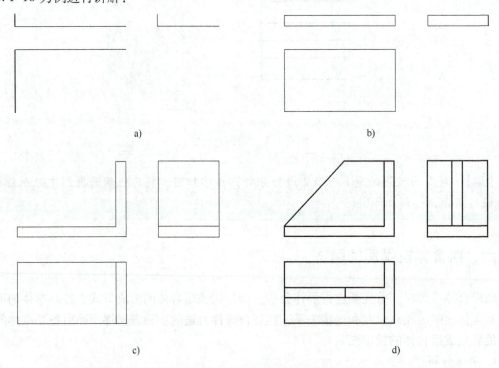

图 4.1-10　挡土墙的画法步骤
a) 布图，画基准线　b) 打底稿：画底板　c) 打底稿：画直墙　d) 画支承板，检查并加粗线条

（1）选比例，定图幅　根据组合体尺寸的大小确定绘图比例，再根据投影图的大小及数量在投影图之间留出标注尺寸的位置和适当的间距。注意选用合适的标准图幅。

（2）布置图面，画基准线　根据投影图的大小和标注尺寸所需的位置合理布置图面。画图时，应先画出各投影图中用于长、宽、高定位的基准线，如图 4.1-10a 所示。

（3）画底稿　根据形体分析，按先大后小、先里后外的顺序逐个画出各基本体的三面投影，从而完成组合体的投影。画底稿宜用 H 型或 HB 型铅笔，如图 4.1-10b、c 所示。

（4）检查、加深图线　检查底稿，确定无误以后，擦去多余的图线，再按规定的线型加粗图线，如图 4.1-10d 所示，加粗图线宜用 B 型铅笔。加粗水平线时应从上面到下面逐一加粗，加粗垂线时应从左到右逐一加粗。

> **作图要点：**
> 1）确定好正立面图的投射方向，尽可能使外表面与投影面平行。
> 2）画图前先进行形体分析，确定组合体的组合方式及表面连接方式。

任务二　组合体的尺寸标注

学习目标
1. 掌握基本体投影图的尺寸标注方法。
2. 掌握定形尺寸、定位尺寸及尺寸基准的概念。
3. 掌握尺寸标注的一般步骤和基本要求，并能熟练地为组合体标注尺寸。

任务描述
1. 标注基本体的尺寸。
2. 依据给定的组合体投影，标注其尺寸。

相关知识
物体的投影图只能表示其形状，而物体的大小和各组成部分的相互位置则由投影上标注的尺寸来确定，所以画出物体的投影后，还必须标注尺寸。在投影图上标注的尺寸要求齐全、清晰、合理，同时必须遵守建筑制图标准的各项规定。

一、基本体尺寸标注

各类基本体都具有长、宽、高三个方向的尺寸，在投影图中标注尺寸时，应将三个方向的尺寸标注齐全。

1. 平面立体尺寸标注
平面立体主要是标注构件的长、宽、高三个方向的尺寸，如图 4.2-1 所示。

2. 曲面立体尺寸标注
对于回转体，一般只标出径向和轴向尺寸就可确定其大小，在直径尺寸前加 "ϕ"；标注球面的直径或半径时，应在符号 "ϕ" 或 "R" 前加注符号 "S"，如图 4.2-2 所示。

3. 被切割形体的尺寸标注
当标注被截切或带切口的立体的尺寸时，应标注基本体的定形尺寸，并标注确定截平面位置的定位尺寸，**不标注截交线的尺寸**，如图 4.2-3 所示。

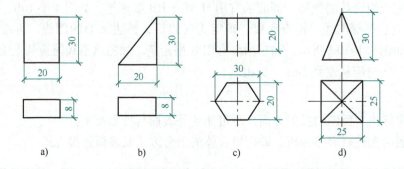

图 4.2-1 平面立体的尺寸标注
a）四棱柱 b）三棱柱 c）六棱柱 d）四棱锥

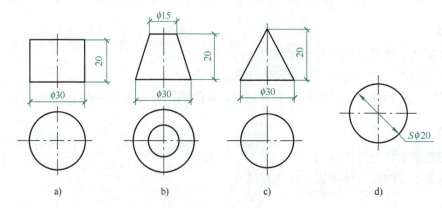

图 4.2-2 曲面立体的尺寸标注
a）圆柱 b）圆台 c）圆锥 d）球

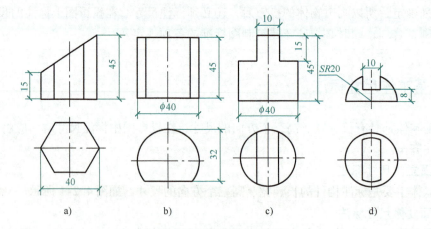

图 4.2-3 被切割形体的尺寸标注
a）斜切六棱柱 b）、c）圆柱切割体 d）半球切割体

4. 相贯体的尺寸标注

标注相贯体的尺寸时，只标注各个参与相贯的基本体的定形尺寸，并标注参与相贯的基本体之间的定位尺寸，不标注相贯线的形状尺寸，如图 4.2-4 所示。

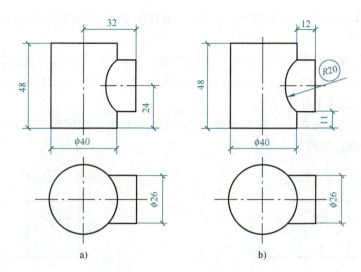

图 4.2-4 相贯体的尺寸标注
a）正确 b）错误

二、组合体尺寸标注

1. 尺寸种类

组合体的尺寸分为定形尺寸、定位尺寸和总尺寸。
1）定形尺寸用于确定组合体中各基本体的大小。
2）定位尺寸用于确定组合体中各基本体之间的相互位置。
3）总尺寸用于确定组合体总长、总宽、总高。

2. 组合体的尺寸基准

尺寸基准是标注或度量尺寸的起点，选择尺寸基准和标注尺寸时应注意：
1）在考虑尺寸基准的数量时，物体的长、宽、高每个方向最少要有一个。
2）通常以组合体较重要的端面、底面、对称轴和回转体的轴线为基准。
3）回转体一般以其轴线的位置为基准。
4）以对称轴为基准标注对称尺寸时，不应从对称轴往两边标注。

3. 尺寸标注的步骤

1）进行形体分析，弄清反映在投影图上的基本体有几个，如图 4.2-5a 所示有两个基本体。
2）标注各基本体的定形尺寸，如图 4.2-5b 所示。
3）选择长、宽、高 3 个方向的尺寸基准，如图 4.2-5c 所示；标注各形体的定位尺寸，如图 4.2-5d 所示。
4）标注总尺寸，如图 4.2-5e 所示。
5）对尺寸进行适当的调整，检查是否正确、完整等，如图 4.2-5f 所示。

三、标注尺寸的注意事项

组合体尺寸的标注需要注意以下事项：

建筑工程识图

1) 应将多数尺寸标注在视图外，与两视图有关的尺寸尽量布置在两视图之间，如图 4.2-5f 所示。

2) 尺寸应布置在反映形状特征最明显的视图上，半径尺寸应标注在反映圆弧实形的视图上，如图 4.2-5f 中的 $R5$、$\phi 5$（直径较小时也可标注在圆弧实形的视图上）。

3) 尽量不在虚线上标注尺寸。

4) 尺寸线与尺寸线或尺寸界线不能相交，相互平行的尺寸应按"大尺寸在外，小尺寸在里"的方法布置，如图 4.2-5e 所示。

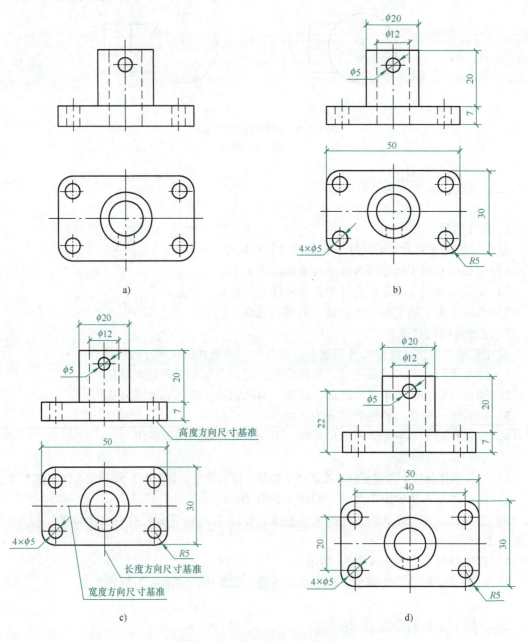

图 4.2-5 组合体的尺寸标注步骤

a) 已知立体投影　b) 标注定形尺寸　c) 确定尺寸基准　d) 标注定位尺寸

模块四　组合体投影

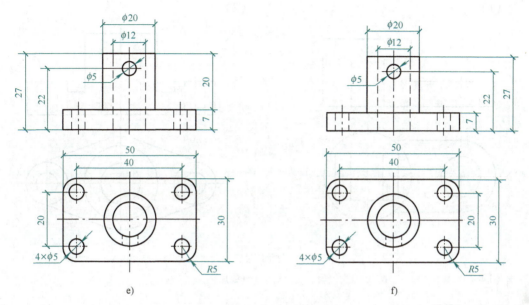

图 4.2-5　组合体的尺寸标注步骤（续）

e）标注总尺寸　f）检查、整理

5）同轴回转体的直径尺寸最好标注在非圆的视图上，如图 4.2-5f 中的 $\phi12$、$\phi20$。

6）同一形体的尺寸尽量集中标注，如图 4.2-5f 所示。

本模块知识框架

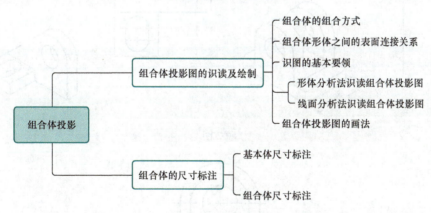

本模块拓展练习

1. 补画题 1 图中缺少的线。
2. 补全题 2 图中三视图。
3. 补画题 3 图中第三面投影，并标注尺寸，尺寸从图上直接量取。

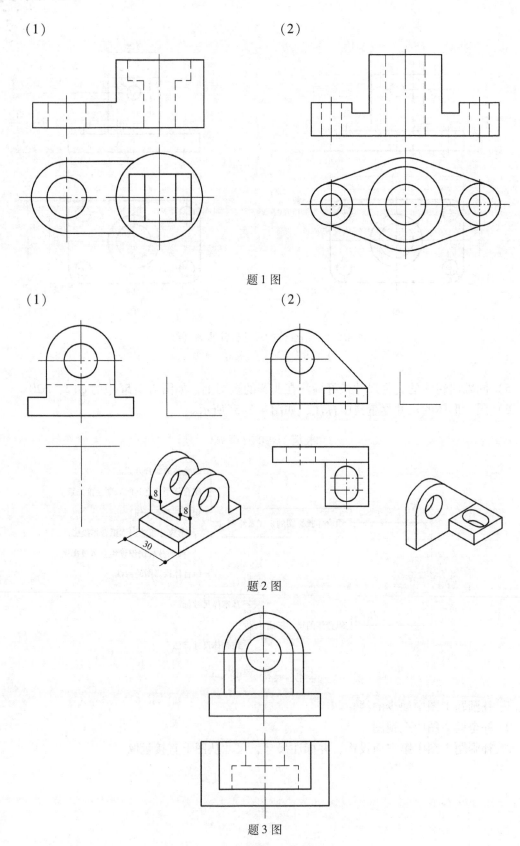

模块四　组合体投影

拓展阅读——中央电视台总部大楼

中央电视台总部大楼可以说是北京的标志性建筑之一，具有"侧面S正面O"的奇特造型，就像是几个基本体组合在一起得到的，这栋建筑的上部悬臂端处没有任何支撑，其结构受力复杂，施工难度大，这座楼的设计精神，代表了中国在新时期所展现出的不惧权威、敢于尝试、无所畏惧、高度自信的精神。

大楼主楼的两座塔楼向内倾斜6°，在163m以上由"L"形悬臂结构连为一体，建筑外表面的玻璃幕墙由强烈的不规则几何图案组成，造型独特、结构新颖、高新技术含量大，在国内外均属"高、难、精、尖"的特大型项目。大楼的结构是由许多个不规则的菱形渔网状金属脚手架构成的，这些脚手架构成的菱形看似大小不一没有规律，但实际上是经过精密计算的。作为大楼的主体架构，这些钢网格暴露在建筑最外面，而不是像大多数建筑那样深藏内部，荷载能沿着受力系统传递下去，并形成导入地基的最佳路径。从外观上看，大楼有一部分钢网格（包括拐角等荷载较大的部位）比较密集，它们也是整体设计思想的一部分。

作为新时代的建设者，同学们要打好坚实的基础，学好专业课程，勇于探索新技术、新工艺。

模块五　轴测投影图

【模块概述】

本模块重点讲解如何将平面上的二维三视图绘制成具有立体效果的轴测图，从轴测图的基本知识和形成原理入手，培养学生规范作图的习惯和空间想象能力；再通过作图方法，熟悉作图规律，从而绘制较复杂的工程轴测图形；在作图时，培养学生空间想象能力，耐心分析图纸的职业素养，能准确绘制适当视角的轴测投影图。

【知识目标】

1. 掌握轴测投影图的基本知识。
2. 掌握正轴测图的画法。
3. 熟练掌握轴测投影的基本参数和特性。

【能力目标】

能绘制正轴测图。

【素质目标】

1. 培养认真识图、细心绘图的能力。
2. 培养严谨的工作作风。
3. 培养良好的语言表达能力、应变能力、沟通能力、团队协作能力。

　　正投影图是在两个或多个投影面上所绘制的投影图，它画法简单，能够完整地表达形体。但由于它的每个投影图只能表达两个方向的坐标，因而缺乏立体感，只有具有一定识图能力的人才能识读懂。为了帮助人们识读工程图纸和构建空间想象能力，常需要画出形体的轴测投影图，轴测投影图的识读和绘制是本模块学习的主要内容。

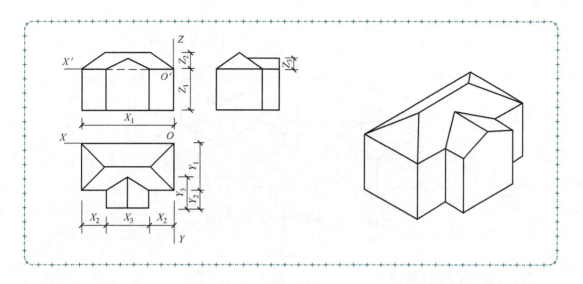

任务一　轴测投影图的基本知识

学习目标

1. 了解轴测投影的常见类别。
2. 理解轴测投影图的形成。
3. 熟悉轴测投影的特性。
4. 掌握轴测投影的基本参数。

任务描述

能够进行轴测投影的分类。

相关知识

一般的三面投影虽然也是平行投影的投影方法，但其不具备三维立体效果，空间感较差。那么，在平行投影图中具备空间感的轴测投影图是如何形成的？其投影有哪些特点？如何建立这种具有空间感的投影坐标体系？本任务我们将学习有关轴测投影图的基本知识。

一、轴测投影图的形成

如图 5.1-1 所示，显示了物体轴测投影图的形成过程。在物体适当的位置上选取三条棱线，分别作为其长、宽、高三个方向的坐标轴 OX、OY、OZ。将物体连同确定其空间位置的直角坐标系，用平行投影方法，沿不平行于任一坐标平面的投射方向 S，投射到投影面 P 上，所得到的投影称为轴测投影。用这种方法画出的图，称为轴测投影图，简称轴测图。形成轴测图的平面称为轴测投影面。轴测图中的坐标轴称为轴测轴，轴测轴之间的夹角称为轴间角。

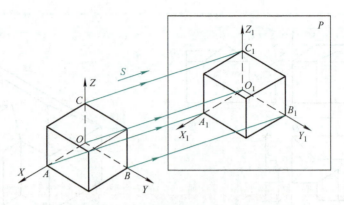

图 5.1-1 轴测投影图的形成过程

二、轴测投影的特性

由于轴测投影是平行投影,因此平行投影的各种特性也同样适用于轴测投影。由图 5.1-1 可知,轴测投影有如下两个投影特性:

1)平行性:空间平行的直线,其轴测投影仍彼此平行,且与轴测轴平行。

2)定比性:空间平行的直线,其轴向伸缩系数相等,等于相应轴测轴的轴向伸缩系数。

对于形体上不平行于坐标轴的线段,即非轴向线段的投影变化与轴向线段不同,不能直接将其长度转移至轴测图上。画非轴向线段的轴测投影时,需确定其两端点在轴测坐标系中的位置,然后再连成轴测投影线段。

三、轴间角和轴向伸缩系数

如图 5.1-1 所示,在 P 平面上轴测轴 O_1X_1、O_1Y_1、O_1Z_1 之间的夹角 $\angle X_1O_1Y_1$、$\angle Y_1O_1Z_1$、$\angle Z_1O_1X_1$ 称为轴间角。直线 OA、OB、OC 分别在坐标轴 OX、OY、OZ 上,其轴测投影 O_1A_1、O_1B_1、O_1C_1 分别在其相应轴测轴 O_1X_1、O_1Y_1、O_1Z_1 上,一般把直线的轴测投影长与其实长之比称为轴向伸缩系数,即

$O_1A_1/OA = p$　　X 轴的轴向伸缩系数

$O_1B_1/OB = q$　　Y 轴的轴向伸缩系数

$O_1C_1/OC = r$　　Z 轴的轴向伸缩系数

凡平行于坐标轴的直线乘以相应的轴向伸缩系数,就是该直线的轴测投影长,轴测投影的名称也是由此而来的。

四、轴测投影的分类

1)根据投射方向与轴测投影面的相对位置不同,轴测投影可以分为:

① 正轴测投影——投射方向垂直于轴测投影面。
② 斜轴测投影——投射方向倾斜于轴测投影面。

2) 根据轴向伸缩系数的不同，以上两类轴测投影又可以分为 3 种：
① 正（斜）等测：$p = q = r$。
② 正（斜）二测：$p = q \neq r$ 或 $p = r \neq q$ 或 $q = r \neq p$。
③ 正（斜）三测：$p \neq q \neq r$。

3) 在《房屋建筑制图统一标准》（GB/T 50001—2017）中只介绍了正等测，其他轴测投影形式已不再介绍，故本书只介绍正等测相关知识。

任务二　正轴测图

学习目标

1. 了解正轴测图轴间角和轴向伸缩系数的计算。
2. 熟悉平面立体正轴测图的画法。
3. 掌握曲面立体正轴测图的画法。

任务描述

1. 能绘制基本平面立体和曲面立体的正轴测图。
2. 能够正确运用坐标法、切割法和堆积法等方法绘制组合体。

相关知识

为了能够最大限度地在轴测图中体现垂直于轴测坐标方向的物体的形状、大小、位置关系等要素，一般采用正轴测图绘图，如何绘制基本体和组合体的正轴测图呢？正轴测图可分为正等测图、正二测图、正三测图，本任务仅介绍正等测图。

一、轴向伸缩系数和轴间角

1. 轴向伸缩系数

在图 5.2-1 中，P 为轴测投影面，S 为投射方向，$OXYZ$ 为空间直角坐标系，$O_1X_1Y_1Z_1$ 为空间直角坐标系的轴测投影，由图可知：

$$p = \frac{O_1X_1}{OX_1} = \cos\alpha = \sin\alpha_1$$

$$q = \frac{O_1Y_1}{OY_1} = \cos\beta = \sin\beta_1$$

$$r = \frac{O_1Z_1}{OZ_1} = \cos\gamma = \sin\gamma_1$$

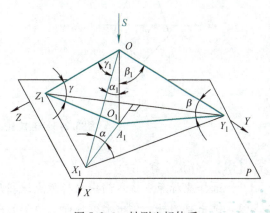

图 5.2-1　轴测坐标体系

根据解析几何知识可得

$$p^2 + q^2 + r^2 = 2$$

在正等测图中，将 $p = q = r$ 代入上式得

$$p = q = r = \sqrt{\frac{2}{3}} \approx 0.82$$

在按轴向伸缩系数作图时，需要把每个轴向尺寸乘以轴向伸缩系数，为了作图简便，在实际画图中通常采用简化系数作图，常用的简化系数如下：在正等测图中，$p = q = r = 1$，用简化系数画出的正等测图放大了 $1/0.82 \approx 1.22$ 倍。

2. 轴间角

在正轴测投影中，只要确定了空间坐标系与轴测投影面的相对位置，则轴向伸缩系数和轴间角也就随之而定了。在正等测图中，$\angle X_1 O_1 Y_1 = \angle Y_1 O_1 Z_1 = \angle Z_1 O_1 X_1 = 120°$，画法如图 5.2-2 所示，注意 $O_1 Z_1$ 轴一般应铅垂。

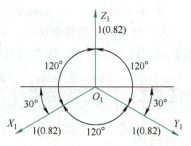

图 5.2-2　正等测图轴间角

二、正等测图作图

1. 平面立体

【例 5.2-1】

已知五棱柱的投影图如图 5.2-3a 所示，求作它的正等测图。

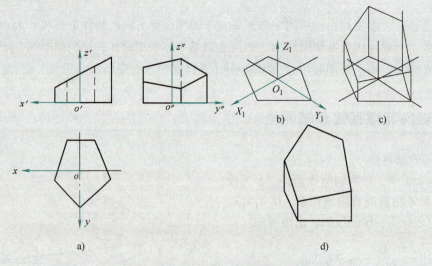

图 5.2-3　五棱柱正等测图作图步骤

【解】　作图步骤：

1）选择坐标原点，本例中坐标原点选在形体底面的中心（图 5.2-3a）。

2）画出轴测轴，作出形体底面五边形的轴测图（图 5.2-3b）。

3）分别过五边形顶点作直线平行于 O_1Z_1 轴，并截取各棱线的相应高度（图 5.2-3c）；连接各顶点，即得五棱柱的正等测图（图 5.2-3d）。

这种沿坐标轴量取各点，画轴测图的方法，称为**坐标法**。

特别注意：
在一般情况下，画轴测图时，都不画出不可见的线条。

【例 5.2-2】
已知台阶的投影图如图 5.2-4a 所示，求作它的正等测图。

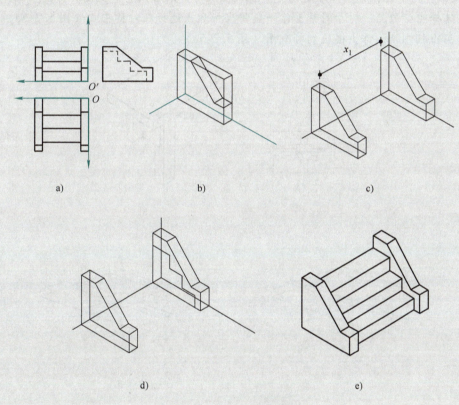

图 5.2-4　台阶正等测图画法

【解】　台阶是由两侧栏板和踏步组成的，作图步骤：
1）选择坐标原点，本例中坐标原点选在右侧栏板的右后下角（图 5.2-4a）。
2）画出轴测轴，先根据栏板的长、宽、高画出一个长方体，再将上下两个水平面画出，并画出斜面（图 5.2-4b）。
3）沿 O_1X_1 轴方向量取两栏板间的距离 x_1；用同样方法，将左侧栏板画出（图 5.2-4c）。
4）在右侧栏板的内侧面上，将踏步的侧面投影的轴测图画出（图 5.2-4d）。
5）过踏步各顶点作直线平行于 O_1X_1 轴，即得踏步（图 5.2-4e）。

建筑工程识图

在画栏板时,这种由长方体切去一部分的绘图方法称为**切割法**。

> **特别注意:**
> 可将一些复杂几何体看成是一定形状的立方体,再按照形体的形成过程逐一切割,相继画出被切割后的形状。

【例 5.2-3】

根据柱顶节点的投影图,作出它的正等测图(图 5.2-5)。

【解】 在画轴测图的同时,要根据不同的形体选择不同的投射方向。本例如果选择从上向下投影,则不能把各节点表达清楚(图 5.2-5b),故应画其仰视图。作图步骤:

1)选择坐标原点,对于对称形体一般将坐标原点选择在对称中心(图 5.2-5a)。
2)画出轴测轴,作出楼板的轴测图(图 5.2-5c)。

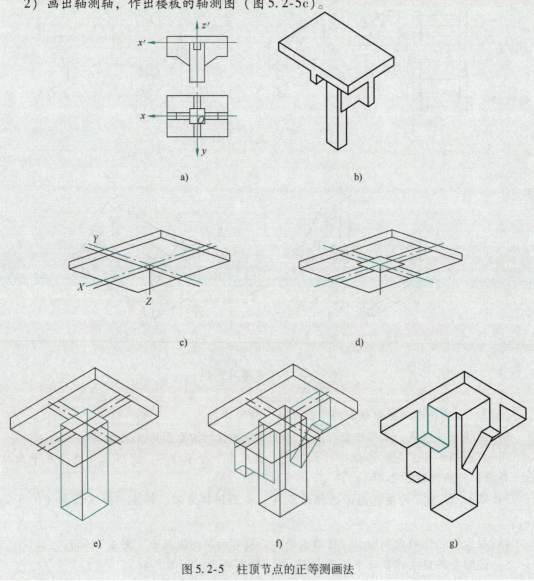

图 5.2-5 柱顶节点的正等测画法

3）在楼板底面上画出柱和梁的投影轴测图（图5.2-5d）。
4）作柱的轴测图（图5.2-5e）。
5）作出主梁的轴测图（图5.2-5f）。
6）作出次梁的轴测图（图5.2-5g）。

这种分部画出、堆积而成的作图方法称为**堆积法**（又称为**叠砌法**）。

2. 曲面立体

在正等测图中，凡是平行于空间坐标的圆，其轴测投影都是椭圆。画椭圆的关键是要确定椭圆长轴、短轴的方向和大小。

现以 XOY 坐标面上圆的正轴测投影为例（图5.2-6）来说明曲面立体正等测图的。作图步骤：

1）确定坐标原点，画出圆的外切正方形（图5.2-6a）。
2）画出外切正方形的正轴测投影，即菱形（图5.2-6b）。
3）菱形的短对角线端点分别为 O_1、O_2，连接 O_1A_1、O_1B_1、O_2C_1、O_2D_1，它们分别垂直于菱形的相应边，并交长对角线于 O_3、O_4，得到4个圆心 O_1、O_2、O_3 及 O_4（图5.2-6c、d）。
4）分别以 O_1、O_2 为圆心，O_1A_1 为半径作圆弧 A_1B_1、C_1D_1（图5.2-6d）。
5）分别以 O_3、O_4 为圆心，O_3A_1 为半径作圆弧 A_1D_1、B_1C_1（图5.2-6e）。

这种近似画椭圆的方法，称为**四心圆法**。

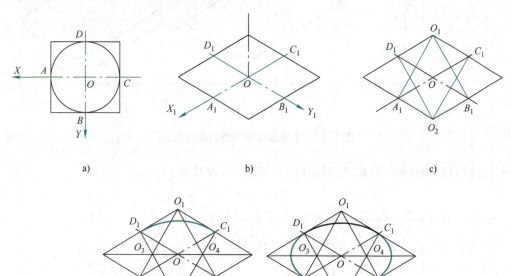

图5.2-6 四心圆法画椭圆

图5.2-7所示为分别平行于3个坐标平面的圆的正等测图。

在遇到1/4圆时，如图5.2-8a所示，可简化作图。先画出形体的轴测图，确定各个切

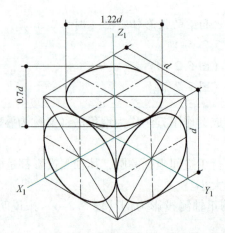

图 5.2-7 分别平行于 3 个坐标平面的圆的正等测图

点的位置,即 a_1、b_1、c_1、d_1,过各切点作切点所在边的垂线,分别相交于 o_1、o_2,以 o_1、o_2 为圆心,o_1a_1、o_2c_1 为半径,作圆弧 a_1b_1、c_1d_1,即为 1/4 圆的正等测图(图 5.2-8)。

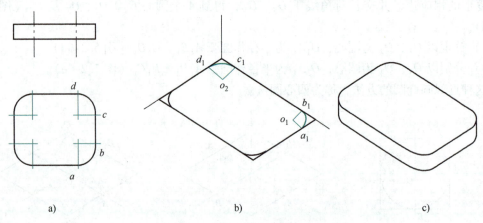

图 5.2-8 1/4 圆正等测图的简化画法

对于圆的轴测投影,可用八点法作出,如图 5.2-9 所示。

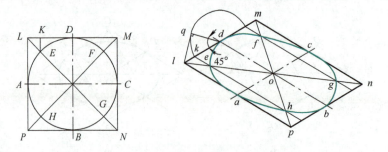

图 5.2-9 八点法画圆的轴测投影

【例 5.2-4】

根据带切口圆柱的投影图作正等测图(图 5.2-10)。

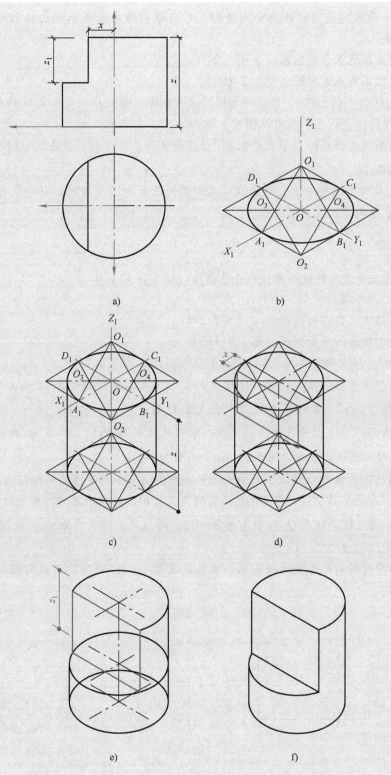

图 5.2-10 带切口圆柱的正等测图画法

【解】 先作出完整圆柱体的轴测投影，然后分别作出切口侧平面和水平面的轴测投影。作图步骤：

1) 选择坐标原点于底圆圆心（图 5.2-10a）。

2) 作出底圆的正等测图（图 5.2-10b）。

3) 沿 Z_1O 轴方向量取 z，作出顶面圆的正等测图；作直线平行于 Z_1O 轴与椭圆相切得轮廓素线，得到圆柱的正等测图（图 5.2-10c）。

4) 在顶面圆上沿 OX_1 轴方向量取 x，作直线平行于 OY_1 轴，作出切口侧平面的轴测投影（图 5.2-10d）。

5) 沿 Z_1O 轴方向量取 z_1，作出切口水平圆的正等测图（图 5.2-10e），整理后即得到该形体的正等测图（图 5.2-10f）。

【例 5.2-5】

根据带斜截面圆柱的投影图，作正等测图（图 5.2-11）。

【解】 作图步骤：

1) 坐标原点选在右侧圆的圆心（图 5.2-11a）。

2) 画出右侧圆的正等测图（图 5.2-11b）。

3) 沿 O_1X_1 轴方向量取 x，作出圆柱的正等测图（图 5.2-11c）。

4) 用坐标法作出一系列的点，作最低点 1、2，在左端面沿 O_1Z_1 方向向下量取 z_1，过 z_1 作直线平行于 O_1Y_1，交椭圆于 1、2（图 5.2-11d）。

5) 作最前点 4、最后点 3 和最高点 7。分别过椭圆与 O_1Y_1、O_1Z_1 轴的交点作直线平行于 O_1X_1，对应量取 x_1、x_3，得点 3、4、7（图 5.2-11d）。

6) 作圆柱轮廓素线上的点 5 及对称点 6。先在图 5.2-11a 的侧面投影图上作 45°线与圆相交于 5″，过点 5″作直线平行于 OY 轴与圆交于点 6″。在轴测图中，从左端面沿 O_1Z_1 轴向上量取 z_2，作直线平行于 O_1Y_1 轴与椭圆相交，再过交点作长度为 x_2 的直线平行于 O_1X_1 轴，得到点 5、6（图 5.2-11e）。

7) 最后用圆滑曲线依次连接各点，用直线连点 1、2，即得带斜截面圆柱的正等测图（图 5.2-11f）。

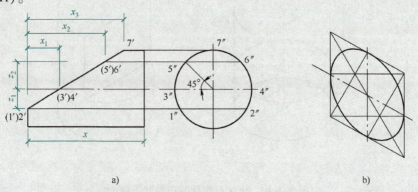

图 5.2-11 带斜截面圆柱的正等测图画法

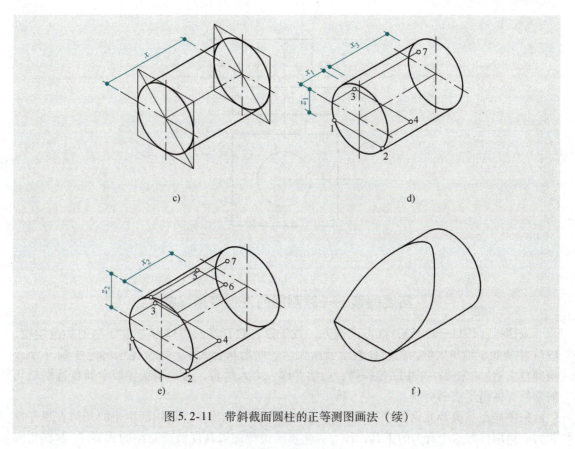

图 5.2-11 带斜截面圆柱的正等测图画法（续）

本模块知识框架

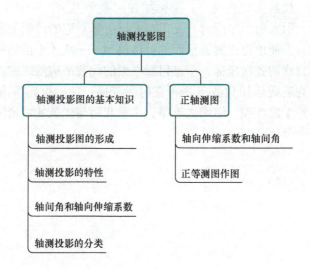

本模块拓展练习

已知柱基础的投影，请在右侧画出柱基础正等测图。

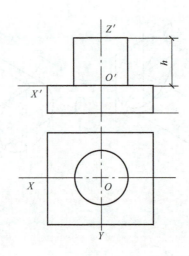

拓展阅读——轴测图的发展者朱德祥

朱德祥（1911—1995），江苏南通人，数学家，教育家。1932年毕业于南通师范学校，1938年毕业于清华大学，先后任教于云南大学、西南联合大学、国立昆明师范学院（今云南师范大学）。朱德祥先生品德高尚，治学严谨，为人师表，为我国现代数学教育特别是几何学教育做出了杰出贡献。

朱德祥在《高等几何》中提出："尽量从几何的概念出发，运用活生生的几何直观开发智力，运用代数这个有力的工具，作为简化思维过程加以高度概括总结的武器。"射影几何的阐述通常有3种方式：公理化方法、综合法、代数法，它们各有优点，公理化方法理论严密，综合法直观生动，代数法简便统一。朱德祥在《高等几何》中将三者优点巧妙结合起来，博采众长。例如，引入射影平面时，先以与平行射影对应的仿射平面作为铺垫，接着以完备中心射影为依据，方便地得出射影平面的具体模型——欧式平面的拓广，然后在此拓广平面上依次建立点、直线的齐次坐标，于是射影平面的代数结构随之脱颖而出，并使对偶原理自然地呈现出来，为后面运用代数工具研究射影变换、轴测投影等内容奠定了坚实的基础。由此可知朱德祥治学之严谨、学识之丰厚，注重几何与代数的紧密结合，他的教学思想普遍适用于数学的多个分支。

模块六　剖面图与断面图

【模块概述】

对于比较复杂的建筑形体，仅仅画出建筑形体的投影图是不能够清晰表达出建筑内部形式的，若投影图中虚线过多，会造成识图者视觉混淆，不利于识图。对此，在表达内部结构比较复杂的建筑形体时，多采用剖面图与断面图的表达方式直接将内部构造暴露出来，以方便识图者识图，从而想象出建筑形体内部空间的具体形状。

【知识目标】

1. 了解基本视图的形成。
2. 了解剖面图、断面图的形成和分类。
3. 掌握剖面图、断面图的画法。
4. 掌握剖面图、断面图的区别。

【能力目标】

1. 能够绘制和识读建筑形体的剖面图。
2. 能够绘制和识读建筑形体的断面图。

【素质目标】

1. 培养三维空间感知能力。
2. 培养语言表达能力。
3. 培养动手绘图能力。

> 在施工图中，为了能清楚地表达建筑结构内部的布置情况，通长采取剖切的方式表达视图，它是建筑施工图中不可缺少的表达方式。为了清晰表达建筑物内部结构，常采用水平剖切后的平面图来表示。本模块的学习目标就是让学生了解剖面图、断面图的形成及绘制方法，通过剖面图和断面图想象空间立体形状，锻炼空间想象力，为后面学习建筑施工图打好基础。

建筑工程识图

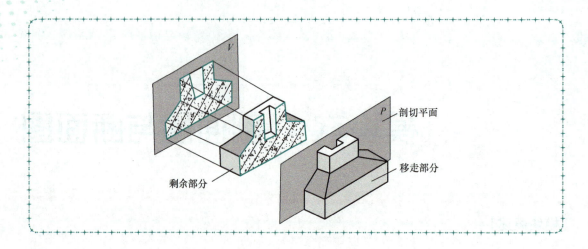

任务一　建筑形体的视图

学习目标

1. 掌握 6 个基本视图的名称、配置和三等关系。
2. 掌握镜像投影的原理。

任务描述

1. 根据 6 个基本视图的投射方向，找出投影规律。
2. 区分投影与镜像。

相关知识

在实际的工程建设中，建筑形体是多种多样的。当建筑形体比较复杂时，仅用三视图是难以把它们的内外部形状完整、清晰地表达出来的。为此，制图标准规定了物体的各种表示方法，如视图、剖面图、断面图、局部放大图及简化画法等。在视图中一般用实线表示可见轮廓，不可见轮廓常用虚线表示。当绘制剖面图、断面图时，内部形状可见，不必绘制不可见轮廓线，即虚线。

一、基本视图

将物体向 6 个基本投影面作正投影所得的视图称为基本视图，即六视图。6 个基本投影面是指在原有的 H、V、W 三个投影面的基础上对应增加三个投影面，如图 6.1-1 所示。

将物体置于六面体中，分别向 6 个基本投影面投影，即得 6 个基本视图；接着 V 面不动，将其他基本投影图沿一定的方向展开摊平在 V 面所在的平面上，结果如图 6.1-2 所示。6 个基本视图的名称如下：

1）V 面投影——正立面图，自前向后投影所得视图。
2）H 面投影——平面图，自上向下投影所得视图。

3）W 面投影——左侧立面图，自左向右投影所得视图。

4）W_1 面投影——右侧立面图，自右向左投影所得视图。

5）H_1 面投影——底面图，自下向上投影所得视图。

6）V_1 面投影——背立面图，自后向前投影所得视图。

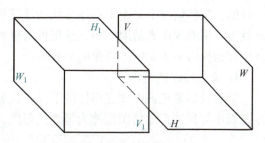

图 6.1-1　六投影面体系

将 6 个基本投影面展开到同一张图纸上所得到的结果如图 6.1-3 所示。作图时仍要遵循"长对正、高平齐、宽相等"的原则，正立面图应尽量反映物体的主要特征。绘图时，6 个基本视图根据具体情况选用，在完整清晰地表达物体特征的前提下，视图数量越少越好。

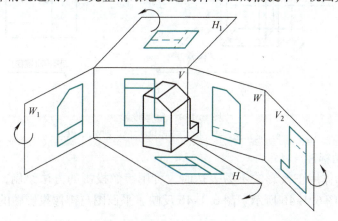

图 6.1-2　形体 6 个基本视图展开原理

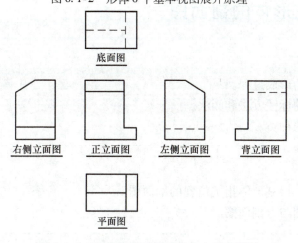

图 6.1-3　按投影关系配置的 6 个基本视图

二、镜像投影

六视图比三视图能更清楚地反映物体的外部构造，但在建筑工程中要面对的物体是多种

建筑工程识图

多样的，某些情况下，由于物体形状的特殊性，基本视图不能有效反映物体的形状特征，此时就需要辅助视图来帮助识图，这里说的辅助视图一般指镜像投影。在建筑装饰施工图中，常用镜像投影来表示室内顶棚的装修构造。

1. 镜像投影的概念

镜像投影是把镜面放在形体的下面，代替水平投影面，在镜面中得到形体的图像，这种在镜面中得到的形体的图像称为镜像投影图，如图 6.1-4a 所示。

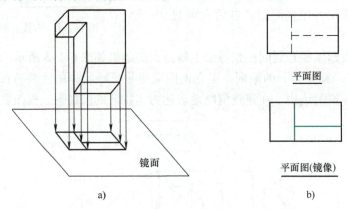

图 6.1-4　镜像投影
a）镜像投影图　b）平面图与镜像投影图的比较

2. 镜像投影图标注

当某些建筑形体用正投影法不易表达时，可用镜像投影的方法绘制，并在图名后注写"镜像"两字，如图 6.1-4b 所示。图 6.1-4b 反映了平面图与镜像投影图的比较。

任务二　建筑形体的剖面图

学习目标

1. 掌握剖面图的形成过程。
2. 掌握剖面图的标注方法和画法。
3. 掌握剖面图的种类。

任务描述

1. 根据三视图，绘制形体指定位置的剖面图。
2. 区别半剖面图与全剖面图。

相关知识

在建筑工程制图中，物体上可见的轮廓线一般用粗实线表示，不可见的轮廓线用虚线表示。当物体的内部构造较复杂时，投影图中就会出现很多虚线，使图线重叠，不能清晰地表示物体构造，也不利于标注尺寸和识图。在建筑工程制图中为了解决这个问题，一般采用剖面图的形式。

一、剖面图的形成

假想用一个剖切平面在形体的适当部位将形体切开，移去剖切平面与观察者之间的部分形体，将剩余的部分投影到投影面上，这样得到的投影图称为剖面图，如图图 6.2-1 所示。剖切平面与形体表面的交线所围成的平面图形称为断面。

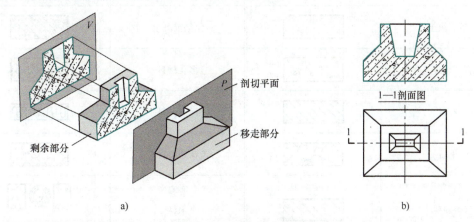

图 6.2-1　剖面图的形成

a）假想用剖切平面 P 切开基础并向 V 面投影　b）基础的 V 面剖面图

绘制剖面图应注意以下几点：

1）剖切平面与投影面平行，剖切平面尽量通过形体上的孔、洞、槽等隐蔽形体的中心线，将形体内部尽量表现清楚。

2）形体被剖切后，剖切平面切到的实体部分，其材料被"暴露出来"，因此剖切到的断面需要填充材料图例，不同材料的材料图例也不同。如果图上没有注明形体材料，剖切到的断面区域内可用等间距的 45°细实线表示。表 6.2-1 为几种常用的建筑材料图例。

3）剖切到的构件外轮廓线用粗实线绘制，未剖切到但能看到的轮廓线用细实线绘制；不可见的虚线，一般省略不画。

4）剖面图是形体的投影，既绘制剖切到的部分，又要绘制看到的部分。

二、剖面图的表达

1. 剖切位置及数量的选择

剖面图的作用之一是将形体的内部构造表达出来，因此在选择剖切位置时，剖切平面应通过形体的孔、洞及槽，如图 6.2-2 所示。剖面图的数量根据形体的复杂程度而定，一般应尽量用一幅剖面图将内部构造表达清楚。

2. 剖面图的标注

剖面图的标注由剖切符号和编号组成，如图 6.2-3 所示。

建筑工程识图

表 6.2-1　常用建筑材料图例

名称	图例	名称	图例
自然土壤		焦渣、矿渣	
夯实土壤		混凝土	
砂、灰土		钢筋混凝土	
砂砾石、碎砖三合土		多孔材料	
石材		纤维材料	
毛石		泡沫塑料材料	
普通砖		木材	
耐火砖		金属	
空心砖		玻璃	
饰面砖		防水材料	

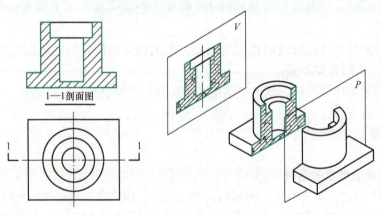

图 6.2-2　剖切位置及投射方向

（1）剖切符号　剖切符号由剖切位置线和剖视方向线两部分组成。剖切位置线表示剖切平面的剖切位置，用一条长度为 6～10mm 的粗实线绘制。剖视方向线应为一条垂直于剖切位置线的长度为 4～6mm 的粗实线，如图 6.2-3 所示。

模块六 剖面图与断面图

（2）编号　编号用阿拉伯数字表示，水平注写在剖视方向线的端部，如图 6.2-3 所示。剖面图的名称应用相应的编号表示，水平注写在相应的剖面图的正下方，并在图名下画一条粗实线，其长度以图名所占长度为准，如图 6.2-2 所示。

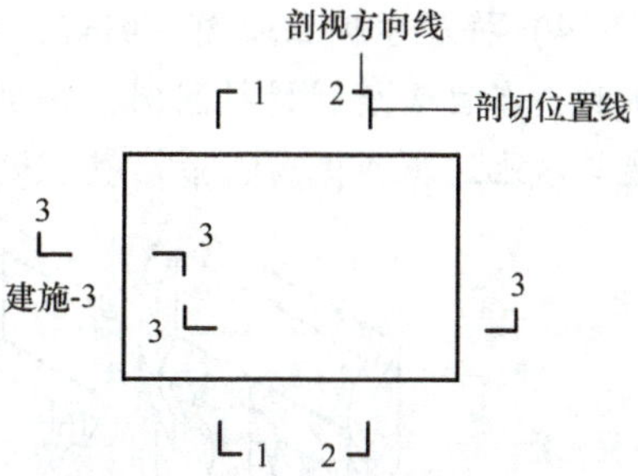

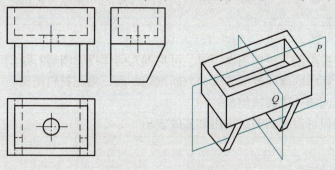

图 6.2-3　剖切符号和编号

三、剖面图的画法

作剖面图就是作物体被剖切后的正投影，先分析剖切平面所切到的内部构造，之后再画出剖面图。一般情况下，剖面图是将原来未剖切之前的投影图中的虚线改成实线，在断面上画出材料图例而得来的。因此，剖面图的作图步骤如下：

1）先画出物体的三面投影图。

2）根据剖切位置及投射方向将投影图改成剖面图。先确定被剖切到的断面部分，给断面外轮廓线加粗并填充上材料图例，再确定未被剖切到但却可以看到的部分，保留可见轮廓线，擦除剖切后不存在的图线。

3）标注剖切符号及图名。

【例 6.2-1】

已知水槽的三面投影如图 6.2-4 所示，将正立面图和左侧立面图改为剖面图。

图 6.2-4　已知条件

【解】　分析已知条件可知，正立面投影与左侧立面投影里的虚线是水槽内壁线，看不见，因此画虚线；现在改成剖面图，即要将立面看不见的部分剖切开，那么其投影图就不再有虚线，具体画法如下：

1）根据已知条件得到剖切后的立体图如图 6.2-5a 所示。

2）根据剖切位置及投射方向在原平面投影图上标注出剖切符号，如图 6.2-5b 所示，1—1、2—2 剖面图都将形体内的孔洞剖切到了。

3）将原正立面图绘制好，把虚线改成实线，通过分析剖切后的立体图判断出剖切断面，在里面绘制材料图例，将剖切断面的外轮廓线加粗，剩余线条即为没有剖切到但却可以看到的水池边缘线，最后整理好后书写命名即可，如图 6.2-5c 所示。

4）将原左侧立面图绘制好，把虚线改成实线，通过分析剖切后的立体图判断出剖切断面，在里面绘制材料图例，将剖切断面的外轮廓线加粗，将未剖切到但却可以看到的底座与水池边缘线保留，最后整理好后书写命名即可，如图6.2-5d所示。

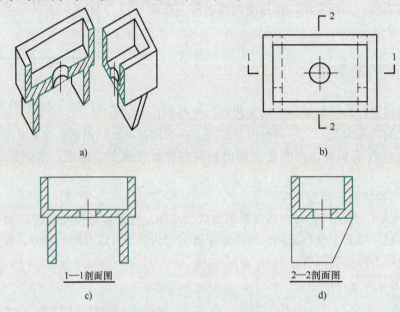

图 6.2-5 作图分析过程
a）剖切后立体图　b）剖切符号　c）正立面剖面　d）左立面剖面

作图要点：
1）当不能直接绘制几何体剖面图时，可根据几何体投影图进行绘制。
2）把已知投影中的虚线改成实线，判断剖切断面，填充材料图例。
3）将剖切断面的外轮廓线加粗。
4）未剖切到但可以看到的结构用细实线表示。

四、剖面图的种类

1. 全剖面图

全剖面图是用一个剖切平面把物体整个切开后所画出的剖面图，如图6.2-6所示，适用于外形简单而内部形状复杂的物体，多用于不对称形体。

2. 半剖面图

由半个剖面和半个视图所组成的图形称为半剖面图，如图6.2-7所示，适用于左右对称而外形又比较复杂的形体。

画半剖面图时应当注意：
1）半个剖面图与半个视图之间要画对称符号。
2）半个视图中的不可见轮廓线均省略不画，一般不画虚线。
3）当对称中心线竖直时，剖面图部分一般画在中心线右侧；当对称中心线水平时，剖

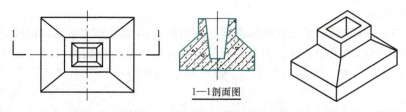

图 6.2-6 独立基础全剖面图

面图部分一般画在中心线下方。

4）半剖面图的标注方法同全剖面图。

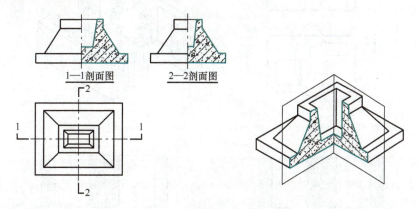

图 6.2-7 杯形基础半剖面图

3. 局部剖面图

用剖切平面局部地剖开物体，以显示物体该局部的内部形状，所画出的剖面图称为局部剖面图，如图 6.2-8 所示，适用于外形比较复杂，完全剖开时无法表示清楚的形体，或内部构造比较有规律的形体。

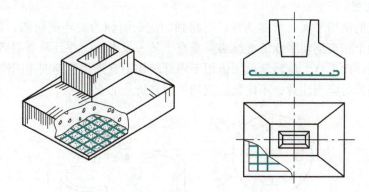

图 6.2-8 杯形基础的局部剖面图

画局部剖面图时应当注意：

1）剖开与未剖开的分界处以徒手画的波浪线为界，波浪线不得与图纸上的其他图线重合，波浪线只能画在物体表面的图形内。

2）局部剖面图中表达清楚的内部结构，在视图中的虚线一般省略不画。

3）局部剖面图的剖切位置明显时，可不用标注。

4. 阶梯剖面图

用几个相互平行的剖切平面将物体剖开，所得到的剖面图称为阶梯剖面图，如图 6.2-9 所示，适用于内部形状比较复杂，而且又有分层的形体。画阶梯剖面图时应当注意：

1）在剖切面的开始、转折和终了处，都要画出剖切符号并注上同一编号，如图 6.2-9a 所示。

2）剖切平面是假想的，在剖面图中不能画出剖切平面转折处的分界线，如图 6.2-9c、d 所示。

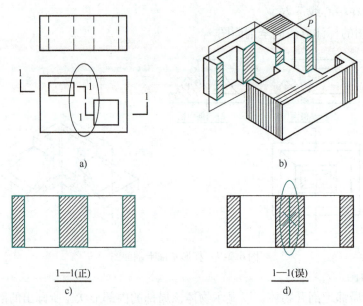

图 6.2-9　阶梯剖面图

a) 投影图及剖切符号　b) 立体图　c) 阶梯剖面图正确画法　d) 阶梯剖面图错误画法

5. 旋转剖面图

用两个相交的剖切平面将形体剖开，所得到的剖面图称为旋转剖面图，如图 6.2-10 所示。作图时，两个相交剖切平面的交线必须垂直于某一投影面，并且两个剖切平面中必有一个剖切平面与投影面平行。旋转剖面图适用于内部结构不宜采用阶梯剖面图绘制的形体。

画旋转剖面图时应当注意，不能画出剖切平面转折处的交线。

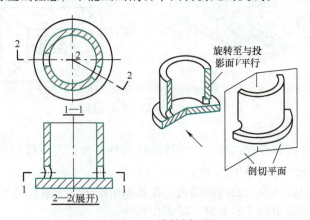

图 6.2-10　旋转剖面图

图 6.2-10 中,由于侧壁上两个圆柱孔不在一条直线上,因此需要用到两个剖切平面,两个剖切平面相交,因此采用旋转剖面图绘制剖面投影,在"2—2"名称后带括号写"展开"二字表示这是旋转剖面图。

任务三　建筑形体的断面图

学习目标

1. 掌握断面图的概念及形成方法。
2. 掌握断面图与剖面图的区别。
3. 掌握断面图的种类。
4. 能绘制和识读形体的断面图。

任务描述

1. 根据形体的三视图,绘制指定位置的断面图。
2. 区分断面图与剖面图。

一、断面图的形成

假想用剖切平面将物体剖开,仅画出剖切平面与形体相交得到的断面图形,同时在剖切断面的实体部分画上材料图例,这样画出的图形称为断面图,简称断面,如图 6.3-1 所示。

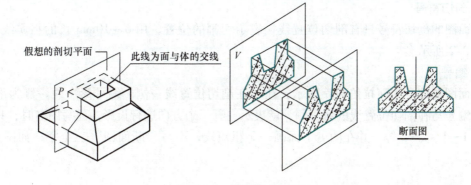

图 6.3-1　断面图的形成

思考:

通过定义思考独立基础的断面图与剖面图的视图区别是什么?

绘制断面图应注意以下几点：
1）剖切平面与投影面平行。
2）断面需要填充材料图例。
3）断面的轮廓线用粗实线表示。
4）断面图是面的投影。
5）只绘制剖切到的部分，不绘制其他看到的部分。

二、断面图的标注

断面图的标注由剖切符号和编号组成，如图 6.3-2 所示。

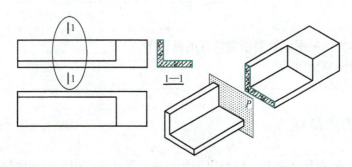

图 6.3-2　断面图标注

1. 剖切符号

断面图的剖切符号只有剖切位置线，表示切割的位置，用 6～10mm 长的粗实线表示，如图 6.3-2 所示。

2. 编号

断面图的编号用阿拉伯数字表示，注写在剖切位置线一侧。编号标注的一侧为剖视方向，即编号写在剖切位置线的哪一侧，就表示向哪一个方向进行投影。注写图名时，只写编号，如 1—1、2—2 等，并在图名下面画一条粗短线，不写"断面图"三个字，如图 6.3-2 所示。

三、断面图和剖面图的区别

观察图 6.3-3 可以看出剖面图与断面图的区别有：

1）表达内容不同。断面图是"面"的投影，剖面图是"体"的投影，断面图表达了构件的局部断面形状，剖面图表达了形体的内部形状和构造。

2）剖切符号的标注方法不同。剖面图的剖切符号由剖切位置线、剖视方向线和编号组成；断面图的剖切符号由剖切位置线和编号组成。

3）命名方式不同。

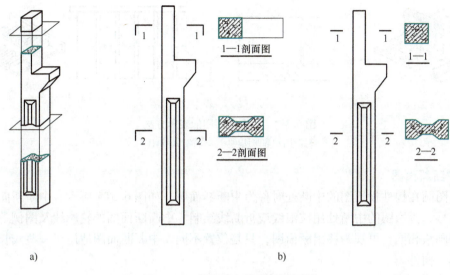

图 6.3-3 剖面图与断面图的区别
a) 立体图 b) 剖面图与断面图

思考断面图的作图方法：

四、断面图的种类和画法

1. 移出断面图

断面图画在形体投影图的外面，称为移出断面图，如图 6.3-3 所示，适用于构件断面变化较多，需要画出多个断面图的情况。

2. 重合断面图

断面图按照与原图形相同的比例旋转 90°后重合画在正立面图上，称为重合断面图。重合断面图通常不标注剖切符号，也不编号，轮廓线用细实线绘制。当视图中的轮廓线与断面图的图线重合时，视图中的轮廓线仍应连续画出，如图 6.3-4a 所示，用重合断面表示钢构件断面形状。重合断面图常用来表达墙里面的装饰的形状、屋面形状、屋面坡度等，适用于断面形状较简单的情况。如果断面图的轮廓线不是封闭的线框，重合断面的轮廓线为加粗的粗实线，并在断面图的范围内，沿轮廓线边缘加画 45°细实线，如图 6.3-4b 中用重合断面表示墙面的凹凸起伏情况。

建筑工程识图

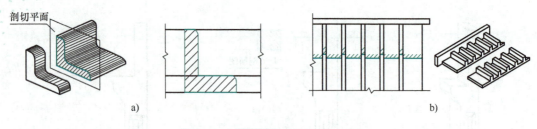

图 6.3-4 重合断面图的表示方法
a) 断面轮廓封闭 b) 断面轮廓不封闭

3. 中断断面图

断面图画在构件投影图的中断处时称为中断断面图,如图 6.3-5 所示。中断断面不必标注剖切符号,投影图的中断处用波浪线或折断线绘制。中断断面图的轮廓线及图例等与移出断面图的画法相同,可视为移出断面图,只是位置不同。中断断面图适用于一些较长且均匀变化的单一构件。

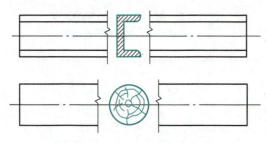

图 6.3-5 中断断面图

【例 6.3-1】

根据图 6.3-6 所示台阶三视图,绘制图中指定位置的断面图。

【解】 由分析可知,剖切线位于台阶处,切开后向右看,得到 W 面上的断面图,因此可根据 W 面投影图进行更改。由于只切割到台阶,因此断面图只有台阶的 W 面投影,如图 6.3-7a 所示;将断面外轮廓加粗并填充材料图例,最后命名即得到所求断面图,如图 6.3-7b 所示。

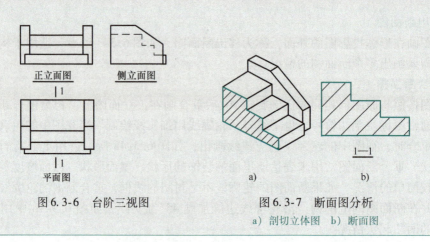

图 6.3-6 台阶三视图   图 6.3-7 断面图分析
a) 剖切立体图 b) 断面图

当具有一定空间想象力时，可不依赖于原视图，根据剖切线想象出空间立体图形后直接绘制断面图即可，同学们要多加练习。

任务四　简化画法

学习目标

1. 了解对称结构、相同结构、较长结构等构件的简化画法。
2. 了解构件局部不同时的省略画法。

任务描述

区分可以使用简化画法的图例，并将其绘制出来。

一、对称图形简化画法

当图形对称时，可视情况仅画出对称图形的一半或1/4，并在对称中心线上画出对称符号，如图6.4-1a 所示。当图形超出其对称线时，也可不画对称符号，如图6.4-1b 所示。

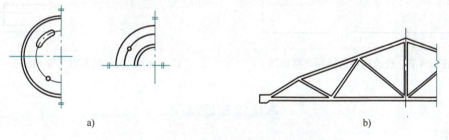

图 6.4-1　对称图形的简化画法
a）画对称符号　b）不画对称符号

二、相同要素的省略画法

当物体上具有多个完全相同而且连续排列的构造要素时，可仅在两端或适当位置画出少数几个要素的完整形状，其余部分以中心线或中心线交点表示，然后标注相同要素的数量，如图6.4-2 所示。

三、较长构件的折断省略画法

对于较长的构件，如沿长度方向的形状相同或按单一规律变化，可只画物体的两端，而将中间折断部分省去不画，在断开处应以折断线表示，如图6.4-3 所示。

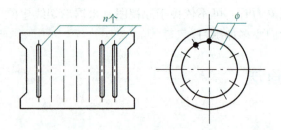

图 6.4-2 相同要素的省略画法

四、构件的局部省略画法

一个构（配）件如与另一个构（配）件仅部分不相同，该构（配）件可只画不同部分，但应在两个构（配）件的相同部分与不同部分的分界线处分别绘制连接符号，如图 6.4-4 所示。

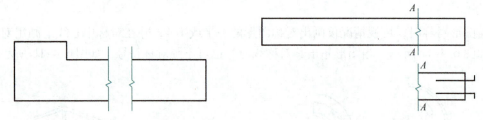

图 6.4-3 较长构件的折断省略画法　　　图 6.4-4 构件的局部省略画法

本模块知识框架

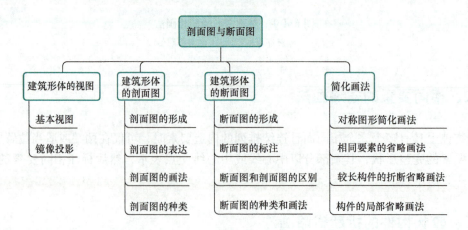

本模块拓展练习

1. 已知题 1 图所示双柱杯形基础的三视图，将正立面图改为全剖面图，左侧立面图改为半剖面图。

2. 已知题 2 图所示 1—1 剖面图，求 2—2 剖面图。

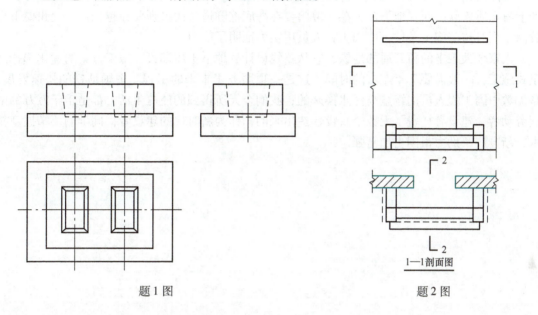

题 1 图　　　　　　　　　　　题 2 图

3. 求题 3 图中 1—1、2—2、3—3 断面图。

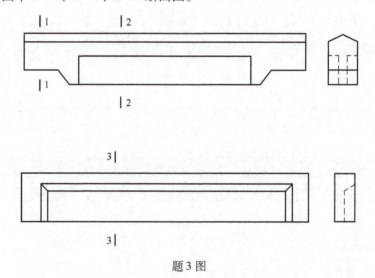

题 3 图

拓展阅读——中国地铁

中国地铁在 1990~2000 年的发展速度并不快，但在 2010 年之后快速增长，1990 年的时候，中国开通地铁的城市只有 3 个；到了 2023 年 12 月，中国已开通地铁的城市有 55 个，而这一数字还在继续增加。

中国第一条地铁线路——北京地铁一号线，是在 1965 年 7 月 1 日开工建设的，地铁在当时的中国属于新事物，中国工程人员自力更生，没有盾构机就用人力施工，数万名工人夜

建筑工程识图

以继日的工作，经历了无数的白天和黑夜，终于建成了中国第一条地铁。

中国的经济要发展，就必须打破地铁建设的瓶颈，而每个地方的建设条件都不一样，例如上海土质松软，西安地下多古墓，厦门要在海底挖隧道，武汉则要穿越长江，兰州要下穿黄河，面对这些施工条件，中国工程人员用实力证明了能力。

大家今天乘坐的新开通的地铁，它从路线设计、地下土质勘察、施工方案的优化选择到正式施工，一般需要7年左右的时间，这是一项服务于未来的工程。中国地铁的快速发展，是无数中国工程人员用智慧与汗水换来的；我们今天所得到的便捷生活，都是千千万万的中国劳动者、建设者耗费了无数个日夜建造出来的，作为新时代的建设者，同学们要掌握新技术、新方法，助力祖国更加富强。

第二部分　工程图纸识读

模块七　施工图概述

【模块概述】

从本模块开始就进入了工程图纸识读的学习，想要了解详细的建筑构造要求，就必须识读懂施工图纸。在学习施工图纸识读之前，必须要了解工程图纸绘制的一般要求，因此本模块主要介绍制图的一般规则及施工图的分类等基础知识。

【知识目标】

1. 掌握制图的一般规则。
2. 了解施工图识读的一般要求。
3. 了解施工图的分类。
4. 了解建筑施工图识读的一般知识。
5. 了解结构施工图识读的一般知识。

【能力目标】

1. 能分清楚施工图的类别。
2. 能熟练掌握施工图识读的一般知识点。
3. 能正确应用制图标准。

【素质目标】

1. 通过线段绘制的练习，培养细心、耐心的职业素养。
2. 通过施工图基本知识的学习，培养踏实、严谨的工作作风。

> 这是一幅建筑平面图，图纸表达了房间、窗户、门等的布置及尺寸信息，外部轮廓包含了3道尺寸线，这些在绘制时都有什么样的具体要求呢？这就是本模块要讲述的内容。

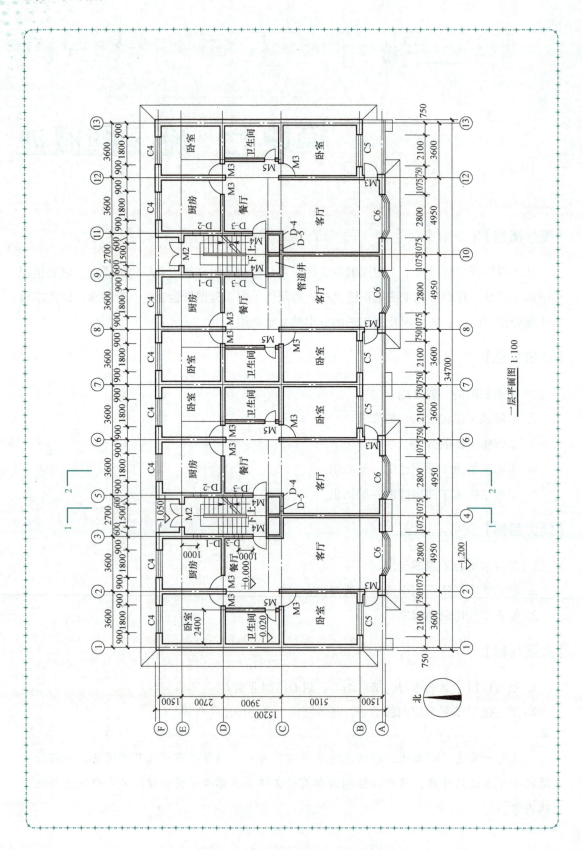

一层平面图 1:100

模块七 施工图概述

任务一 制图基本标准

学习目标

1. 掌握《房屋建筑制图统一标准》（GB/T 50001—2017）中关于图纸幅面、图线、字体、比例等的相关规定。
2. 掌握尺寸标注的方法和规则。

任务描述

1. 区别不同线型、线宽的用法。
2. 用长仿宋体字抄绘建筑首页图。

一、图纸幅面和格式

1. 图纸幅面及图框

图幅即图纸幅面，是指图纸本身的大小规格。为使图纸整齐，便于装订和保管，国家标准中规定了图纸的幅面尺寸。图框是图纸上所供绘图的范围的边线。幅面及图框尺寸见表 7.1-1。图纸以短边作为垂直边时应为横式，以短边作为水平边时应为立式。A0～A3 图纸宜横式使用；必要时，也可立式使用。一套建筑工程图纸，每个专业所使用的图纸不宜多于两种幅面，其中不含目录及表格所采用的 A4 幅面。图纸幅面如图 7.1-1 所示，幅面关系如图 7.1-2 所示。

表 7.1-1 幅面及图框尺寸 （单位：mm）

幅面代号 尺寸代号	A0	A1	A2	A3	A4
$b \times l$	841×1189	594×841	420×594	297×420	210×297
c	10			5	
a	25				

注：表中 b 为幅面短边尺寸，l 为幅面长边尺寸，c 为图框线与幅面线之间的宽度，a 为图框线与装订边之间的宽度。

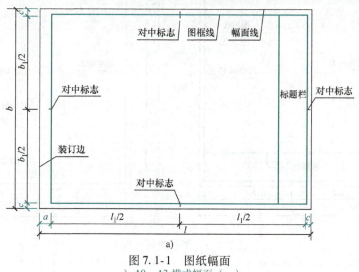

图 7.1-1 图纸幅面
a) A0～A3 横式幅面（一）

建筑工程识图

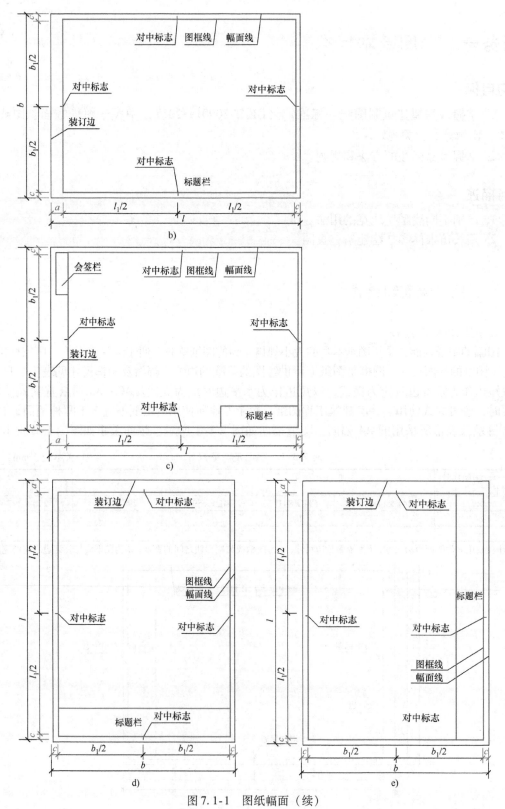

图 7.1-1 图纸幅面（续）
b）A0～A3 横式幅面（二） c）A0～A1 横式幅面（三） d）A0～A4 立式幅面（一） e）A0～A4 立式幅面（二）

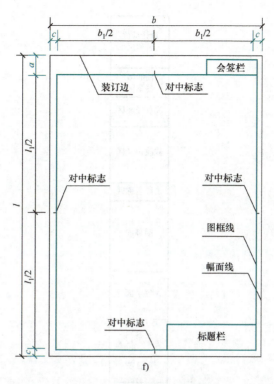

图 7.1-1　图纸幅面（续）

f）A0～A2 立式幅面（三）

从表 7.1-1 中的尺寸可以看出，各幅面之间的关系如图 7.1-2 所示。

2. 会签栏和标题栏

会签栏是为各工种负责人签署专业名称、姓名、日期用的表格，不需会签的图纸可不设会签栏；标题栏填写的是关于图纸的一些信息，应根据工程的需要选择并确定标题栏、会签栏的尺寸、格式及分区。当采用图 7.1-1a、图 7.1-1b、图 7.1-1d 及图 7.1-1e 布置时，标题栏应按图 7.1-3a、图 7.1-3b 布局；当采用图 7.1-1c 及图 7.1-1f 布置时，标题

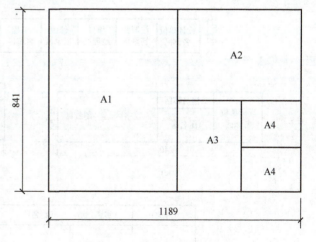

图 7.1-2　各幅面之间的关系

栏、会签栏应按图 7.1-3c、图 7.1-3d 及图 7.1-3e 布局。会签栏应包括"实名"列和"签名"列，并应符合下列规定：

1）涉外工程的标题栏内，各项主要内容的中文下方应附有译文，设计单位的上方或左方，应加"中华人民共和国"字样。

2）在计算机辅助制图文件中使用电子签名与认证时，应符合《中华人民共和国电子签名法》的有关规定。

建筑工程识图

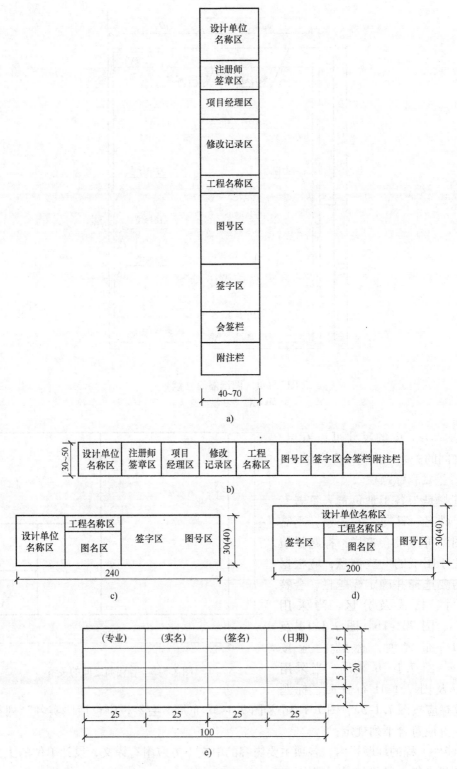

图 7.1-3 标题栏与会签栏
a) 标题栏（一） b) 标题栏（二） c) 标题栏（三） d) 标题栏（四） e) 会签栏

3）当由两个以上的设计单位合作设计同一个工程时,"设计单位名称区"可依次列出设计单位名称。

对于学生的制图作业图纸,不设会签栏,标题栏可按图7.1-4的格式绘制。

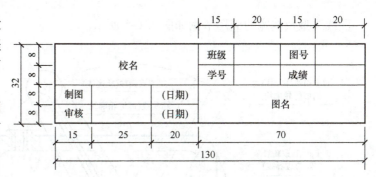

图 7.1-4 制图作业图纸标题栏设置

二、图线

1. 线型及线宽

图线的基本线宽 b,宜按照图纸比例及图纸性质从 1.4mm、1.0mm、0.7mm、0.5mm 线宽系列中选取。每个图样,应根据复杂程度与比例大小,先选定基本线宽 b,再选用表 7.1-2 中相应的线宽组。

表 7.1-2 线宽组　　　　　　　　　　　　　　　　（单位：mm）

线宽比	线宽组			
b	1.4	1.0	0.7	0.5
$0.7b$	1.0	0.7	0.5	0.35
$0.5b$	0.7	0.5	0.35	0.25
$0.25b$	0.35	0.25	0.18	0.13

注：1. 需要缩微的图纸,不宜采用 0.18mm 及更细的线宽。
　　2. 同一张图纸内,各不同线宽中的细线,可统一采用较细的线宽组的细线。

工程建设制图应选用表 7.1-3 所示的图线。

表 7.1-3 图线

名称		线型	线宽	用途
实线	粗	———————	b	主要可见轮廓线
	中粗	———————	$0.7b$	可见轮廓线、变更云线
	中	———————	$0.5b$	可见轮廓线、尺寸线
	细	———————	$0.25b$	图例填充线、家具线
虚线	粗	— — — — —	b	见各有关专业制图标准
	中粗	— — — — —	$0.7b$	不可见轮廓线
	中	— — — — —	$0.5b$	不可见轮廓线、图例线等
	细	— — — — —	$0.25b$	图例填充线、家具线
单点长画线	粗	—·—·—·—	b	见各有关专业制图标准
	中	—·—·—·—	$0.5b$	见各有关专业制图标准
	细	—·—·—·—	$0.25b$	中心线、对称线、轴线等
双点长画线	粗	—··—··—	b	见各有关专业制图标准
	中	—··—··—	$0.5b$	见各有关专业制图标准
	细	—··—··—	$0.25b$	假想轮廓线、成型前原始轮廓线
折断线		─╱─	$0.25b$	断开界线
波浪线		～～～	$0.25b$	断开界线

建筑工程识图

图线线型及线宽的应用举例如图 7.1-5 所示。

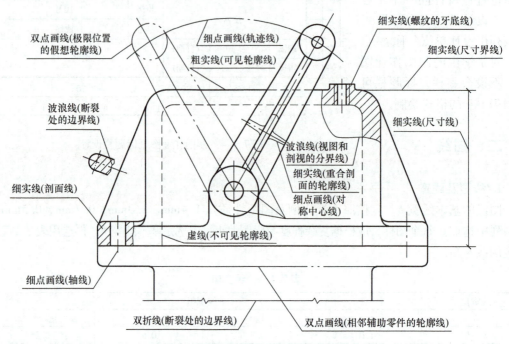

图 7.1-5　图线线型及线宽的应用举例

2. 图线画法的规定

1）相互平行的图例线，其净间隙或线中间隙不宜小于 0.2mm。

2）虚线、单点长画线或双点长画线的线段长度和间隔，宜各自相等。

3）单点长画线或双点长画线，当在较小的图形中绘制有困难时，可用实线代替。

4）单点长画线或双点长画线的两端，不应采用点。点画线与点画线交接或点画线与其他图线交接时，应采用线段交接。

5）虚线与虚线交接或虚线与其他图线交接时，应采用线段交接。虚线为实线的延长线时，不得与实线相接。

6）图线不得与文字、数字或符号重叠、混淆，不可避免时，应保证文字的清晰。

一些图线的正误画法示例见表 7.1-4。

表 7.1-4　一些图线的正误画法示例

图线	正确	错误	说明
点画线与虚线	15～20 2～3 4～6 ≈1	1 2	1. 点画线的线段长通常为 15～20mm，空隙与点共 2～3mm 长。点常画成很短的短画，而不是画成小圆黑点 2. 虚线的线段长度通常为 4～6mm，间隙约为 1mm。不要画得太短、太密

模块七　施工图概述

（续）

图线	正确	错误	说明
圆的中心线	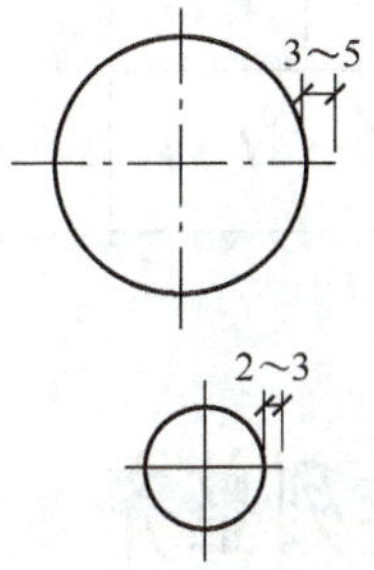	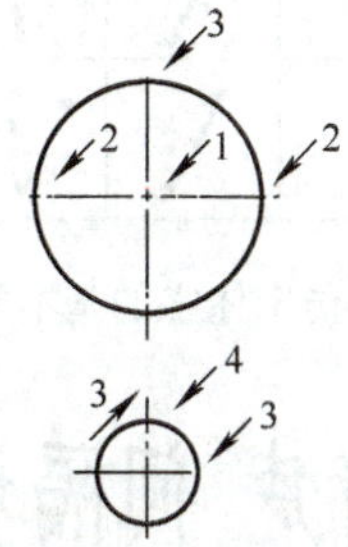	1. 两条点画线相交，或与其他图线相交时，相交处应为线段 2. 点画线的起始和终止处必须是线段，不是点 3. 点画线应出图形轮廓 2～5mm 4. 点画线很短时，可用细实线代替点画线
图线的相交	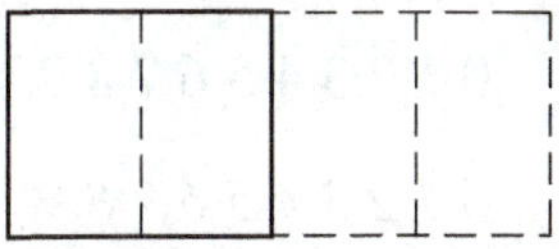	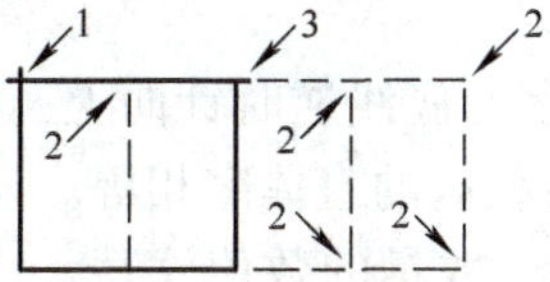	1. 两粗实线相交时，应画到交点处，线段两端不出头 2. 两虚线相交或虚线与其他线条相交时，应是线段相交，不得留有间隙 3. 虚线是实线的延长线时，应留有间隙
折断线与波浪线	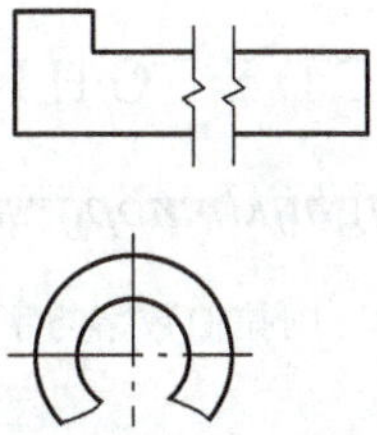	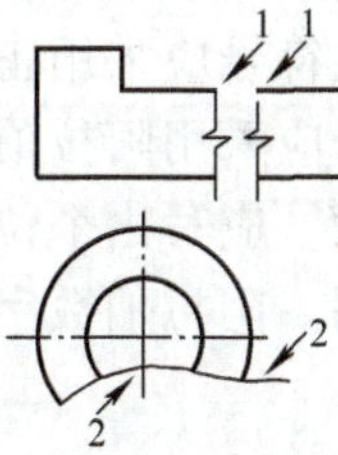	1. 折断线两端应分别超出图形轮廓线 2. 波浪线画到轮廓线为止，不要超出图形轮廓线

三、字体

图纸上所需书写的文字、数字或符号等，均应笔画清晰、字体端正、排列整齐；标点符号应清楚正确。

1. 汉字

图样及说明中的汉字，宜优先采用 True type 字体中的宋体字型，采用矢量字体时应为长仿宋体字型。同一图纸中的字体种类不应超过两种。矢量字体的宽高比宜为 0.7，且应符合表 7.1-5 的规定。打印线宽宜为 0.25～0.35mm；True type 字体的宽高比宜为 1。大标题、图册封面、地形图等的汉字，也可书写成其他字体，但应易于辨认，其宽高比宜为 1。

表 7.1-5　长仿宋体字高宽关系　　　　　　　　　　　（单位：mm）

字高	3.5	5	7	10	14	20
字宽	2.5	3.5	5	7	10	14

书写长仿宋体字的要领是横平竖直、起落分明、填满方格、布局均匀。长仿宋体字的基本笔画组成如图 7.1-6 所示，书写实例如图 7.1-7 所示。

2. 数字和字母

图样及说明中的字母、数字，宜优先采用 True type 字体中的 Roman 字型；字母及数字，

建筑工程识图

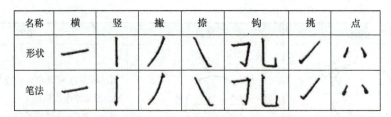

图7.1-6 长仿宋体字的基本笔画组成

字体工整 笔画清楚 间隔均匀 排列整齐

图7.1-7 长仿宋体字书写实例

当需写成斜体字时,其斜度应是从字的底线逆时针向上倾斜75°。斜体字的高度和宽度应与相应的直体字相等。字母及数字的字高不应小于 2.5mm。数量的数值注写,应采用正体阿拉伯数字。各种计量单位凡前面有量值的,均应采用国家颁布的单位符号注写。单位符号应采用正体字母。分数、百分数和比例数的注写,应采用阿拉伯数字和数字符号。当注写的数字小于 1 时,应写出个位的"0",小数点应采用圆点齐基准线书写。阿拉伯数字与字母的字例如图7.1-8 所示。

0123456789
0123456789

ABCDEFGHIJKL
Abcdefghijklmnopqrstuvwxyz

图7.1-8 阿拉伯数字与字母的字例

四、比例

图样的比例,应为图形与实物相对应的线性尺寸之比。比例的符号应为":",比例应以阿拉伯数字表示。常用绘图比例见表7.1-6。

表7.1-6 常用绘图比例

常用比例	1:1、1:2、1:5、1:10、1:20、1:30、1:50、1:100、1:150、1:200、1:500、1:1000、1:2000
可用比例	1:3、1:4、1:6、1:15、1:25、1:40、1:60、1:80、1:250、1:300、1:400、1:600、1:5000、1:10000、1:20000、1:50000、1:100000、1:200000

需要注意的是:

1)比例宜注写在图名的右侧,字的基准线应取平;比例的字高宜比图名字高小一号或二号,如图7.1-9 所示。

图7.1-9 比例的注写

2)比例的比值大于 1 时为放大比例,如图7.1-10a 所示;比例的比值小于 1 时为缩小比例,如图7.1-10c 所示。

模块七　施工图概述

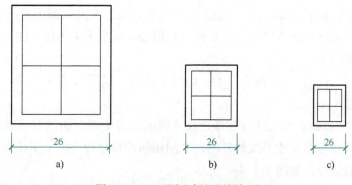

图 7.1-10　不同比例的图样标法
a) 2:1　b) 1:1　c) 1:2

3）在绘制图例时，所标注的尺寸是原尺寸，与绘图比例无关，如图 7.1-10 所示。

五、尺寸标注

1. 尺寸的组成

图样上的尺寸，应包括尺寸界线、尺寸线、尺寸起止符号和尺寸数字，如图 7.1-11 所示。

（1）尺寸界线　尺寸界线应用细实线绘制，应与被注长度垂直，其一端应离开图样轮廓线不小于 2mm，另一端宜超出尺寸线 2～3mm。图样轮廓线可用作尺寸界线，如图 7.1-12 所示。

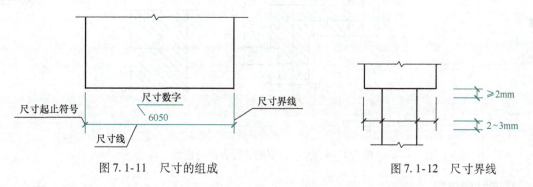

图 7.1-11　尺寸的组成　　　　　　　图 7.1-12　尺寸界线

（2）尺寸线　尺寸线应用细实线绘制，应与被注长度平行，两端宜以尺寸界线为边界，也可超出尺寸界线 2～3mm。图样本身的任何图线均不得用作尺寸线。

（3）尺寸起止符号　尺寸起止符号用中粗斜短线绘制，其倾斜方向应与尺寸界线成顺时针 45°角，长度宜为 2～3mm。轴测图中用小圆点表示尺寸起止符号，小圆点直径为 1mm，如图 7.1-13a 所示。半径、直径、角度与弧长的尺寸起止符号，宜用箭头表示，箭头宽度 b 不宜小于 1mm，如图 7.1-13b 所示。

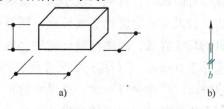

图 7.1-13　尺寸起止符号
a) 轴测图尺寸起止符号　b) 箭头尺寸起止符号

(4) 尺寸数字　图样上的尺寸，应以尺寸数字为准，不应从图上直接量取。图样上的尺寸单位，除标高及总平面图以米为单位外，其他必须以毫米为单位。注写尺寸数字时，还应注意以下几方面问题：

1) 尺寸数字的方向，应按图 7.1-14a 的规定注写。若尺寸数字在 30°斜线区内，也可按图 7.1-14b 的形式注写。

2) 尺寸数字应依据其方向注写在靠近尺寸线的上方中部。如没有足够的注写位置，最外边的尺寸数字可注写在尺寸界线的外侧，中间相邻的尺寸数字可上下错开注写，可用引出线表示标注尺寸的位置，如图 7.1-14c 所示。

3) 尺寸宜标注在图样轮廓以外，不宜与图线、文字及符号等相交，当不可避免时，应将尺寸数字处的图线断开，将数字写在图线断开处，如图 7.1-14d 所示。

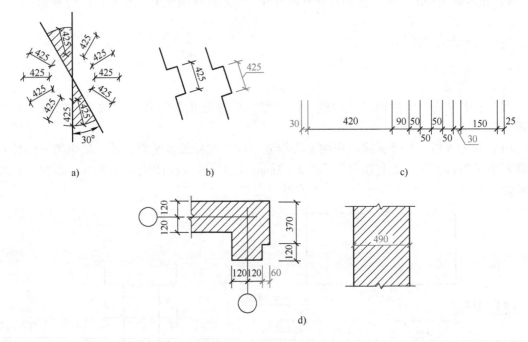

图 7.1-14　尺寸数字的注写方向与位置

2. 尺寸的排列

互相平行的尺寸线，应从被注写的图样轮廓线由近向远整齐排列，较小尺寸应离轮廓线较近，较大尺寸应离轮廓线较远；图样轮廓线以外的尺寸界线，距图样最外轮廓之间的距离不宜小于 10mm。平行排列的尺寸线的间距宜为 7~10mm，并应保持一致；总尺寸的尺寸界线应靠近所指部位，中间的分尺寸的尺寸界线可稍短，但其长度应相等，如图 7.1-15 所示。

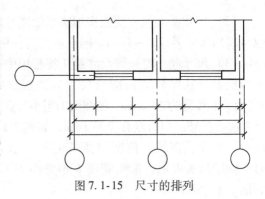

图 7.1-15　尺寸的排列

3. 尺寸标注的其他规定

（1）半径、直径、球的尺寸标注

1）圆弧半径标注。半圆或小于半圆的圆弧，应标注半径。半径的尺寸线应一端从圆心开始，另一端画箭头指向圆弧。半径数字前应加注半径符号"*R*"，如图 7.1-16a 所示。较小圆弧的半径，可按图 7.1-16b 的形式标注；较大圆弧的半径，可按图 7.1-16c 的形式标注。

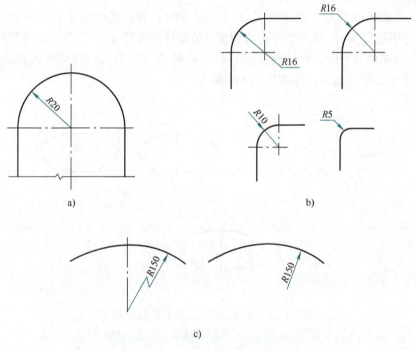

图 7.1-16　圆弧半径标注

a）半径标注方法　b）较小圆弧半径的标注方法　c）较大圆弧半径的标注方法

2）圆直径标注。全圆及大于半圆的圆弧，应标注直径。标注圆的直径尺寸时，直径数字前应加直径符号"ϕ"。在圆内标注的尺寸线应通过圆心，两端画箭头指至圆弧，如图 7.1-17a 所示；较小圆的直径尺寸数字，可标注在圆外侧，如图 7.1-17b 所示。

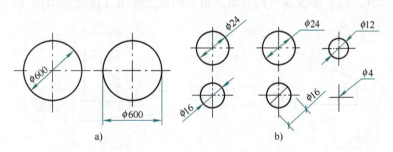

图 7.1-17　直径的标注方法

a）圆直径的标注方法　b）小圆直径的标注方法

3）圆球的标注。标注球的半径尺寸时，应在尺寸前加注符号"*SR*"；标注球的直径尺寸时，应在尺寸数字前加注符号"*Sϕ*"，注写方法与圆弧半径和圆直径的尺寸标注方法相同。

（2）角度、弧长、弦长的标注

1）角度的尺寸线应以圆弧表示。该圆弧的圆心应是该角的顶点，角的两条边为尺寸界线。起止符号应以箭头表示，如没有足够位置画箭头，可用圆点代替，角度数字应沿尺寸线方向注写，如图 7.1-18a 所示。

2）标注圆弧的弧长时，尺寸线应以与该圆弧同心的圆弧线表示，尺寸界线应指向圆心，起止符号用箭头表示，弧长数字上方或前方应加注圆弧符号"⌒"，如图 7.1-18b 所示。

3）标注圆弧的弦长时，尺寸线应以平行于该弦的直线表示，尺寸界线应垂直于该弦，起止符号用中粗斜短线表示，如图 7.1-18c 所示。

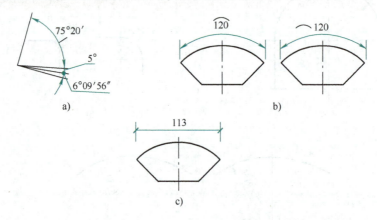

图 7.1-18　角度、弧长、弦长的标注方法
a）角度标注方法　b）弧长标注方法　c）弦长标注方法

（3）薄板厚度、正方形、坡度、非圆曲线等尺寸标注

1）在薄板板面标注板厚尺寸时，应在厚度数字前加厚度符号"*t*"，如图 7.1-19 所示。

2）标注正方形的尺寸时既可采用"边长×边长"的形式，也可在边长数字前加正方形的符号"□"，如图 7.1-20 所示。

3）标注坡度时，应加注坡度符号"←"或"←"（图 7.1-21a、b），箭头应指向下坡方向（图 7.1-21c、d）。坡度也可用直角三角形的形式标注（图 7.1-21e、f）。

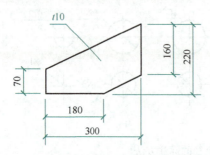

图 7.1-19　薄板厚度标注方法

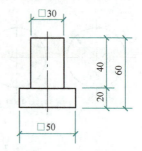

图 7.1-20　标注正方形尺寸

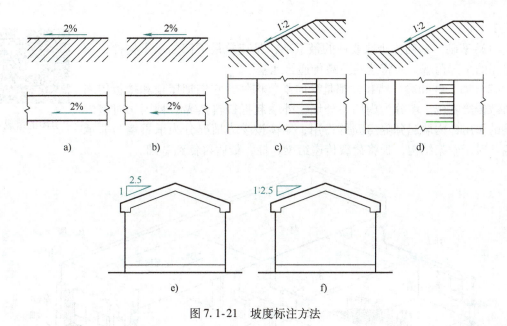

图 7.1-21 坡度标注方法

任务二　施工图基本知识

学习目标

1. 了解房屋的分类、组成及各组成部分的主要作用。
2. 熟悉施工图的分类和图纸的编排顺序。
3. 掌握房屋建筑施工图中常用符号的相关规定。
4. 了解结构施工图的种类及作用。
5. 了解设备施工图的种类及作用。

任务描述

1. 区分建筑施工图与结构施工图。
2. 对标准图集进行查阅。

一、房屋分类及组成

1. 分类

房屋是为了满足人们不同的生活和工作需要而建造的，房屋按照使用性质通常可以分为工业建筑（厂房、仓库等）和民用建筑（居住建筑和公用建筑等）。

2. 组成

房屋一般由基础、墙、柱、梁、楼地面、楼梯、屋顶、门、窗等基本部分组成；此外，还有阳台、雨篷、台阶、窗台、雨水管、明沟或散水，以及其他一些构（配）件，如

图 7.2-1 所示。

（1）基础　基础位于墙或柱的最下部，是建筑最下部的承重构件，承受房屋的全部荷载，并将这些荷载传递给地基。

房屋的组成

（2）墙、柱和梁　墙和柱都是纵向承重构件，它们把屋顶和楼板传来的荷载传给基础。墙分为内墙、外墙，外墙起抵御自然界各种因素对室内侵袭的作用，内墙起分隔房间的作用；墙体按受力情况分为承重墙与非承重墙。对于框架结构，板将荷载传递给梁、柱，最后再传到基础。

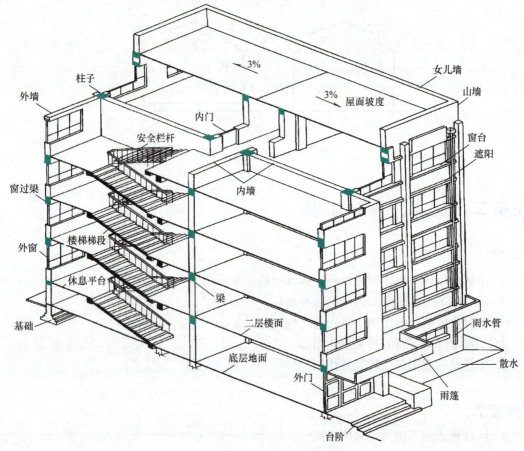

图 7.2-1　房屋的组成

（3）楼地面　楼面与地面是水平承重构件，起到竖向分隔楼层的作用，它们把屋顶和楼板传来的荷载传递给承重梁、柱、墙。

（4）屋顶　屋顶是建筑物最上部的承重构件，有保温、隔热、防水等作用。

（5）楼梯　楼梯是楼房的垂直交通设施，供人们上下楼使用，它一般由楼梯段、休息平台、栏杆、扶手和楼梯井组成。

（6）门、窗　门是用来沟通房间内外联系用的，窗户的作用是采光和通风。门、窗均属于非承重构件。

（7）其他构（配）件　雨篷、雨水管、散水等起到排水和保护墙身的作用，台阶是进入建筑物的主要通道。

二、施工图的产生及分类

1. 施工图的产生

建造一栋房屋要经历设计和施工两个阶段,设计阶段分为初步设计和施工图设计。

(1) 初步设计　设计人员根据建设单位的要求进行调查研究,把与工程设计有关的基本条件搞清楚,收集必要的设计基础资料,完成方案设计并绘制初步设计图。初步设计文件包括设计说明书,设计图纸,主要设备、材料表,以及工程预算书。

(2) 施工图设计　施工图设计是对初步设计进行修改和完善,在已批准的初步设计的基础上完成建筑、结构、水、暖、电的各项设计,以图纸为主。施工图设计文件包括封面、图纸目录、设计说明、图纸、预算等。

2. 施工图的分类

施工图按其内容和专业工种的不同,一般分为3类:

(1) 建筑施工图　建筑施工图简称"建施",主要表达建筑物的平面形状、内部布置、外部构造做法及装修做法等,一般包括建筑首页图、总平面图、各层平面图、不同方位的立面图、必要的剖面图和详图。

(2) 结构施工图　结构施工图简称"结施",主要表示建筑的结构类型,表达建筑物承重构件的配筋情况,包括基础、板、柱、梁、墙、楼梯等受力构件的配筋图。

(3) 设备施工图　设备施工图简称"设施",主要表达室内给水排水、采暖通风、电器照明等设备的布置、安装要求,以及线路铺设等。

三、建筑施工图主要内容

建筑施工图主要表示建筑物的总体布局、外部造型、内部布置、细部构造、内外装饰以及一些固定设施和施工要求。它既是建造房屋时施工定位、基础开挖、砌筑墙身、铺设屋面板、制作楼梯、安装门窗和固定设施,以及室内外装饰的依据,也是编制拟建房屋工程预算和施工组织设计等的依据。

建筑施工图一般包括图纸目录、建筑设计说明、总平面图、建筑平面图、建筑立面图、建筑剖面图、门窗表和建筑详图等图纸。

四、结构施工图主要内容

在房屋设计中,建筑设计是整个设计工作的先行工作,画出建筑施工图后,还要进行结构设计,绘制结构施工图。根据房屋建筑的安全性与经济性要求,首先进行结构选型和构件布置,再通过力学计算确定建筑物各承重构件(基础、墙、梁、板、柱等)的形状、尺寸、材料及构造等,最后将计算、选择的结果绘成图纸以指导施工,这类图纸称为结构施工图,简称"结施"。

结构施工图主要用于施工,是计算工程量、编制预算和进行施工组织设计的依据。结构施工图包括以下3个方面内容:

建筑工程识图

1. 结构设计总说明

结构设计总说明主要包括结构设计依据，抗震设计，地基情况，各承重构件的材料情况、强度等级，施工要求，选用的标准图集等。

2. 构件配筋平面图

构件配筋平面图主要包括基础配筋图、柱配筋图、梁配筋图、板配筋图、楼梯配筋图等。

3. 结构详图

对于构件配筋平面图无法表达清楚的内容，需要绘制结构详图加以表示。

五、施工图识读方法

一套施工图少则几十张图纸，多则数百张图纸，每套施工图不论图纸数量有多少，在识读整套图纸时，应按照"总体了解、顺序识读、前后对照、重点细读"的方法进行识图。

1. 总体了解

先看图纸目录、总平面图和设计总说明，总体了解工程的性质、规模、结构形式、技术措施等，对建筑物的基本情况有所了解。

2. 顺序识读

然后看建筑施工图，再看结构施工图，最后看设备施工图。识读建筑施工图时，先看平面图、立面图、剖面图和详图，大体上想象一下建筑物的立体形象及内部布置；再根据施工的先后顺序，依次识读结构施工图中基础、柱、梁、板等的配筋图。识读某一张图纸时，应先看图名、比例及图纸中的文字说明；再看图形、图形中的图例及代号所表示的部位。

3. 前后对照

识图时，要注意平面图、剖面图对照识读，建筑施工图和结构施工图对照识读，土建施工图与设备施工图对照识读，当图纸中缺少信息时，一定要回过头去看设计总说明。

4. 重点细读

识读一张图纸时，应采取由外向内、由大到小、由粗至细、图样与文字说明交替、有关图纸对照识读的方法进行识读，重点看轴线及各种尺寸的关系。

六、标准图集的查阅

在施工图中，有些建筑构（配）件、节点详图（材料与做法）等常选自某种标准图集或通用图集，这些被选定的图集也是施工图的组成部分。目前，使用的标准图集种类很多，查阅方法如下：

1. 标准图集的分类

我国编制的标准图集，按其编制的单位和使用范围大体可分为3类：

1) 经国家批准的通用标准图集，可在全国范围内使用。

2) 经各省、市、自治区地方有关部门批准的通用标准图集，主要供本地区使用。

3) 由各设计单位编制的标准图集，主要供本单位设计时使用。

全国通用的标准图集，采用"J×××"或"建×××"代号的，表示建筑标准配件类的图集;采用"G×××"或"结×××"代号的,表示结构标准构件类的图集。

2. 图集的查阅方法

1) 根据施工图中注明的标准图集名称、编号及编制单位查找相应的图集。

2) 识读图集时,必须首先识读图集的总说明,了解编制该图集的设计依据、使用范围、施工要求和注意事项等。

3) 了解标准图集的编号和有关表示方法。

4) 根据施工图中的详图索引编号查阅被索引详图,核对构件部位的适应性和尺寸。

七、施工图中常用的符号

1. 定位轴线

定位轴线是用来确定主要承重结构和构件(承重墙、梁、柱、基础等)的位置的线条,有助于施工时定位放线和查阅图纸。《房屋建筑制图统一标准》(GB/T 50001—2017) 对定位轴线的规定如下:

1) 定位轴线应用 0.25b 线宽的单点长画线绘制。

2) 定位轴线应编号,编号应注写在轴线端部的圆内。圆应用 0.25b 线宽的实线绘制,直径宜为 8~10mm。定位轴线圆的圆心应在定位轴线的延长线上或延长线的折线上。

3) 除较复杂需采用分区编号或圆形、折线形外,平面图上定位轴线的编号宜标注在图样的下方及左侧,或在图样的四面标注。横向编号应用阿拉伯数字从左至右顺序编写,竖向编号应用大写英文字母从下至上顺序编写,如图 7.2-2 所示。

4) 组合较复杂的平面图中的定位轴线可采用分区编号,如图 7.2-3 所示,分区编号的注写形式应为"分区号 – 该分区定位轴线编号",分区

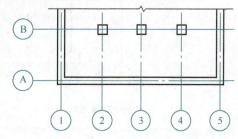

图 7.2-2 定位轴线的编号顺序

号宜采用阿拉伯数字或大写英文字母表示;多子项的平面图中的定位轴线可采用子项编号,子项编号的注写形式为"子项号 – 该子项定位轴线编号",子项号采用阿拉伯数字或大写英文字母表示,如"1 – 1""1 – A"或"A – 1""A – 2"。当采用分区编号或子项编号,同一根轴线有不止 1 个编号时,相应编号应同时注明。

5) 对于次要的承重构件,它的定位轴线一般作为附加定位轴线。附加定位轴线的编号应以分数形式表示,并应符合下列规定:

① 两根轴线的附加轴线,应以分母表示前一轴线的编号,分子表示附加轴线的编号,编号宜用阿拉伯数字顺序编写。

② 1 号轴线或 A 号轴线之前的附加轴线的分母应以 01 或 0A 表示。

6) 一个详图适用于几根轴线时,应同时注明各有关轴线的编号,如图 7.2-4 所示。

7) 通用详图中的定位轴线应只画圆,不注写轴线编号。

2. 标高符号

标高是标注建筑物高度方向的一种尺寸形式,分为绝对标高和相对标高,均以米为单位。在实际施工中,用绝对标高不方便,一般将房屋底层的室内主要地面高度定为相对标高

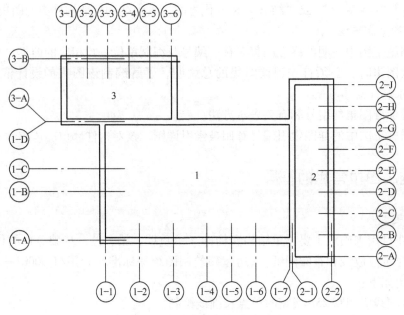

图 7.2-3 定位轴线的分区编号

图 7.2-4 详图的轴线编号

的零点,比零点高的标高为"正",比零点低的标高为"负"。在建筑设计说明中,应说明相对标高与绝对标高之间的联系。标高符号应符合下列规定:

1)标高符号应以等腰直角三角形表示,并应按图 7.2-5a 所示形式用细实线绘制,如标注位置不够,也可按图 7.2-5b 所示形式绘制。标高符号的具体画法可参考图 7.2-5c、图 7.2-5d。

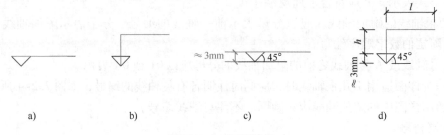

图 7.2-5 标高符号

l—取适当长度注写标高数字 h—根据需要取适当高度

2）总平面图室外地坪标高符号宜用涂黑的三角形表示，具体画法如图 7.2-6 所示。

3）标高符号的尖端应指至被注高度的位置。尖端宜向下，也可向上。标高数字应注写在标高符号的上侧或下侧，如图 7.2-7 所示。

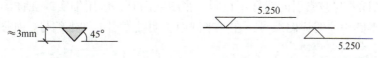

图 7.2-6　总平面图室外地坪标高符号　　　图 7.2-7　标高的指向

4）标高数字应以米为单位，注写到小数点以后第三位。在总平面图中，可注写到小数点以后第二位。

5）零点标高应注写成 ±0.000，正数标高不注"+"，负数标高应注"-"，例如 3.000、-0.600。

6）在图样的同一位置需表示几个不同标高时，标高数字可按图 7.2-8 的形式注写。

3. 索引符号

图样中的某一局部或构件，如需另见详图，应以索引符号索引，如图 7.2-9a 所示。索引符号应由直径为 8～10mm 的圆和水平直径组成，圆及水平直径的线宽宜为 $0.25b$。索引符号注写应符合下列规定：

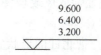

图 7.2-8　同一位置注写多个标高数字

1）当索引出的详图与被索引的详图同在一张图纸内时，应在索引符号的上半圆中用阿拉伯数字注明该详图的编号，并在下半圆中间处画一段水平细实线，如图 7.2-9b 所示。

2）当索引出的详图与被索引的详图不在同一张图纸中时，应在索引符号的上半圆中用阿拉伯数字注明该详图的编号，在索引符号的下半圆中用阿拉伯数字注明该详图所在图纸的编号，如图 7.2-9c 所示。数字较多时，可加文字标注。

3）当索引出的详图采用标准图时，应在索引符号水平直径的延长线上加注该标准图所在图集的编号，如图 7.2-9d 所示。需要标注比例时，应在文字的索引符号右侧或延长线下方，与符号下对齐。

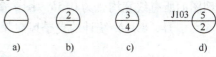

图 7.2-9　索引符号

当索引符号用于索引剖视详图时，应在被剖切的部位绘制剖切位置线，并以引出线引出索引符号，引出线所在的一侧应为剖视方向（图 7.2-10）。索引符号的编号应符合上述"3. 索引符号"的规定。

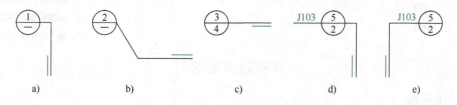

图 7.2-10　用于索引剖视详图的索引符号

4. 详图符号

详图的位置和编号应以详图符号表示。详图符号的圆直径应为 14mm，线宽为 b。详图符号应符合下列规定：

1）当详图与被索引的图样同在一张图纸内时，应在详图符号内用阿拉伯数字注明详图的编号，如图 7.2-11 所示。

2）当详图与被索引的图样不在同一张图纸内时，应用细实线在详图符号内画一水平直径，在上半圆中注明详图编号，在下半圆中注明被索引的图纸编号，如图 7.2-12 所示。

图 7.2-11 与被索引图样同在一张图纸内的详图索引

图 7.2-12 与被索引图样不在同一张图纸内的详图索引

5. 指北针或风玫瑰图

指北针或风玫瑰图都可以用来表示建筑物的朝向，指北针或风玫瑰注写应符合下列规定：

1）指北针的形状宜符合图 7.2-13a 的规定，其圆的直径宜为 24mm，用细实线绘制；指北针尾部的宽度宜为 3mm，指北针头部应注"北"或"N"字。需用较大直径绘制指北针时，指北针尾部的宽度宜为直径的 1/8。

2）指北针与风玫瑰图结合时宜采用互相垂直的线段，线段两端应超出风玫瑰图轮廓线 2～3mm，垂点宜为风玫瑰图中心，北向应注"北"或"N"字，组成风玫瑰图的所有线宽均宜为 0.5b。图 7.2-13b 中实线表示全年风向频率，虚线表示按 3 个月（6 月、7 月、8 月）统计的夏季风向频率。

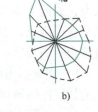

图 7.2-13 指北针、风玫瑰图
a) 指北针 b) 风玫瑰图

本模块知识框架

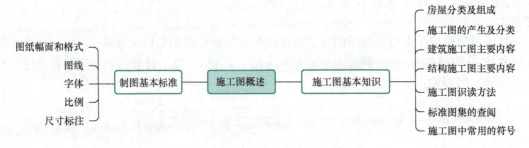

本模块拓展练习

一、填空题

1. 一个标注完整的尺寸由尺寸线、_____、_____和_____四要素组成。

2. 房屋施工图由于专业分工的不同，分为_____施工图、_____施工图和设备施工图。

模块七 施工图概述

3. 建筑施工图除总平面图外，还有_____、_____、_____和_____。
4. 标高有两种，其中_____标高以青岛附近的黄海平均海平面为零点；_____标高以房屋的室内地坪为零点。标高应以_____为单位。
5. 剖切符号，由_____以及_____组成。
6. 风玫瑰中实线为_____，虚线为_____。

二、简答题
1. 简述施工图的识读方法。
2. 简述索引符号与详图符号的联系。

拓展阅读——我国建筑制图标准的发展

"无规矩不成方圆"，一个行业要想稳定发展，就要有符合自身行业特点的标准来为其保驾护航，实现高质量的可持续发展。中华人民共和国成立后，随着社会主义建设的蓬勃发展和对外交流的日益增长，工程制图学科得到了飞速发展，由于生产建设的迫切需要，由国家建设委员会批准制定了机械、电气、土木、建筑等专业的制图标准，使全国工程图纸标准得到了统一，标志着我国工程图学进入了一个崭新的阶段，其中建筑工程制图相关标准的发展经历了以下阶段：

在 1956 年，国家建设委员会批准了《单色建筑图例标准》，建筑工程部设计总局发布了《建筑工程制图暂行标准》。在此基础上，建筑工程部于 1965 年批准颁布了国家标准《建筑制图标准》（GBJ 9—65），其中"GB"表示国家级规范，"J"表示建筑，"9"表示编号，"65"表示颁布时间是 1965 年，后来由国家基本建设委员会将它修订成《建筑制图标准》（GBJ 1—73）。

1986 年，又在《建筑制图标准》（GBJ 1—73）的基础上，将房屋建筑方面各专业的通用部分进行了必要的修改和补充，由国家计划委员会批准颁布了《房屋建筑制图统一标准》（GBJ 1—86），还将原标准中的各专业部分分别另行编制配套的专业制图标准，包括《总图制图标准》（GBJ 103—87）、《建筑制图标准》（GBJ 104—87）等。

2000 年，建设部将《房屋建筑制图统一标准》（GB/T 50001—2001）、《建筑制图标准》（GB/T 50104—2001）等修订为国家标准，其中"GB/T"表示推荐性国家标准，标准的年号用 4 位数字表示。

2010 年，《房屋建筑制图统一标准》（GB/T 50001—2010）、《建筑制图标准》（GB/T 50104—2010）等发布。我国当前使用的最新的房屋建筑工程方面的制图标准是住房和城乡建设部于 2017 年发布的《房屋建筑制图统一标准》（GB/T 50001—2017），在 2018 年 5 月 1 日起施行。

模块八　建筑施工图

【模块概述】

建筑施工图一般包括建筑首页图、总平面图、建筑平面图、建筑立面图、建筑剖面图及建筑详图，本模块重点讲解识读和绘制建筑施工图的方法和技巧。

【知识目标】

1. 熟悉建筑施工图的组成和各部分的主要内容。
2. 熟悉建筑施工图的常用图例和尺寸要求。
3. 掌握建筑施工图的识图要点和绘制方法。

【能力目标】

1. 能够分析建筑施工图的信息。
2. 能够抄绘简单的建筑施工图。

【素质目标】

1. 培养学习新知识的能力。
2. 培养良好的空间想象能力。
3. 培养严肃认真的工作态度和耐心细致的工作作风。

建筑物是供人们生活、生产、工作、学习和娱乐的场所，与人们关系密切。将一幢拟建建筑物的内外形状和大小，以及各部分的结构、构造、装饰、设备等内容，按照有关规范的规定，用正投影方法详细准确地画出图纸，用以指导施工，这些图纸就是建筑施工图。建筑施工图是表示建筑物的总体布局、外部造型、内部布置、细部构造做法、内外装饰、固定设施和施工要求的图纸，是房屋施工放线、砌筑、安装门窗、室内外装修和编制施工概（预）算及施工组织设计的主要依据。本模块对建筑施工图的组成、图示内容等进行系统、详细的阐述。

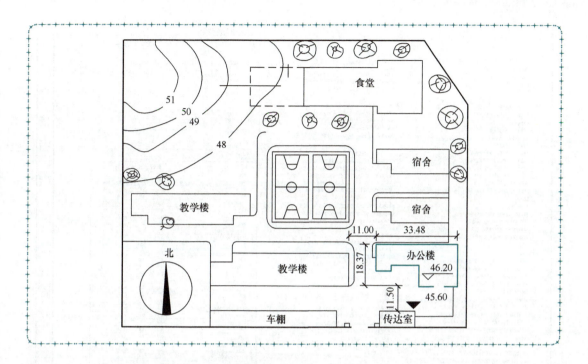

任务一　建筑首页图及总平面图

学习目标

1. 熟悉建筑首页图和总平面图的内容。
2. 掌握建筑总平面图的识读方法。

任务描述

1. 识读拟建建筑的数量、朝向、层数。
2. 识读拟建建筑周围道路、绿化情况。

相关知识

想要正确识读建筑平面图,应了解建筑平面图包含的内容、常用图例以及标高的表示方法。

一、建筑首页图

建筑首页图是一套建筑施工图的第一页图纸,其内容包括图纸目录、建筑设计说明、工程做法表、门窗表等,有时还将总平面图也放在建筑首页图中,如图8.1-1所示。

1. 图纸目录

图纸目录如同一本书的目录,起编排图纸顺序的作用,说明该项工程是由哪几个工种的

建筑工程识图

图 8.1-1　建筑首页图（示意）

图纸所组成的，一般设置为表格形式，一项工程少则几十张图样，多则上百张图纸，为便于查找图纸，应统计各工程图纸的名称、张数和幅面大小，进行顺序编号，并编制图纸目录，以方便了解该工程的图纸内容以及对应的图纸编号。有时，图纸大小也反映在图纸目录中。图 8.1-2 为某工程的图纸目录。

2. 建筑设计说明

建筑设计说明是建筑施工图的主要文字部分。建筑设计说明主要是对建筑施工图中未能详细表达或不易用图形表达的内容等采用文字或图表形式加以说明。建筑设计说明反映该工程的工程概况及总体施工要求。

建筑设计说明中的内容一般包括施工图的主要设计依据；工程概况（工程名称、建设地点、建筑面积、建筑层数、工程地质条件、设计使用年限、抗震设防等级、耐火等级、屋面防水等级、本项目的相对标高与总图绝对标高的对应关系等）；结构类型，主要结构的施工方法；室内外的用料说明、装修及做法（必要时可单独列出装修表）；采用新材料、新技术的做法说明；施工项目的技术要求；对图样上未能详细注写的用料、做法或需要统一说明的问题进行详细说明；使用或套用标准图集的图集代号等。其中，设计依据一般是指该项目施工图设计的依据性文件、上级批文和相关设计规范等。

3. 工程做法表

工程做法表是对建筑物各部位的构造、做法、层次、选材、尺寸、施工要求等的备注说明，是现场施工和备料、施工监理、工程预（决）算的重要技术文件，如图 8.1-3 所示。

模块八 建筑施工图

序号	图样的内容	图别	备注	序号	图样的内容	图别	备注
1	建筑设计说明、门窗表、工程做法表	建施1		19	给水排水设计说明	水施1	
2	总平面图	建施2		20	一层给水排水平面图	水施2	
3	一层平面图	建施3		21	楼层给水排水平面图	水施3	
4	二~六层平面图	建施4		22	给水系统图	水施4	
5	地下室平面图	建施5		23	排水系统图	水施5	
6	屋顶平面图	建施6		24	采暖设计说明	暖施1	
7	南立面图	建施7		25	一层采暖平面图	暖施2	
8	北立面图	建施8		26	楼层采暖平面图	暖施3	
9	侧立面图、剖面图	建施9		27	顶层采暖平面图	暖施4	
10	楼梯详图	建施10		28	地下室采暖平面图	暖施5	
11	外墙详图	建施11		29	采暖系统图	暖施6	
12	单元平面图	建施12		30	一层照明平面图	电施1	
13	结构设计说明	结施1		31	楼层照明平面图	电施2	
14	基础图	结施2		32	供电系统图	电施3	
15	楼层结构平面图	结施3		33	一层弱电平面图	电施4	
16	屋顶结构平面图	结施4		34	楼层弱电平面图	电施5	
17	楼梯结构图	结施5		35	弱电系统图	电施6	
18	雨篷配筋图	结施6					

图 8.1-2 图纸目录

编号	名称		施工部位	做法	备注
1	外墙面	干粘石墙面	见立面图	98J1 外 10-A	内抹保温砂浆 30mm 厚
		瓷砖墙面	见立面图	98J1 外 22	—
		涂料墙面	见立面图	98J1 外 14	—
2	内墙面	乳胶漆墙面	用于砖墙	98J1 内 17	楼梯间墙面抹 30mm 厚保温砂浆
		乳胶漆墙面	用于加气混凝土墙	98J1 内 19	
		瓷砖墙面	仅用于厨房、卫生间阳台	98J1 内 43	规格及颜色由甲方定
3	踢脚	水泥砂浆踢脚	厨房及卫生间不做	98J1 踢 2	—
4	地面	水泥砂浆地面	用于地下室	98J1 地 4-C	—
5	楼面	水泥砂浆楼面	仅用于楼梯间	98J1 楼 1	
		铺地砖楼面	仅用于厨房及卫生间	98J1 楼 14	规格及颜色由甲方定
		铺地砖楼面	用于客厅、餐厅、卧室	98J1 楼 12	规格及颜色由甲方定
6	顶棚	乳胶漆顶棚	所有顶棚	98J1 棚 7	—
7	油漆	—	用于木件	98J1 油 6	
		—	用于金属件	98J1 油 22	
8	散水	—	—	98J1 散 3-C	宽度 1000mm
9	台阶	—	用于楼梯入口处	98J1 台 2-C	
10	屋面	—	—	98J1 屋 13（A.80）	—

图 8.1-3 工程做法表（示意）

若采用标准图集中的做法,应注明标准图集的代号,以便查找。

4. 门窗表

门窗表是对建筑物上所有不同类型的门窗的统计表格,作为施工及预算的依据。门窗表应反映门窗的编号、类型、尺寸、数量、选用的标准图集编号等信息。

二、总平面图

1. 总平面图的形成和作用

总平面图是将新建工程四周一定范围内的新建、扩建、原有和拆除的建筑物、构筑物连同其周围的地形、地物状况用水平投影的方法和相应的图例在有等高线或坐标方格的地形图上画出的图样,如图8.1-4所示。

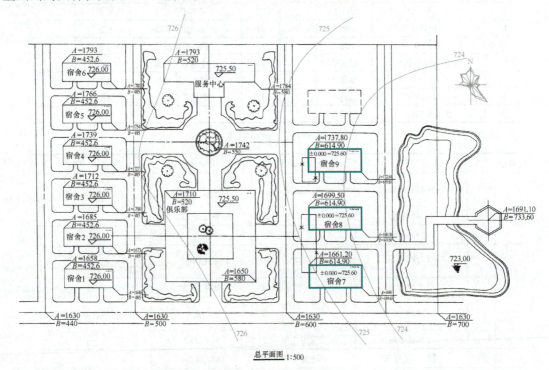

图8.1-4 总平面图

总平面图是表明新建房屋基地所在范围内总体布置的图样,主要表达新建房屋的位置和朝向,与原有建筑物的关系,周围道路、绿化布置及地形地貌等内容。总平面图是新建房屋定位、土方施工以及绘制水、暖、电等管线总平面图和施工总平面图的依据。

2. 总平面图中的常用图例

由于总平面图的比例较小,故总平面图上的房屋、道路、桥梁、绿化等都用图例表示。《总图制图标准》(GB/T 50103—2010)中列出了总平面图中的常用图例(表8.1-1),在较复杂的总平面图中,如用了制图标准中没有的图例,应在图纸中的适当位置绘出新增加的图例。

模块八　建筑施工图

表 8.1-1　总平面图中的常用图例

序号	名称	图例	备注
1	新建建筑物	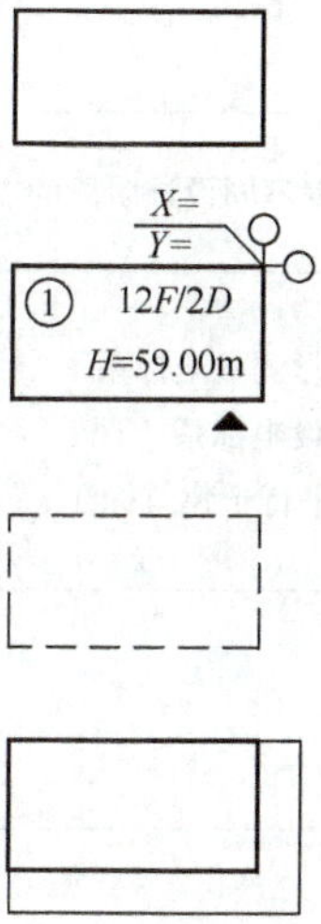 ① 12F/2D H=59.00m（粗实线轮廓；粗虚线轮廓；带外挑的轮廓）	新建建筑物以粗实线表示与室外地坪相接处 ±0.00 外墙定位轮廓线 建筑物一般以 ±0.00 高度处的外墙定位轴线交叉点坐标定位。轴线用细实线表示，并标明轴线号 根据不同设计阶段标注建筑编号，地上、地下层数，建筑高度，建筑出入口位置（两种表示方法均可，但同一图纸采用一种表示方法） 地下建筑物以粗虚线表示其轮廓 建筑上部（±0.00 以上）外挑建筑用细实线表示 建筑物上部连廊用细虚线表示并标注
2	原有建筑物	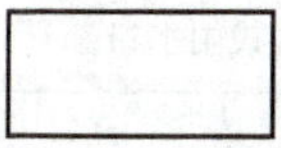	用细实线表示
3	计划扩建的建筑物或预留地		用中粗虚线表示
4	要拆除的建筑物	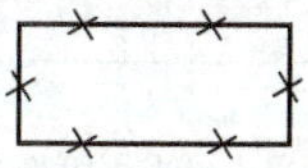	用细实线表示
5	建筑物下面的通道	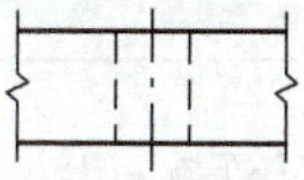	—
6	散状材料露天堆场	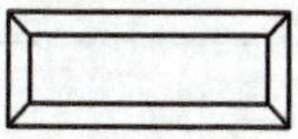	需要时可注明材料名称
7	其他材料露天堆场或露天作业场	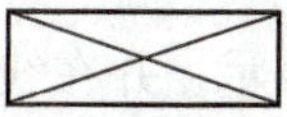	需要时可注明材料名称
8	铺砌场地	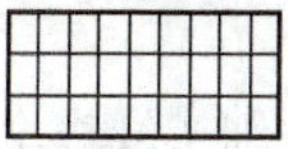	
9	烟囱		实线为烟囱下部直径，虚线为基础，必要时可注写烟囱高度和上下口直径
10	台阶及无障碍坡道	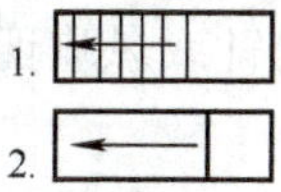 1. ； 2.	1. 表示台阶（级数仅为示意） 2. 表示无障碍坡道

(续)

序号	名称	图例	备注
11	围墙及大门	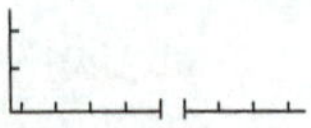	—
12	挡土墙	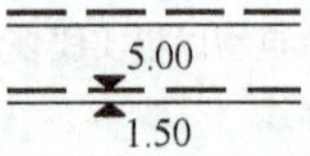 5.00 / 1.50	挡土墙根据不同设计阶段的需要标注
13	坐标	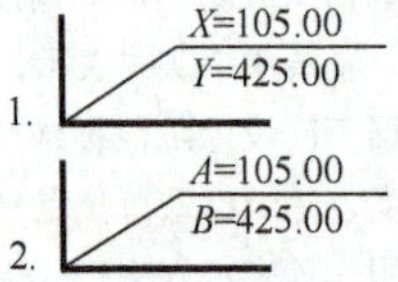 1. $X=105.00$ $Y=425.00$ 2. $A=105.00$ $B=425.00$	1. 表示地形测量坐标系 2. 表示自设坐标系 坐标数字平行于建筑标注
14	填挖边坡	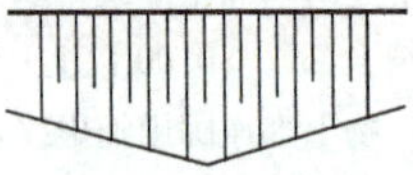	—
15	雨水口	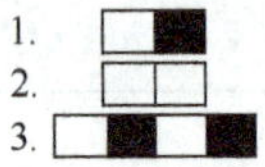 1. 2. 3.	1. 雨水口 2. 原有雨水口 3. 双落式雨水口
16	消火栓井		—
17	室内地坪标高	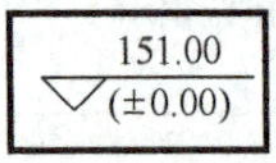 151.00 (±0.00)	数字平行于建筑物书写
18	室外地坪标高	 ▼143.00	室外标高也可采用等高线
19	地下车库入口	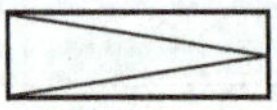	机动车停车场

3. 总平面图的图示内容及识图要点

（1）总平面图的图示内容

1）新建、拟建建筑物。拟建建筑物用粗实线框表示，并在线框内用数字或小黑点表示建筑层数。总平面图的主要任务之一是确定新建建筑物的位置，通常是利用原有建筑物、道路等来定位的。

2）图线。粗实线表示新建建筑物的可见轮廓线；细实线表示原有建筑物、构筑物、道路、围墙等可见轮廓线；中虚线表示计划扩建建筑物、构筑物、预留地、道路、围墙、运输设施、管线的轮廓线；细单点长画线表示中心线、对称线、定位轴线；折断线表示与周边的分界。

3）层数。房屋的楼层数用建筑物图形右上角的小黑点或数字表示。

4）朝向。新建房屋的朝向可由总平面图中的指北针或风玫瑰图确定，具体规范画法见模块七任务二。

模块八　建筑施工图

5) 标高。在总平面图中,标高注写到小数点以后第二位,且表示绝对标高,在室外绝对标高中将标高符号涂黑,其符号表达如图 8.1-5 所示。

图 8.1-5　标高符号及表示方法

> **特别提示:**
> 我国把青岛附近黄海平均海平面定为绝对标高的零点,其他各地相对于它的标高称为绝对标高。建筑施工图中,只有总平面图标注绝对标高。

6) 相邻、拆除建筑。相邻建筑用细实线框表示,并在线框内用数字或小黑点表示建筑层数。拆除建筑用细实线表示,并在细实线上打叉。

7) 周围道路环境。由于总平面图的比例相对较小,图中的道路、铁路、明沟等仅表示它们与建筑物的关系,不能作为施工的依据。在总平面图中需要标注道路、铁路和明沟等的中心控制点(包括转向点、交叉点、变坡点的位置、高程,以及道路的坡度、坡向),以此表示道路的标高与平面位置。

(2) 总平面图的识图要点

1) 识读图名、比例、图例及有关文字说明,了解用地功能和工程性质。总平面图由于所绘区域范围比较大,所以一般绘制时采用较小的比例。常用的比例有 1:500、1:1000、1:2000 等。

2) 识读总体布局和技术经济指标表,了解用地范围内建筑物和构筑物(新建、原有、拟建、拆除)、道路、场地和绿化等布置情况。

3) 识读新建工程,明确建筑类型、平面规模、层数。

4) 识读新建工程相邻的建筑、道路等周边环境。新建工程一般根据原有建筑或者道路来定位,应查找新建工程的定位依据,明确新建工程的具体位置和定位依据,了解新建工程四周的道路、绿化情况。

5) 识读指北针和风玫瑰图,可知该地区常年风向频率,明确新建工程的朝向。

6) 识读新建建筑底层室内地面、室外整平地面、道路的绝对标高,明确室内外地面高差,了解道路控制标高和坡度。

4. 总平面图识读实例

识读总平面图,并简单描述其布局情况,如图 8.1-6 所示。

描述某学校总平面图的布局情况:

157

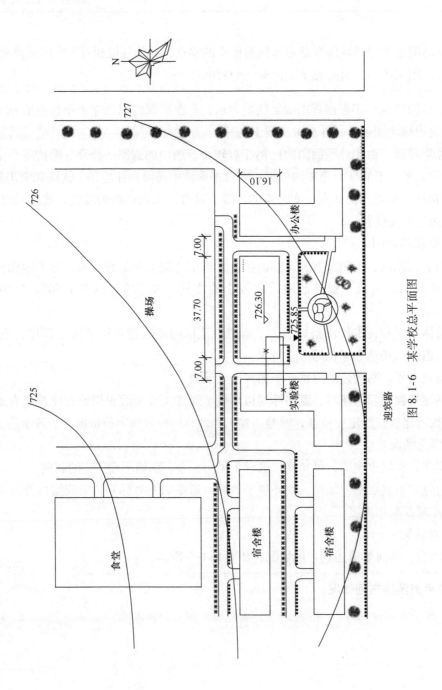

图 8.1-6 某学校总平面图

任务二　建筑平面图

学习目标

1. 了解建筑平面图的形成和作用。
2. 熟悉建筑平面图的常见图例、图示内容和要求。
3. 掌握建筑平面图的识读方法和要点。
4. 掌握建筑平面图的绘制方法与步骤。

任务描述

1. 正确识读建筑平面图中的图名、比例尺、轴线类型和尺寸。
2. 正确识读建筑平面图中的楼层信息、房间布局、楼梯疏散情况。
3. 正确识读建筑平面图中的门窗尺寸和位置、台阶和散水位置。
4. 正确识读建筑平面图中的屋面排水情况和女儿墙构造。

相关知识

为了能正确识读建筑平面图，应了解建筑平面图常见图例符号，掌握建筑平面图的识读方法。

一、建筑平面图的形成及作用

建筑平面图通常是用一个假想水平剖切面经过门窗洞口位置将房屋剖开，移去剖切平面以上的部分，将余下部分用直接正投影的方法投影到 H 面上而得到。即建筑平面图实际上是剖切位置位于门窗洞口处的水平剖面图，如图 8.2-1 所示。

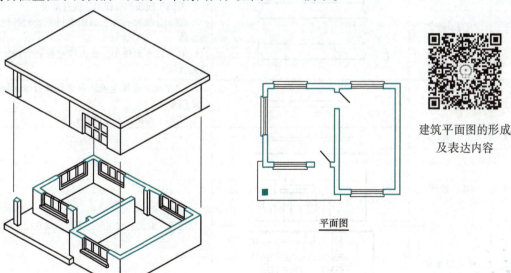

图 8.2-1　建筑平面图的形成

建筑工程识图

建筑平面图是建筑施工图的基本图样,表现房屋的平面形状、大小和布置;墙、柱的位置、尺寸和材料;门窗的类型和位置等。建筑平面图作为建筑设计、施工图纸的重要组成部分,它反映建筑物的功能需要、平面布局及其平面的构成关系,是决定建筑立面及内部结构的关键图纸。所以说,建筑平面图既是新建建筑物施工及施工现场布置的重要依据,也是设计及绘制给水排水、强电弱电、暖通设备等专业图纸的依据。

一般情况下,房屋有几层就应画几张平面图,并在图纸的下方标注相应的图名,如底层平面图、二层平面图……顶层平面图、屋顶平面图等。高层及多层建筑中存在着许多平面布局相同的楼层,它们可用一个平面图来表达,称为"标准层平面图"或"××层平面图"。

在底层平面图(一层平面图或首层平面图)中要画出室外台阶(坡道)、花池、散水、雨水管的形状及位置,室外地坪标高,建筑剖面图的剖切符号及指北针,而其他各层平面图不用表示这些信息。在二层平面图中除画出二层范围的投影内容之外,还应画出底层平面图无法表达的雨篷、阳台、窗楣等内容;三层及以上的平面图则只需画出本层的投影内容及下一层的窗楣、雨篷等下一层的平面图无法表达的内容。

建筑中间层平面图表达内容

二、建筑平面图的识读

1. 常见图例符号

由于建筑平面图的比例较小,因此某些内容无法用真实投影绘制,如门窗等一些尺度较小的建筑构件,可以使用图例来表示。图例应按《建筑制图标准》(GB/T 50104—2010)中的规定绘制,表8.2-1给出了建筑平面图常用构造及配件图例。

表8.2-1 建筑平面图常用构造及配件图例

序号	名称	图例	说明
1	墙体	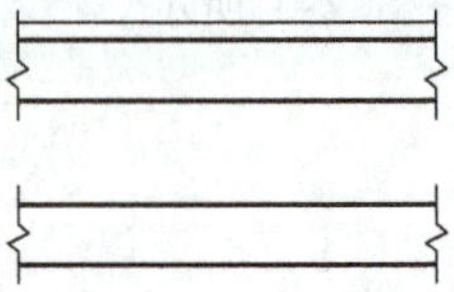	1. 上图为外墙,下图为内墙 2. 外墙细线表示有保温层或有幕墙 3. 应加注文字或涂色或图案填充表示各种材料的墙体 4. 在各层平面图中,防火墙宜着重以特殊图案填充表示
2	隔断		1. 加注文字或涂色或图案填充表示各种材料的轻质隔断 2. 适用于到顶与不到顶的隔断
3	栏杆		—
4	底层楼梯	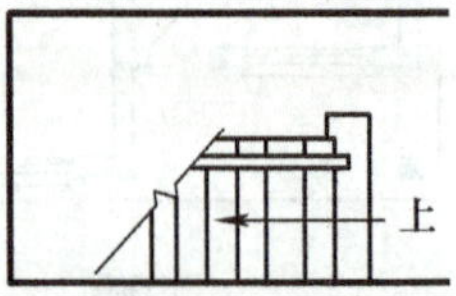	需设置靠墙扶手或中间扶手时,应在图中表示
5	中间层楼梯	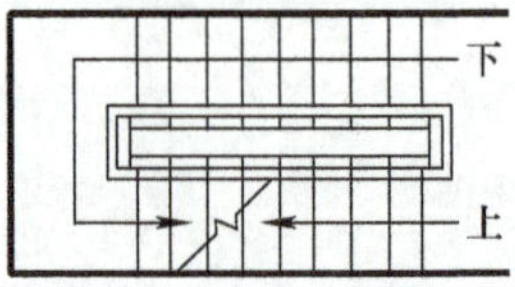	

模块八 建筑施工图

（续）

序号	名称	图例	说明
6	顶层楼梯	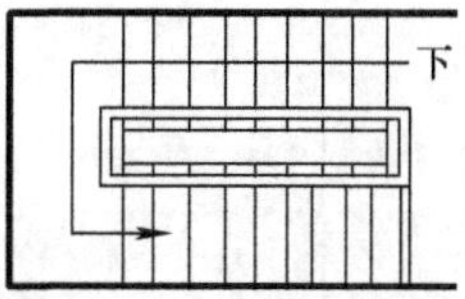	需设置靠墙扶手或中间扶手时，应在图中表示
7	长坡道	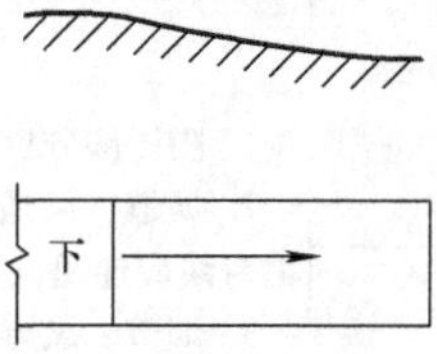	—
8	门口坡道	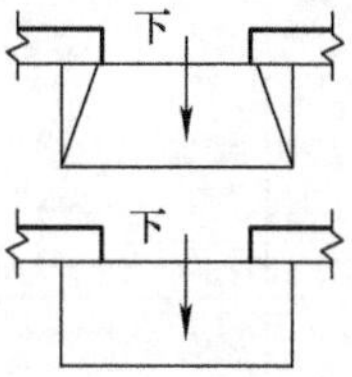	上图为两侧找坡的门口坡道，下图为两侧垂直的门口坡道
9	平面高差	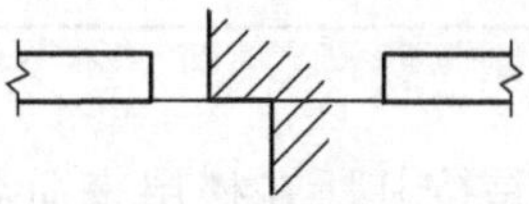	用于高差较小的地面或楼面交接处，并应与门的开启方向相协调
10	检查口	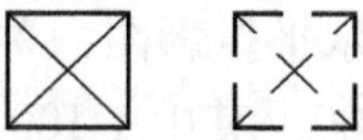	左图为可见检查口，右图为不可见检查口
11	孔洞		阴影部分也可填充灰度或涂色代替
12	坑槽		—
13	墙预留洞、槽	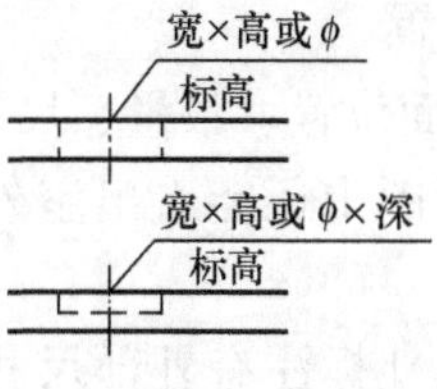	1. 上图为预留洞，下图为预留槽 2. 平面以洞（槽）中心定位 3. 标高以洞（槽）底或中心定位 4. 宜以涂色区别墙体和预留洞（槽）
14	地沟	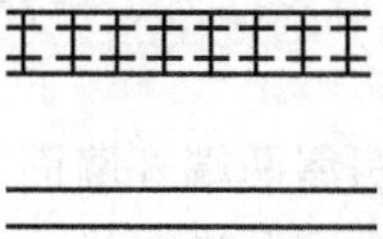	上图为有盖板地沟，下图为无盖板明沟

（续）

序号	名称	图例	说明
15	烟道	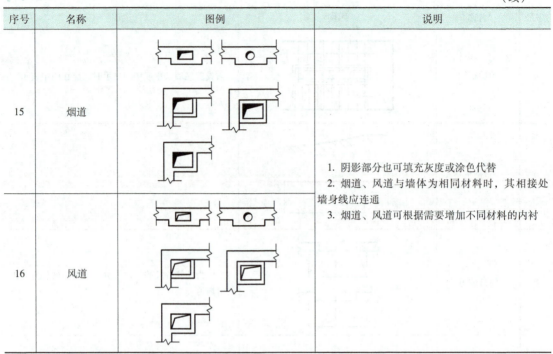	1. 阴影部分也可填充灰度或涂色代替 2. 烟道、风道与墙体为相同材料时，其相接处墙身线应连通 3. 烟道、风道可根据需要增加不同材料的内衬
16	风道		

2. 建筑平面图的图示内容和规定画法

（1）图名、比例　建筑平面图的图名，是按其所在楼层来命名的，如一层（或底层）平面图、二层平面图、顶层平面图等。当某些楼层布置相同时，可以只画出其中一个平面图，称其为标准层平面图。屋面需要专门绘制其水平投影图，称为屋顶平面图。

建筑平面图的常用比例是 1:50、1:100 或 1:200，其中 1:100 使用较多。

（2）定位轴线及其编号　在建筑平面图中应画出定位轴线，用来确定墙、柱、梁等承重构件的位置和房间的大小，并作为标注定位尺寸的基线，如图 8.2-2 所示。定位轴线的规定画法及要求见模块七任务二。

（3）朝向和平面布置　根据底层平面图上的指北针可以知道建筑物的朝向。建筑平面图可以反映出建筑物的平面形状和室内各个房间的布置、

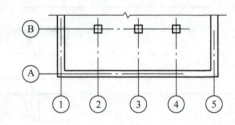

图 8.2-2　定位轴线

用途，还有出入口、走道、门窗、楼梯等的平面位置、数量、尺寸，以及墙、柱等承重构件的组成和材料等情况。除此之外，在底层平面图中还能看出室外台阶、散水、明沟、雨水管、花坛等的布置及尺寸。

（4）尺寸标注与标高　建筑平面图中的尺寸标注有外部尺寸和内部尺寸两种。通过尺寸的标注，可反映出建筑物房间的开间、进深，以及门窗、各种设备的大小和位置。建筑平面图中一般标注三道尺寸。

1）第一道尺寸：表示外轮廓的总尺寸，即房屋两端外墙面的总长、总宽尺寸。

2）第二道尺寸：表示轴线间的距离，表明开间及进深尺寸。

模块八 建筑施工图

3) 第三道尺寸：表示细部位置及结构大小，如门洞和窗洞的宽度、位置以及墙、柱的大小和位置等。

内部尺寸一般标注室内门窗洞口、墙厚、柱、砖垛和固定设备，如便器、盥洗池、吊柜等的大小、位置，以及墙、柱与轴线间的尺寸等。

在建筑平面图中，对于建筑物的各组成部分，如地面、楼面、楼梯平台、室外台阶、走道、阳台等处，由于它们的竖向高度不同，一般应分别标注标高。建筑平面图中的标高都是相对标高，标高基准面±0.000为本建筑物的首层主要入口处的室内地面标高。

（5）门窗的位置和编号 在建筑平面图中，反映了门窗的位置、洞口宽度及其与轴线的位置关系。为了便于识读，标准中规定门的名称代号用M表示，窗的名称代号用C表示，并要加以编号。编号可用阿拉伯数字按顺序编写，如M1、M2⋯和C1、C2⋯，也可直接采用标准图集上的编号。窗洞有凸出的窗台时，应在窗的图例上画出窗台的投影，用两条平行的细实线表示窗框及窗扇的位置。建筑首页图中一般附有门窗表，表中列出门窗的编号、尺寸、数量及所选的标准图集编号。

（6）剖切符号和索引符号 仅在底层平面图上标注剖切符号，它表明剖切平面的剖切位置、投射方向和编号，以便于与建筑剖面图对照查阅，图8.2-3所示为剖切符号示例。剖切符号的具体要求及规范画法见模块六任务二。

当图纸中的某一局部或构件无法表达清楚时，通常将其用较大的比例放大后画出详图。为了便于查找及对照识读，可通过索引符号和详图符号来反映基本图与详图之间的对应关系，详见表8.2-2，索引符号的规定画法及要求见模块七任务二。

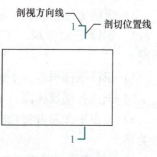

图8.2-3 剖切符号

表8.2-2 索引符号

名称	符号	说明
详图的索引符号	详图的编号 详图在本张图纸上 局部剖面详图的编号 剖面详图在本张图纸上	细实线，单圆圈直径应为10mm，详图在本张图纸上，剖开后从上往下投影
	详图的编号 详图所在的图纸编号 局部剖面详图的编号 剖面详图所在的图纸编号	详图不在本张图纸上，剖开后从下往上投影

（7）室内的装修做法 一般简单的装修可在平面图中直接用文字注明，复杂的装修需要另列材料做法说明或另外绘制装修图。

3. 识图注意要点

建筑平面图应按照"先浅后深、先粗后细"的方法以底层平面图→标准层平面图→屋顶平面图的顺序识读，同时要结合各部位详图系统、全面地识读。

（1）底层平面图识图要点

1）识读图名、比例及指北针，确定建筑物朝向。

2）识读定位轴线，了解建筑尺寸、柱网、结构形式。

3）识读平面布局，了解楼层、房间布局，以及交通疏散（走道、楼梯、电梯等）情况。

4）识读门窗布置，了解建筑物出入口、室内平面布置情况。

5）识读室外地坪、室内标高，了解建筑首层高度情况。

6）识读首层所在的台阶、散水、管道井等的布置及定位。

7）识读剖切符号，对照建筑剖面图识读。

（2）标准层平面图识图要点

1）识读图名、比例。

2）识读定位轴线，了解建筑尺寸、柱网、结构形式。

3）识读平面布局，了解楼层、房间布局，结合底层平面图熟悉各楼层的交通疏散情况。

4）识读细部构造，了解管道井、预留孔洞的布置及定位情况。

5）识读各楼层标高，了解各楼层高度情况。

6）屋顶平面图有特殊构造时（带屋顶花园、大露台等），还要特别注意其与下部楼层的关系。

（3）屋顶平面图识图要点

1）识读图名、比例。

2）识读屋顶的排水情况：排水方式、排水坡度、檐沟位置、雨水管的位置及数量等。

3）识读屋顶细部构造，了解上人孔、通风道等预留孔洞情况。

4）识读屋顶变形缝、女儿墙、排气口、檐沟等构造节点的位置及索引符号，识读标准详图。

三、建筑平面图识读实例

识读某办公楼一层平面图、标准层平面图和屋顶平面图，如图 8.2-4 所示。

简述图 8.2-4 所示建筑平面图的布置情况：

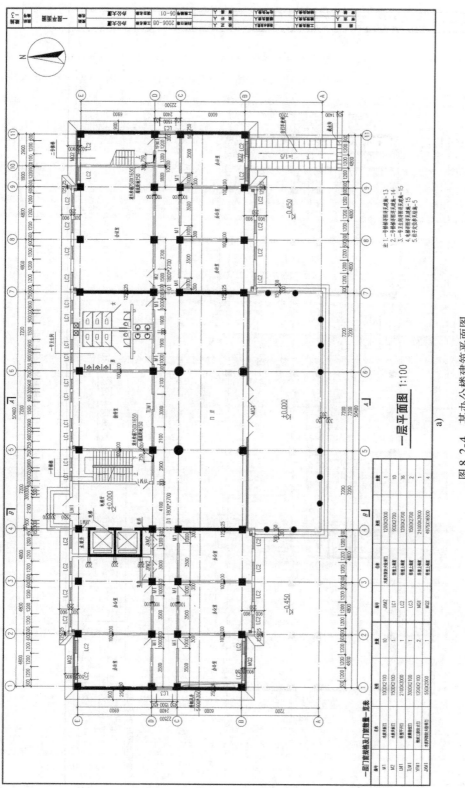

图 8.2-4 某办公楼建筑平面图
a) 一层平面图

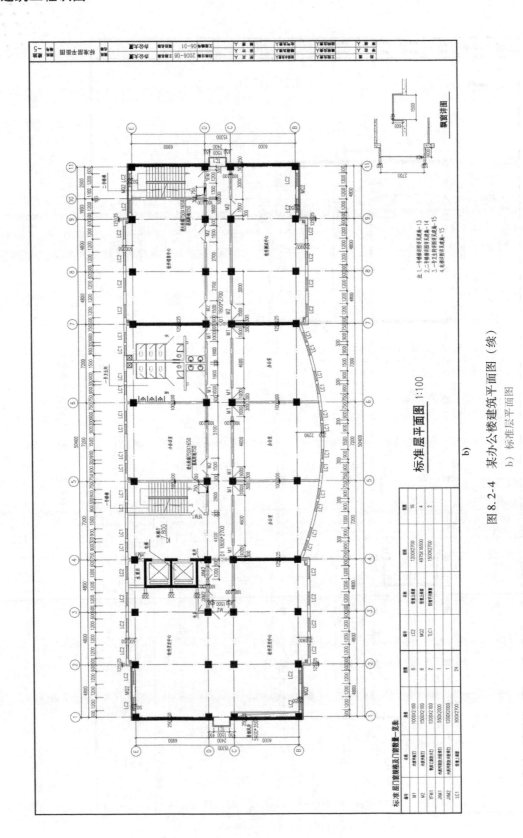

图 8.2-4 某办公楼建筑平面图（续）
b) 标准层平面图

模块八 建筑施工图

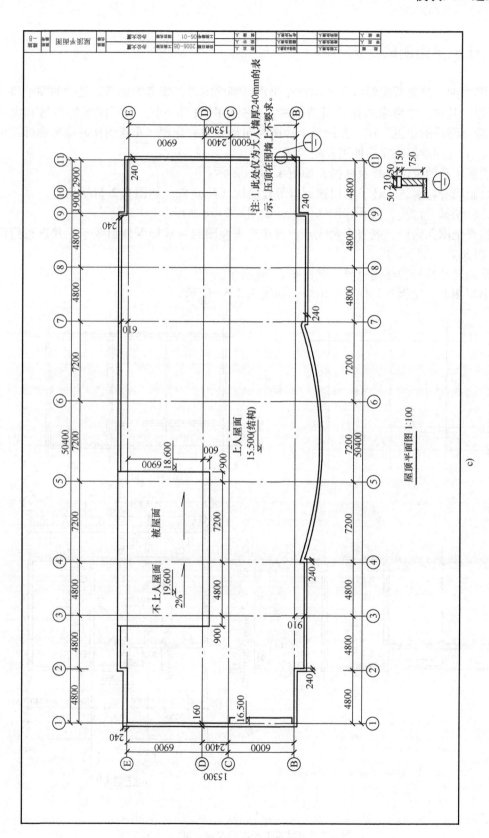

图 8.2-4 某办公楼建筑平面图（续）
c）屋顶平面图

四、建筑平面图的绘图步骤

在绘图之前，首先考虑要画哪些图；在决定画哪些图时，要考虑如何以最少的图纸将房屋表达清楚。其次，要考虑选择适当的比例，并决定图幅的大小。有了图纸的数量和大小后，最后考虑图样的布置。在一张图纸上，图样布局要匀称合理，布置图样时应考虑标注尺寸的位置。上述问题解决完后便可开始绘图。

1）绘制墙身的定位轴线及柱网，如图 8.2-5a 所示。
2）绘制墙身轮廓线、柱子、门窗洞口等建筑构（配）件，如图 8.2-5b 所示。
3）绘制楼梯、台阶、散水等细部位置，如图 8.2-5c 所示。
4）检查全图无误后，擦去多余线条，按建筑平面图的要求加深加粗线条，并进行门窗编号，如图 8.2-5d 所示。
5）绘制尺寸符号和标高符号，如图 8.2-5d 所示。
6）书写图名、比例及其他文字内容，如图 8.2-5d 所示。

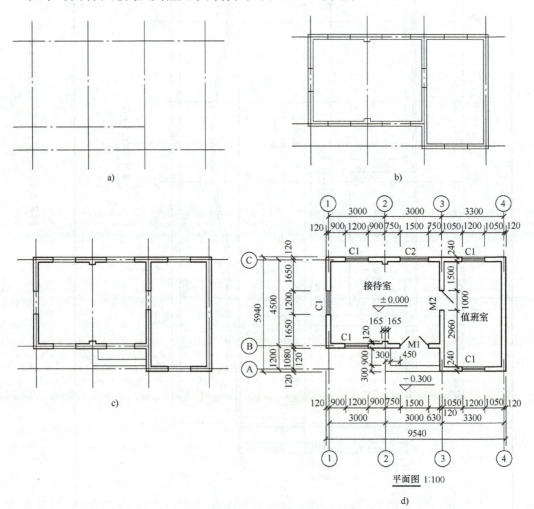

图 8.2-5　建筑平面图的绘制步骤

模块八　建筑施工图

任务三　建筑立面图

学习目标

1. 了解建筑立面图的形成和命名。
2. 熟悉建筑立面图的图示内容和线型要求。
3. 掌握建筑立面图的识读方法和要点。
4. 掌握建筑立面图的绘制方法与步骤。

任务描述

1. 正确识读建筑立面图中的总高，以及室外地坪、门窗洞口、挑檐等有关部位的标高。
2. 正确识读建筑立面图中外墙门窗的种类、形式、数量和位置。
3. 正确识读建筑立面图中雨篷、阳台的尺寸、标高，以及外墙面装修做法。

相关知识

为了能正确识读建筑立面图，应了解建筑立面图的命名，掌握建筑立面图的识读方法。

一、建筑立面图的形成、用途及命名

建筑立面图是用直接正投影方法将建筑各个墙面进行投影所得到的正投影图，如图 8.3-1 所示。某些平面形状曲折的建筑物，可绘制展开立面图；圆形或多边形平面的建筑物，可分段展开绘制立面图，但均应在图名后加注"展开"二字。

建筑立面图的形成及表达内容

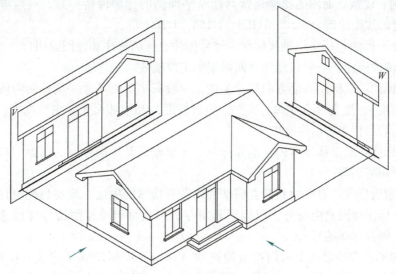

图 8.3-1　建筑立面图的形成

建筑工程识图

建筑立面图主要用来表达房屋的外部造型、门窗位置及形式，以及墙面、阳台、雨篷等部分的材料和做法。

建筑立面图可用朝向命名，立面朝向哪个方向就称为哪个方向立面图，如图 8.3-2 所示；也可用外貌特征命名，其中反映主要出入口或比较显著地反应房屋外貌特征的那一面的立面图，称为正立面图，其相反方向的称为背立面图，还有左、右两侧的侧立面图；对于有定位轴线的建筑物可以用立面图上的首尾轴线命名，如①~⑩立面图。

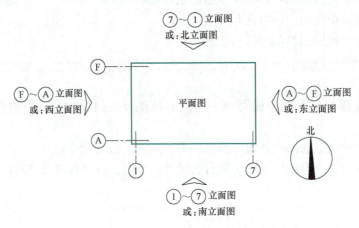

图 8.3-2　建筑立面图的命名

二、建筑立面图的识读

1. 建筑立面图的图示内容及规定画法

（1）图线　建筑立面图中，最外轮廓线用粗实线绘制；地坪线用特粗线绘制；门窗洞、阳台、台阶等轮廓线用中实线绘制；门窗分格线、墙面装饰线、尺寸线、标高符号用细实线绘制；定位轴线用细单点长画线绘制。

（2）比例　建筑立面图的比例通常与建筑平面图的比例保持一致，一般根据建筑规模的大小来确定，常用比例为 1:50、1:100、1:150、1:200 等。

（3）标注　标注包括定位轴线标注、尺寸标注、标高标注和详图索引标注等。

1）定位轴线标注：一般只标注立面两端的定位轴线。

2）尺寸标注：以标注高度方向尺寸为主，一般标注 3 道尺寸，从外向内依次是建筑总高度（建筑高度）、层高（含室内外高差、檐口高度）和细部尺寸（窗台高度、门窗洞口高度、门窗洞上沿到相邻楼面层高度等）。

3）标高标注：通常标注室内外地面标高、各层楼面及屋面标高、门窗洞口标高、雨篷底部及檐口顶面标高等。

4）详图索引标注：有些建筑的立面细部构造有特殊的做法，需要另配设计详图，则需要在立面图上标注详图索引符号，以说明其所在的图纸页码及详图编号（或选用的标准图集的编号、页码及详图编号）。

（4）外部形状和外墙面上的门窗及构造物　建筑立面图反映了建筑立面形式和外貌，以及屋顶、烟囱、水箱、檐口（挑檐）、门窗、台阶、雨篷、阳台（外走廊）、腰线、窗台、雨水斗、雨水管、空调板（架）等的位置、尺寸和外形构造情况。在建筑立面图中除了能反映出门窗的位置、高度、数量、立面形式外，还能反映出门窗的开启方向：细实线表示外开，细虚线表示内开。

（5）文字说明　文字说明主要用于立面装修选材、图块分格的说明。另外，颜色较复杂的建筑立面需要进行文字标注，主要说明外墙装饰名称、建筑材料及颜色，标注时需要配有引出线加以定位。

2. 识图要点

1）识读立面图的名称和比例，可与平面图对照识读以明确立面图表达的是房屋哪个方向的立面。

2）分析立面图图形的外轮廓，了解建筑物的立面形状。

3）识读标高，了解建筑物的总高，以及室外地坪、门窗洞口、挑檐等有关部位的标高。

4）参照平面图及门窗表，综合分析外墙门窗的种类、形式、数量和位置。

5）了解立面上的细部构造，如台阶、雨篷、阳台等。

6）识读立面图上的文字说明和符号，了解外墙装饰的材料和做法，了解索引符号的标注及其部位，以便和相应的详图对照识读。

三、建筑立面图识读实例

识读某办公楼建筑立面图，如图 8.3-3 所示。

简述图 8.3-3 所示建筑立面图的布置情况：

四、建筑立面图的绘图步骤

建筑立面图的绘图步骤如下：

1）画室外地坪线，以及门窗洞口、檐口、屋脊等的高度线，并由平面图定出门窗洞口的位置，画墙（柱）身的轮廓线，如图 8.3-4a 所示。

2）画勒脚线，以及台阶、窗台、屋面等细部，如图 8.3-4b 所示。

3）画门窗分隔线、材料符号，并标注尺寸和轴线编号，如图 8.3-4c 所示。

4）加深图线，并标注尺寸数字、书写文字说明，如图 8.3-4c 所示。

特别提示：
在立面图中不画出各层楼地面的线条（不可见）。

建筑工程识图

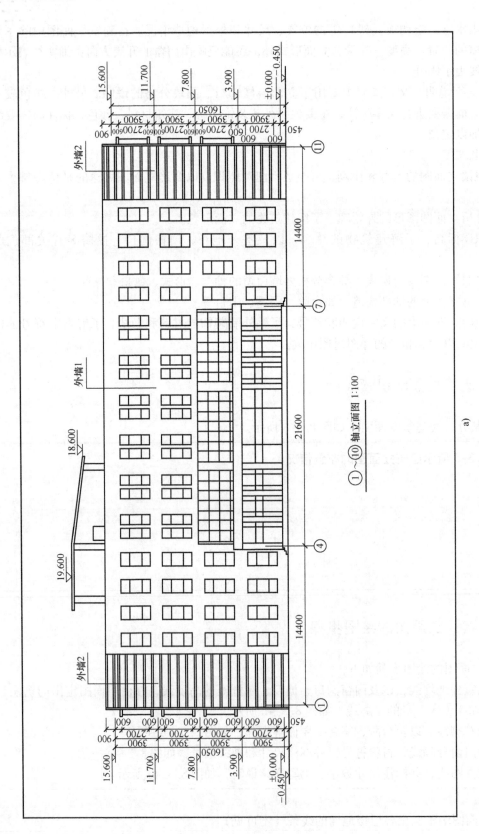

图 8.3-3 某办公楼建筑立面图
a)

模块八 建筑施工图

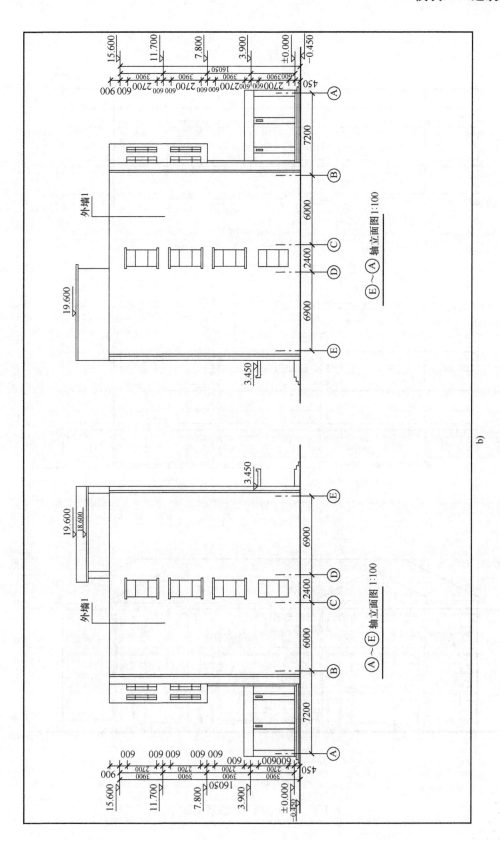

图 8.3-3 某办公楼建筑立面图（续）
b）

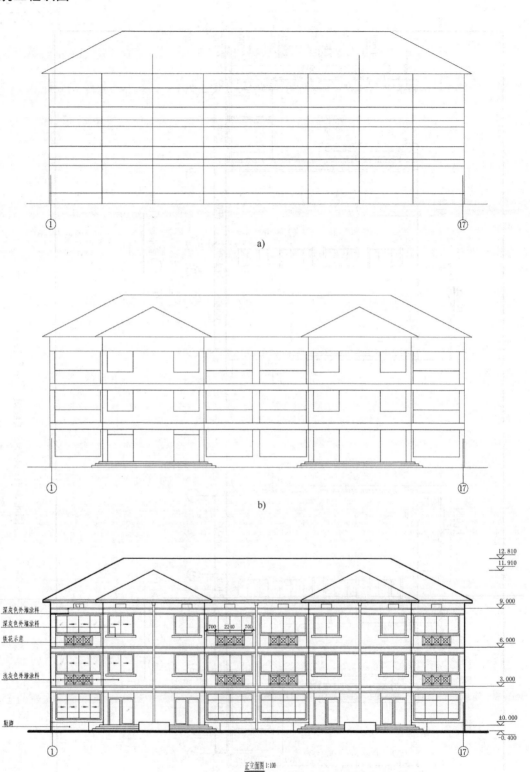

图 8.3-4 建筑立面图的绘制步骤

模块八 建筑施工图

任务四　建筑剖面图

学习目标

1. 了解建筑剖面图的形成。
2. 掌握建筑剖面图的图示内容和规定画法。
3. 掌握建筑剖面图的识读方法和要点，能结合建筑平面图、建筑立面图识读建筑剖面图。
4. 掌握建筑剖面图的绘制方法与步骤。

任务描述

1. 正确识读建筑剖面图的剖切位置和投射方向。
2. 正确识读建筑剖面图中楼地面、屋面的内部构造形式及各层楼面、屋面与墙的关系。

相关知识

为了能正确识读建筑剖面图，应了解建筑剖面图的形成、剖切位置和投射方向，掌握建筑剖面图的识读要点。

一、建筑剖面图的形成、用途及命名

用一个或一个以上且相互平行的铅垂剖切平面剖切建筑物，得到的剖面图称为建筑剖面图，简称剖面图，如图 8.4-1 所示。建筑剖面图实质上就是一个垂直的剖视图。

建筑剖面图的形成

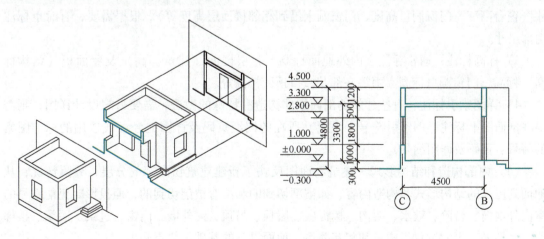

图 8.4-1　建筑剖面图的形成

建筑工程识图

根据建筑物的实际情况和施工需要，剖面图有横剖面图和纵剖面图。横剖面图是指剖切平面平行于横轴线得到的剖面图，纵剖面图是指剖切平面平行于纵轴线得到的剖面图。建筑施工图中的剖面图大多数是横剖面图。

剖面图的剖切位置应选择在建筑物内部结构和构造比较复杂或有代表性的部位，其数量应根据建筑物的复杂程度和施工的实际需要确定。

对于多层建筑，一般至少要有一个通过楼梯间剖切的剖面图。如果用一个剖切平面不能满足要求，可采用转折剖切的方法进行剖切，但一般只转折一次。建筑剖面图主要用于表示建筑内部的结构构造，垂直方向的分层情况，各层楼地面、屋顶的构造及相关尺寸、标高等。

建筑剖面图的图名一般与对应的剖切符号的编号名称相同，如 1—1 剖面图、$A—A$ 剖面图等，表示剖面图的剖切位置和投射方向的剖切符号与编号在底层平面图上。

二、建筑剖面图的识读

1. 建筑剖面图的图示内容及规定画法

（1）图样　图样应包括剖切平面和投射方向可见的建筑构造、构（配）件。其中，被剖切构件截面的轮廓线（墙体、梁、板等）用粗实线表示，门窗用相关图例表示，构造层用细实线表示；可见的建筑构造、构（配）件均用细实线表示；室内外地坪用加粗实线表示。

（2）比例　建筑剖面图的比例通常与建筑平面图相同，常用的有 1:50、1:100、1:150、1:200 等。

（3）标注　标注包括定位轴线标注、尺寸标注、标高标注和详图索引标注等。

1）定位轴线标注：一般标注两端定位轴线，有时也标注中间定位轴线。

2）尺寸标注：建筑剖面图的尺寸标注与建筑立面图相同，也是标注 3 道高度方向尺寸，从外向内依次是建筑总高度（建筑高度）、层高（含室内外高差、檐口高度）和细部尺寸（窗台高度、门窗洞口高度、门窗洞上沿到相邻楼面层高度等）。根据需要，有时也标注内部尺寸。

3）标高标注：通常标注室内外地面标高、各层楼面（建筑标高）及屋面板（结构标高）标高、门窗洞口标高、雨篷底部及檐口顶面标高等。

4）详图索引标注：有些建筑的剖面细部构造有特殊的做法，需要另配设计详图，则需要在剖面图上标注详图索引符号，说明其所在的图纸页码及详图编号（或选用的标准图集的编号、页码及详图编号）。

（4）内部构造和结构形式　建筑剖面图反映了新建建筑物内部的分层、分隔情况，从地面到屋顶的结构形式和构造内容，如被剖切到的和没有被剖切到的，但投影时仍能看见的室内外地面、台阶、散水、明沟、楼板层、屋顶、吊顶、内外墙、门窗、过梁、圈梁、楼梯段、楼梯平台等的位置、构造和相互关系。地面以下的基础一般不画出。

（5）未被剖切到的可见的构（配）件　在剖面图中，主要表达的是剖切到的构（配）

件的构造及其做法，对于未剖切到的可见的构（配）件，也是剖面图中不可缺少的部分，但不是表现的重点，常用细实线来表示，其表达方式与立面图中的表达方式基本一样。

（6）表示楼地面、屋顶各层的构造　一般可用多层共用引出线的形式说明楼地面、屋顶的构造层次和做法。如果另画详图或已有构造说明，如工程做法表，则在剖面图中用索引符号引出说明。

2. 识图要点

1）根据剖切符号，结合平面图，了解剖面图的剖切位置。

2）对照底层平面图，找到剖切位置及投射方向，由剖切位置结合各层平面图分析剖切内容。

3）了解房屋从地面到屋面的内部构造形式及各层楼面、屋面与墙的关系。

4）了解图中的细部尺寸及标高，明确图中各部位的高度尺寸；比较细部尺寸是否与平面图、立面图中的尺寸完全一致。

5）比较内外装饰做法与材料是否与平面图、立面图一致。

三、建筑剖面图识读实例

识读某办公楼建筑剖面图，如图 8.4-2 所示。

简述图 8.4-2 所示建筑剖面图所表达的内容：

四、建筑剖面图的绘图步骤

建筑剖面图的绘图步骤如下：

1）绘制室外地坪线、最外侧墙（柱）身的轴线和各部位的高度线，如图 8.4-3a 所示。

2）绘制墙身、门窗洞口及可见的主要轮廓线，如图 8.4-3b 所示。

3）绘制屋面、阳台、檐口、台阶等细部，如图 8.4-3c 所示。

4）检查无误后，擦去多余的线条，按要求加深、加粗线型；画尺寸线、标符号并注写尺寸和文字，完成全图，如图 8.4-3c 所示。

特别提示：
　　剖切符号绘制在一层建筑平面图上。

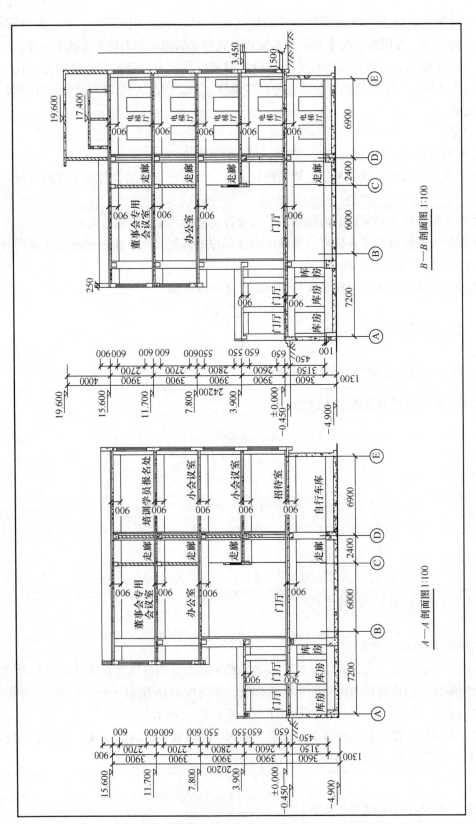

图 8.4-2 某办公楼建筑剖面图

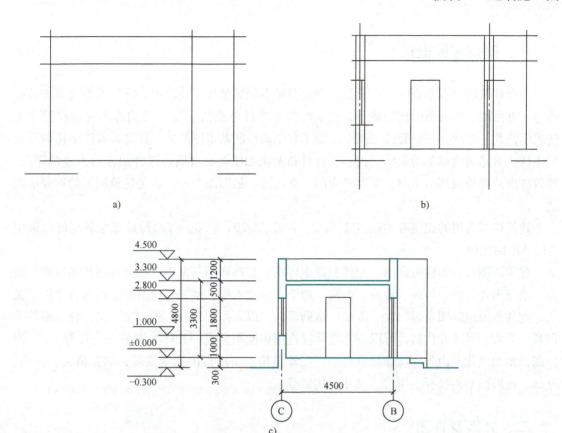

图 8.4-3 建筑剖面图的绘制步骤

任务五　建筑详图

学习目标

1. 了解建筑详图的种类。
2. 掌握外墙身详图的图示内容和规定画法。
3. 掌握楼梯平面图、剖面图及节点详图的形成过程及图示内容。
4. 掌握绘制楼梯详图的方法与步骤。

任务描述

1. 正确识读檐口、窗台、散水、勒脚的形状、大小及构造情况。
2. 正确识读楼梯类型，梯段、休息平台的尺寸，楼梯踏面的宽度和踏步级数，以及栏杆、扶手的设置情况；正确识读楼梯上下行方向。

相关知识

应了解墙身详图和楼梯详图的组成内容，以及建筑详图的识读方法。

一、建筑详图概述

一个建筑物仅有平面图、立面图、剖面图是不能满足施工要求的，这是因为建筑物的平面图、立面图、剖面图的比例较小，建筑物的某些细部及构（配）件的详细构造和尺寸无法表示清楚。因此，在一套施工图中，除了有全局性的基本图样外，还必须有许多比例较大的图样，对建筑物细部的形状、大小、材料和做法加以补充说明，这种图样称为建筑详图。建筑详图是建筑细部施工图，是对平面图、立面图、剖面图的补充，是建筑施工的重要依据之一。

建筑详图常用的比例有 1:1、1:2、1:5、1:10、1:20、1:50，有的特殊部位甚至可以采用 2:1、5:1 的比例。

建筑详图可分为构造详图、配件和设施详图、装饰详图三大类。构造详图是指屋面、墙身、墙身内外饰面、吊顶、地面、地沟、地下工程防水层、楼梯等建筑部位的用料和构造做法。配件和设施详图是指门窗、幕墙、浴厕设施，以及固定的台、柜、架、桌、椅、池等的用料、形式、尺寸和构造，可以直接或间接选用标准图集或厂家样本图集（门窗等）。装饰详图是指为美化室内外环境和视觉效果，在建筑物上所进行的艺术处理，如花格窗、柱头、壁饰、地面图案的纹样、用材、尺寸和构造等。

二、外墙身详图

1. 外墙身详图的形成和作用

外墙身详图的剖切位置一般在门窗洞口部位，按 1:20 或 1:10 的比例绘制。外墙身详图主要表示地面、楼面、屋面与墙体的关系；表示散水、勒脚、窗台、檐口、女儿墙、天沟、排水口、雨水管的位置及构造做法。外墙身详图应与平面图、立面图、剖面图配合使用，是砌墙、室内外装修、门窗安装、编制施工预算以及进行材料估算等的重要依据。

2. 外墙身详图的内容

（1）墙脚部分　墙脚部分主要表示一层窗台以下部位，包括散水、防潮层、一层地面、踢脚等部分的形状、大小、材料及其构造。

（2）中间部分　中间部分主要表示楼板层、窗台、门窗过梁、围梁的形状、大小、材料及其构造情况，以及楼板、柱与外墙的关系等。

（3）檐口部分　檐口部分应表示出屋面、檐口、女儿墙及天沟等的形状、大小、材料及构造情况。

3. 外墙身详图的图示方法

（1）线型　外墙身详图的线型与建筑剖面图相同，剖切的结构构件（基础、墙体、首层地坪垫层、梁、楼板）轮廓线用粗实线，构造层（墙体内外抹灰层、楼地面及屋顶构造层）及配件（雨水管、雨水斗、雨水口等）轮廓线则为细实线，轮廓线内应画上建筑材料图例；剖切的门窗需要绘出可见的门窗框线和墙线。

模块八　建筑施工图

(2) 图名、比例　图名通常按照建筑构造名称和详图编号两种方式命名，外墙详图一般采用1∶10、1∶20的较大比例绘制，所以为节省图幅，通常采用折断画法，一般在窗洞中间处断开，绘成几个节点详图的组合形式。

(3) 标注　外墙身详图的标注重点在于标注构造细部尺寸，作为建筑构造施工的依据。

(4) 文字说明　图中常采用引出线并配以文字说明来标注构造做法。当详图中有多个构造层次时，常配以多层共用引出线来标注构造做法。

4. 识读要点

1) 识读图名和比例。
2) 根据详图符号和定位轴线确定墙体详图的具体位置。
3) 根据标高、各构（配）件图例确定其空间位置及相互关系。
4) 识读详细尺寸标注和构造做法。

> **特别提示：**
> 　　多层共用引出线应通过被引出的各层，文字说明宜注写在水平线的上方或注写在水平线的端部，说明的顺序应由上至下，并应与被说明的层次对应一致；如层次为横向排列，则由上至下的说明顺序应与由左至右的层次对应一致。

5. 外墙身详图识读实例

识读图8.5-1所示外墙身详图。

三、楼梯详图

1. 概念

楼梯是建筑物的垂直交通设施，由楼梯段、楼梯平台（楼层平台、休息平台）和栏杆、扶手三部分组成，如图8.5-2所示。其中，楼梯段由连续的踏步组成，踏步的水平面称为踏面，垂直面称为踢面。每段楼梯的踏步不应超过18阶，也不应少于3阶，楼梯级数为楼梯踏步数加1。

楼梯的组成

根据建筑的使用功能需要，楼梯有单跑直楼梯、双跑直楼梯、双跑平行楼梯、双合平行楼梯、双分平行楼梯、三跑楼梯、转角楼梯、螺旋楼梯、弧形楼梯、交叉式楼梯、剪刀式楼梯等形式，如图8.5-3所示。

2. 楼梯平面图

(1) 楼梯平面图的形成　楼梯平面图是用水平投影的方法绘制的，楼梯平面图是楼梯某位置上的一个水平剖面图，剖切位置与建筑平面图的剖切位置相同（其剖切位置设在比休息平台略低一点处，剖切后向下作投影）。楼梯平面图主要反映楼梯的外观、结构形式，楼梯中的平面尺寸及楼层和休息平台的标高等。一般情况下，楼层数有多少，就要绘制对应楼层的楼梯平面图，除首层和顶层平面图外，若中间各层楼梯做法完全相同，可作出标准层楼梯平面图。在一般情况下，楼梯平面图最少应绘制3张，即底层楼梯平面图、标准层楼梯平面图和顶层楼梯平面图，如图8.5-4所示。

楼梯平面图的形成

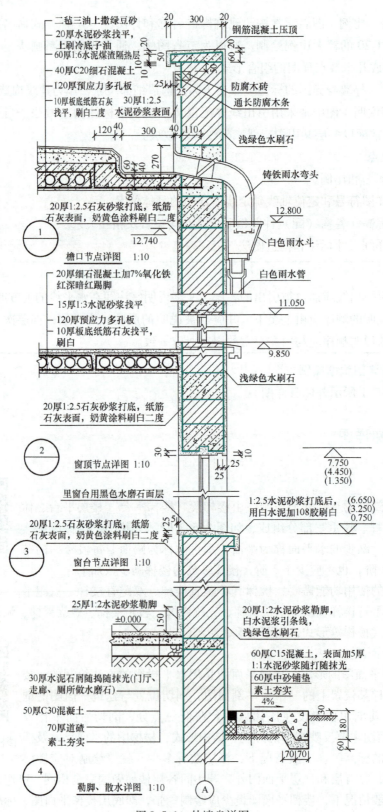

图 8.5-1 外墙身详图

模块八　建筑施工图

（2）楼梯平面图图示内容及识读要点

1）线型。楼梯平面图的线型与建筑平面图相同，剖切的结构构件（墙体、柱）轮廓线用粗实线，构造层（墙体内外抹灰层）以及没有被剖切但可见的构（配）件（楼梯踏步、栏杆、扶手等）用细实线，剖切部分的轮廓线内应画上建筑材料图例（当绘图比例为1:50及以下时，钢筋混凝土材料的构件轮廓线内涂黑即可），门窗用相关图例表示，楼梯段上行被剖切处用45°细折断线表示。

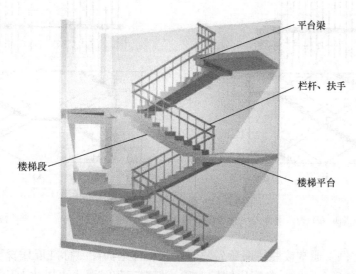

图8.5-2　楼梯的组成

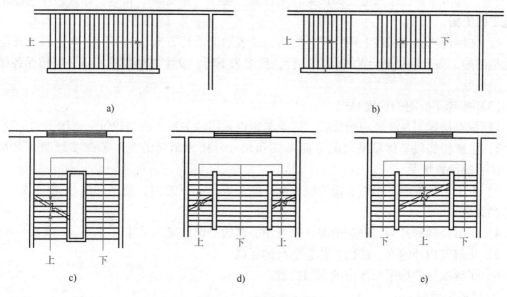

图8.5-3　楼梯的分类

a）单跑直楼梯　b）双跑直楼梯　c）双跑平行楼梯　d）双合平行楼梯　e）双分平行楼梯

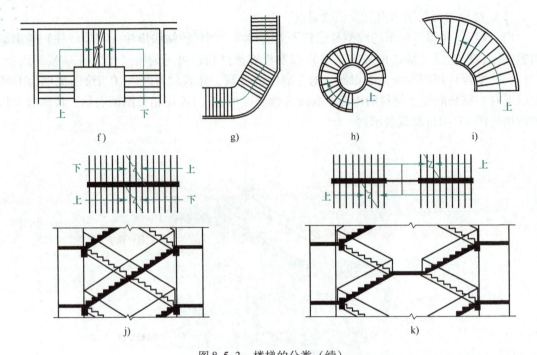

图 8.5-3 楼梯的分类（续）
f) 三跑楼梯　g) 转角楼梯　h) 螺旋楼梯　i) 弧形楼梯　j) 交叉式楼梯　k) 剪刀式楼梯

2) 图名、比例。通常按照楼层命名，即底层楼梯平面图、标准层楼梯平面图、顶层楼梯平面图，如图 8.5-4 所示。常用比例是 1:50，根据工程需要也可以放大比例。

3) 标注。楼梯平面图除定位轴线及其间距外，还要标注楼梯各部分的平面细部尺寸（踏面宽、梯段水平投影长度、梯段宽、平台宽、楼梯井宽度等）和平台标高，作为建筑构造施工的依据。

4) 文字说明。楼梯段上用文字并配箭头来表示上下行方向。上下行方向是以各楼层平台为基准的，高于楼层平台的梯段为上行，反之为下行。文字右侧需注明这一层楼梯各梯段的总踏步数。

(3) 楼梯平面图的识读要求

1) 核查楼梯间在建筑中的位置，以及与定位轴线的关系，应与建筑平面图上的一致。

2) 了解楼梯段、休息平台的平面形式和尺寸，楼梯踏面的宽度和踏步级数，以及栏杆、扶手的设置情况。

3) 看上下行方向，用细实箭头线表示，箭头表示上下方向，箭尾标注"上"或"下"字样和级数。

4) 了解楼梯间开间、进深情况，以及墙、窗的平面位置和尺寸。

5) 了解室内外地面、楼面、休息平台的标高。

6) 了解底层楼梯平面图中的剖切位置。

3. 楼梯剖面图

假想用一铅垂面，通过各层的一个梯段和门窗洞将楼梯剖开，向另一未剖到的梯段方向投影所作的剖面图，即为楼梯剖面图。楼梯剖面图常用 1:50 的比例画出，剖面图应能完整

模块八 建筑施工图

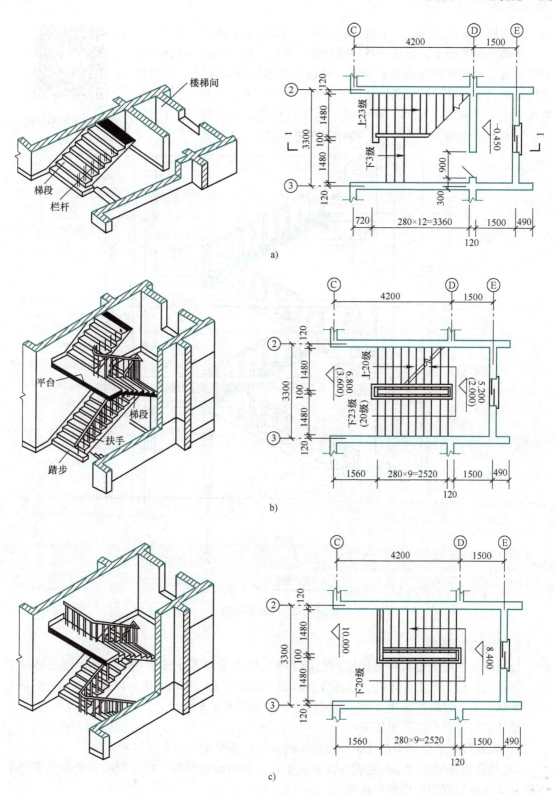

图 8.5-4 楼梯平面图的形成
a) 底层楼梯 b) 标准层楼梯 c) 顶层楼梯

地、清晰地表示出各梯段、平台、栏杆等的构造及它们的相互关系。

在楼梯剖面图中，应注明各层楼地面、平台、楼梯间窗洞的标高；对照建筑平面图核查楼梯间墙身定位轴线编号和轴线间尺寸；注明每个梯段踢面的高度、踏步的数量以及栏杆的高度；查看楼梯竖向尺寸、进深方向尺寸和有关标高，并与建筑施工图核实；查看踏步、栏杆、扶手等细部详图的索引符号等。楼梯剖面图如图 8.5-5 所示。

楼梯剖面图的形成

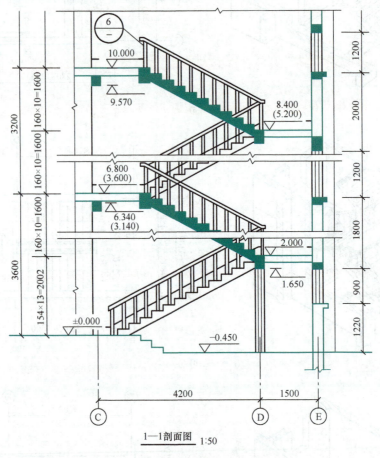

图 8.5-5　楼梯剖面图

4. 楼梯节点详图

楼梯节点详图一般包括楼梯段的起步节点、转弯节点和止步结点的详图，以及楼梯踏步、栏杆或栏板、扶手等详图。楼梯节点详图一般用较大的比例画出，以表明它们的断面形式、细部尺寸、材料的连接及面层装修做法等，如图 8.5-6 所示。

楼梯节点详图识读要求如下：

1）明确楼梯节点详图在建筑平面图中的位置、轴线编号与平面尺寸。

2）结合楼梯平面图掌握楼梯平面布置形式，明确梯段宽度、梯井宽度、踏步宽度等平面尺寸；查清标准图集代号和页码。

3）结合楼梯剖面图明确楼梯的结构形式，各层梯段板、梯梁、平台板的连接位置与方法，踏步高度与踏步级数，栏杆、扶手高度等信息。

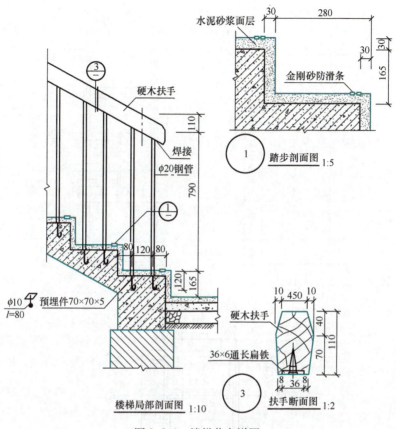

图 8.5-6　楼梯节点详图

四、楼梯详图的绘制

1. 楼梯平面图的绘制步骤

1）画出轴线和梯段起止线，根据楼梯间的开间和进深尺寸画出定位轴线，如图 8.5-7a 所示。

2）画出墙身，并在梯段起止线内分格，画出踏步、楼梯平台、梯段；再根据踏步级数 n 在梯段上画出踏步面数（等于 $n-1$），如图 8.5-7b 所示。

3）画出墙厚及门窗洞，画出细部和图例、尺寸、符号，以及图名横线等，并根据图线层次依次加深图线，再标注标高、尺寸数字、轴线编号、楼梯上下方向指示线和箭头，如图 8.5-7c 所示。

2. 楼梯剖面图的绘制步骤

1）先画出定位轴线及墙体轮廓；再根据标高定出室内外地坪、各楼面及休息平台的高度位置；然后根据平台宽度和梯段长度定出梯段的位置，如图 8.5-8a 所示。

2）确定梯段的起步点，在梯段长度内画出踏步形状。可采用网格法画踏步形状：在水平方向等分梯段的踏面数和竖直方向等分梯段的踏步数后，形成网格状，沿网格图线画出踏步形状，如图 8.5-8b 所示。

建筑工程识图

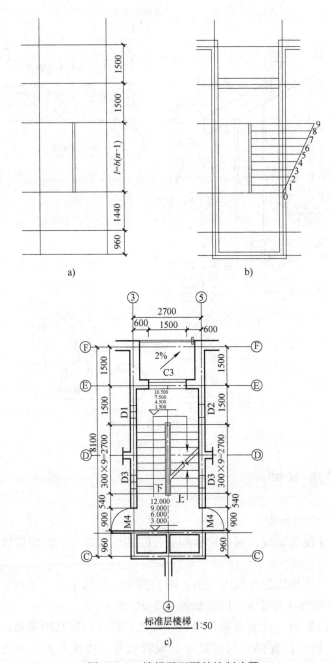

图 8.5-7 楼梯平面图的绘制步骤

3)画楼梯板厚度,以及栏杆、扶手等轮廓,如图 8.5-8c 所示。

4)加深图线,画材料图例;标注标高和各部分尺寸,写图名、比例及有关说明等,绘制索引符号,完成楼梯剖面图,如图 8.5-8d 所示。

188

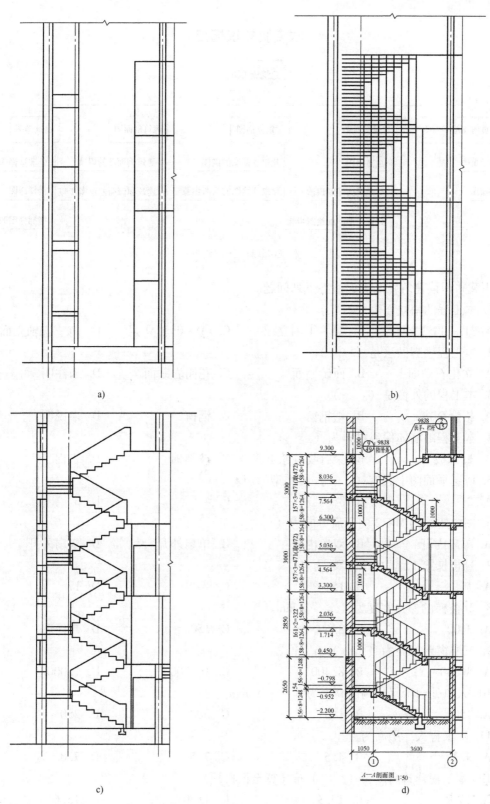

图 8.5-8 楼梯剖面图的绘制步骤

建筑工程识图

本模块知识框架

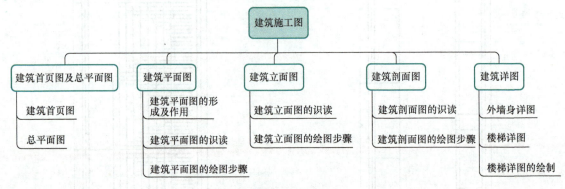

本模块拓展练习

下载并识读建筑施工图，回答下列问题。

1. 本工程的南立面为（　　）。
   A. ①~⑩轴立面　　B. ⑩~①轴立面　　C. Ⓐ~Ⓓ轴立面　　D. Ⓓ~Ⓐ轴立面
2. 本工程勒脚做法是（　　）。
   A. 文化石贴面　　B. 面砖贴面　　C. 花岗岩贴面　　D. 未注明
3. 本工程的外窗是（　　）。
   A. 铝合金窗　　B. 塑钢窗　　C. 钢窗　　D. 未说明
4. 本工程的墙体保温材料为（　　）。
   A. 聚苯板　　B. 聚合物砂浆Ⅱ型　　C. 玻璃棉　　D. 岩棉
5. 四层平面图中共有（　　）种类型的门。
   A. 2　　B. 3　　C. 4　　D. 6
6. 图中所绘的M-2的开启方向为（　　）。
   A. 单扇内开　　B. 双扇内开　　C. 单扇外开　　D. 双扇外开
7. 1#楼梯第1跑的梯段步数为（　　）。
   A. 11　　B. 15　　C. 16　　D. 17
8. 2#楼梯的梯井宽度为（　　）mm。
   A. 3600　　B. 3350　　C. 150　　D. 未注明
9. 三层窗台标高为（　　）m。
   A. 8.500　　B. 8.400　　C. 10.300　　D. 1.000
10. 入口处台阶每步踢面高度为（　　）mm。
    A. 150　　B. 140　　C. 300　　D. 250
11. 本工程大厅层高为（　　）m。
    A. 4.2　　B. 4.5　　C. 7.5　　D. 7.8
12. 本工程建筑高度为（　　）m（算至檐口顶）。
    A. 15.9　　B. 15.3　　C. 15.0　　D. 15.6
13. 本工程二层盥洗室楼面建筑标高为（　　）。

A. 4.150　　　　　B. 4.180　　　　　C. 4.200　　　　　D. 未注明
14. 四层平面图中卫生间窗户洞口尺寸为（　　）（单位：mm）。
A. 宽2100、高1800　　　　　　　B. 宽1800、高2100
C. 宽2100、高2100　　　　　　　D. 宽1800、高1800
15. 三层楼面的建筑标高为（　　）m。
A. 绝对标高7.500　　B. 绝对标高7.450　　C. 绝对标高32.450　　D. 绝对标高32.500
16. 下列说法不正确的是（　　）。
A. 建筑总平面图中应标明绝对标高　　　B. 剖切符号应绘制在首层平面图
C. 指北针应画在首层平面图　　　　　　D. 构造详图比例一般为1∶100
17. 1—1剖面图与平面图不一致的是（　　）。
A. 水平方向尺寸　　B. 楼层标高　　C. 门　　D. 窗
18. 本工程外墙饰面做法有（　　）种。
A. 2　　　　　　　B. 3　　　　　　C. 4　　　　　　D. 5
19. 本工程中以下说法错误的是（　　）。
A. 建筑施工图中的屋面标高为结构面标高
B. 墙体材料采用了加气混凝土砌块
C. 房间阳角采用1∶3水泥砂浆制作护角
D. 内门均为实木门
20. 本工程卫生间采用（　　）防水。
A. 防水涂料两道　　B. 卷材　　　　C. 防水砂浆　　　D. 卷材和防水砂浆
21. 相对标高的零点的正确注写方式为（　　）。
A. +0.000　　　　B. -0.000　　　C. ±0.000　　　D. 无规定
22. 本工程墙体厚度有（　　）mm。
A. 100、300　　　B. 200、300　　C. 240、300　　　D. 300
23. 索引符号中的分子表示的是（　　）。
A. 详图所在图纸编号　　　　　　　B. 被索引的详图所在图纸编号
C. 详图编号　　　　　　　　　　　D. 详图在第几页图纸上
24. 楼梯平面图中标明的"上"或"下"的长箭头（　　）。
A. 都以室内首层地坪为起点　　　　B. 都以室外地坪为起点
C. 都以该层楼地面为起点　　　　　D. 都以该层休息平台为起点
25. 本工程中框架柱混凝土强度等级说法正确的是（　　）。
A. 全部采用C25　　　　　　　　　B. 全部采用C30
C. 二层以下C30，其余均为C25　　D. 图中未明确
26. 在总平面图中，新建房屋用（　　）绘制。
A. 粗虚线　　　　B. 细实线　　　　C. 粗实线　　　　D. 细虚线
27. 对于（　　），一般用分轴线表达其位置。
A. 隔墙　　　　　B. 柱子　　　　　C. 屋面梁　　　　D. 门洞
28. 本工程隔汽层做法是（　　）。
A. 素水泥浆一道　　B. 防水剂一道　　C. 冷底子油一道　　D. 一毡二油

建筑工程识图

29. 定位轴线一般用（　　）表示。
    A. 细实线　　　　　B. 粗实线　　　　　C. 细点画线　　　　D. 双点画线
30. 外墙装饰材料和做法一般在（　　）上表示。
    A. 首页图　　　　　B. 平面图　　　　　C. 立面图　　　　　D. 剖面图
31. 本工程屋面排水方式采用（　　）。
    A. 内檐沟　　　　　B. 外檐沟　　　　　C. 内外檐沟均有　　D. 自由落水
32. 本工程有关屋面做法正确的是（　　）。
    A. 材料找坡　　　　B. 结构找坡　　　　C. 屋面排水坡度1%　D. 屋面排水坡度3%
33. 1#楼梯间内栏杆高度为（　　）mm（护窗栏杆除外）。
    A. 900　　　　　　 B. 1050　　　　　　C. 900、1050　　　 D. 以上均不正确
34. 下列关于轴线设置的说法不正确的是（　　）。
    A. 英文字母的I、O、Z不得用作轴线编号
    B. 当字母数量不够时可增用双字母加数字注脚
    C. ①号轴线之前的附加轴线的分母应以01表示
    D. 通用详图中的定位轴线应注写轴线编号
35. 下列建筑中不属于公共建筑的是（　　）。
    A. 学校　　　　　　B. 旅社　　　　　　C. 医院　　　　　　D. 宿舍
36. 详图索引符号中的圆圈直径是（　　）。
    A. 14mm　　　　　 B. 12mm　　　　　　C. 10mm　　　　　　D. 8mm
37. （　　）必定属于总平面图表达的内容。
    A. 相邻建筑的位置　B. 墙体轴线　　　　C. 柱子轴线　　　　D. 建筑物总高
38. 本工程GC-1的窗台高度为（　　）mm。
    A. 1800　　　　　　B. 2000　　　　　　C. 1000　　　　　　D. 2200
39. 1#楼梯第2跑梯段的水平投影长度为（　　）mm。
    A. 2800　　　　　　B. 1600　　　　　　C. 4480　　　　　　D. 1650
40. 建筑立面图不能用（　　）进行命名。
    A. 建筑位置　　　　B. 建筑朝向　　　　C. 建筑外貌特征　　D. 建筑首尾定位轴线
41. 室外散水应在（　　）中画出。
    A. 底层平面图　　　B. 标准层平面图　　C. 顶层平面图　　　D. 屋顶平面图
42. ①~⑩轴立面图与平面图中不一致的是（　　）。
    A. 三层窗　　　　　B. 雨篷　　　　　　C. 女儿墙　　　　　D. 门
43. 下列说法不正确的是（　　）。
    A. 建筑总平面图中应标明绝对标高　　　B. 剖切符号应绘制在首层平面图
    C. 指北针应画在首层平面图　　　　　　D. 构造详图比例一般为1:100
44. 本工程中散水宽度为（　　）mm。
    A. 600　　　　　　 B. 800　　　　　　 C. 1000　　　　　　D. 1200
45. 雨篷构造做法中采用（　　）防水。
    A. 卷材　　　　　　B. 涂膜　　　　　　C. 防水砂浆　　　　D. 细石混凝土

46. "建施-3"中Ⓓ轴处的窗 GC-1 绘制有误,表示方法正确的是(   )。

A.　　　　　　　　B.　　　　　　　　C.　　　　　　　　D.

47. 总结本套建筑施工图的识图要点:

平面图识读要点	
立面图识读要点	
剖面图识读要点	
详图识读要点	

拓展阅读——打好绘图基础

随着科学技术的进步和计算机的普及与发展,计算机制图已经取代了手工绘图,但是为什么我们仍要学习手工绘制建筑施工图呢?能识读和绘制建筑平面图是土木工程从业人员的基本功,是学习其他专业课程的基础,只有打好基础才能更好更快地掌握专业知识,培养专业素养。在中华人民共和国成立初期,我们的设计人员都是手工绘制施工图,为了防止胳膊上的汗水浸湿图纸,不少人在胳膊下垫着毛巾绘图,他们不怕辛苦、精益求精的精神,值得我们学习。

模块九　结构施工图

【模块概述】

本模块以结构构件施工工艺流程为依据，依次讲解基础、柱、梁、板、楼梯等受力构件的平面注写规则，最后通过结构施工图识图训练检验学生的识图综合应用能力。

混凝土建筑施工流程演示

【知识目标】

1. 掌握基础平法识图规则及配筋构造要求。
2. 掌握柱平法识图规则及配筋构造要求。
3. 掌握梁平法识图规则及配筋构造要求。
4. 掌握板平法识图规则及配筋构造要求。
5. 掌握楼梯平法识图规则及配筋构造要求。

【能力目标】

1. 能通过平面注写方式绘制指定位置的配筋断面图。
2. 能独立完成结构施工图的识读工作。
3. 能准确查阅 22G101 系列图集。
4. 能将各类构件与 22G101 系列图集进行结合识读。

【素质目标】

1. 培养细心、耐心的职业素养。
2. 培养团队合作意识及动手操作能力。
3. 培养发现问题、解决问题的能力。
4. 培养勤思考、勇挑战、敢担当的职业精神。

22G101 系列图集包括《混凝土结构施工图平面整体表示方法制图规则和构造详图（现浇混凝土框架、剪力墙、梁、板）》(22G101-1)、《混凝土结构施工图平面整体表

模块九　结构施工图

示方法制图规则和构造详图（现浇混凝土板式楼梯）》（22G101-2）、《混凝土结构施工图平面整体表示方法制图规则和构造详图（独立基础、条形基础、筏形基础、桩基础）》（22G101-3），学会查阅22G101系列图集对本模块的学习有很大的帮助。

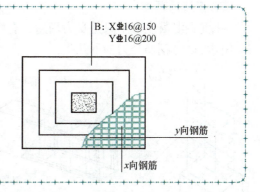

任务一　基础平法识图

学习目标

1. 了解基础的类型。
2. 掌握独立基础平法制图规则。
3. 掌握条形基础平法制图规则。

任务描述

1. 依据基础平法施工图绘制配筋断面图。
2. 根据受力分析确定独立基础底板配筋的分布规则。

相关知识

结构施工图是结构设计人员综合考虑建筑的规模、使用功能，业主的要求，当地材料的供应情况，场地周边的建设情况，抗震设防要求等因素，根据有关规范、规程、规定，以经济合理、技术先进、确保安全为原则形成的专业设计文件，通过力学计算决定房屋各承重构件（梁、板、柱、承重墙、基础等）的材料、形状、大小以及内部构造等，并将计算结果绘制成图样，用以指导施工，这种图样称为结构施工图，简称"结施"。

结构施工图是施工放线，开挖基槽，支模板，绑扎钢筋，设置预埋件，浇筑混凝土，安装梁、板、柱等构件，以及编制预算和施工组织设计等的重要依据。

1. 结构施工图的种类

（1）结构设计总说明　结构设计总说明主要描述结构设计的依据，抗震设计，地基情况，各承重构件的材料、强度等级，施工要求，选用的标准图集等。

（2）构件配筋断面图　构件配筋断面图主要包括基础配筋图、柱配筋图、梁配筋图、板配筋图、楼梯配筋图等。

（3）结构详图　对于构件配筋断面图无法表达清楚的内容，需要绘制结构详图加以表示。

2. 钢筋的种类

钢筋在混凝土中不只是受力用途，有些钢筋还起到其他的作用（图 9.1-1），根据作用的不同可以将钢筋分为如下几类：

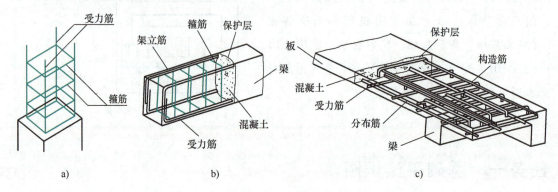

图 9.1-1　钢筋的种类
a）柱　b）梁　c）板

1）受力筋：构件中主要承受拉力或压力的钢筋。

2）箍筋：构件中承受剪力和扭力的钢筋，同时用于固定纵向钢筋的位置，使钢筋形成坚固的骨架，这种钢筋多用在梁、柱中。

3）架立筋：一般用于梁内，用于固定箍筋位置，并与受力筋一起构成钢筋骨架。

4）分布筋：一般用于板类构件中，并与受力筋垂直布置，将承受的荷载均匀传给受力筋，与受力筋一起构成钢筋骨架。

5）构造筋：包括架立筋、分布筋，以及由于构造要求和施工安装需要而配置的钢筋，如吊筋、拉结筋、预埋锚固筋。

3. 钢筋的标注方法

构件内的各种钢筋应编号，编号采用阿拉伯数字写在引出线端头的直径约为 6mm 的细实线圆中，如图 9.1-2 所示，其中"2Φ14"表示 2 根直径为 14mm 的 2 级钢筋；"Φ8@100"表示每间隔 100mm 配置直径为 8mm 的 1 级钢筋。

4. 钢筋的级别

钢筋按生产工艺和抗拉强度的不同可以分为多种级别，常用的钢筋牌号和级别见表 9.1-1。

图 9.1-2　钢筋标注

表 9.1-1　常用的钢筋牌号和级别

牌号	符号	级别
HPB300	Φ	1 级
HRB335	Φ	2 级
HRB400、HRBF400、RRB400	Φ	3 级

注：HPB 表示热轧光圆钢筋；HRB 表示热轧螺纹钢筋；HRBF 表示细晶粒热轧螺纹钢筋；RRB 表示余热处理螺纹钢筋。

5. 混凝土保护层厚度

混凝土保护层厚度是指最外侧钢筋距离混凝土构件表面的最小距离，如图 9.1-3 中标注

的 c 即为混凝土保护层厚度。混凝土中的钢筋如果失去混凝土保护层的包裹，会使钢筋直接暴露在大气中或水中，很容易锈蚀乃至断裂，不仅影响结构安全，还影响构件的使用寿命。钢筋的最小混凝土保护层厚度与环境类别、构件种类及混凝土等级有关，可在 22G101-1 图集中查得。

图 9.1-3 混凝土保护层厚度 c

> **特别注意：**
> 受拉钢筋基本锚固长度 l_{ab}、l_{abE}，受拉钢筋锚固长度 l_a、l_{aE}，纵向受拉钢筋搭接长度 l_l、l_{lE}，此类数值可查阅 22G101-1 图集。

一、基础的类型

基础是建筑物最下部的承重构件，它承受房屋的全部荷载，并将这些荷载传给基础下面的地基。

基础根据上部结构的形式、地基承载力和施工条件等因素综合考虑，可有多种形式，如条形基础、独立基础、筏形基础、箱形基础和桩基础等，如图 9.1-4 所示。条形基础一般用作砖墙的基础；独立基础常用作柱的基础；筏形基础底面积大，可以减少基底压力，使地基土有更好的承载力，增强基础的整体性；桩基础由桩体和连接于桩顶的承台共同组成，广泛应用于小高层或高层建筑、桥梁等工程。

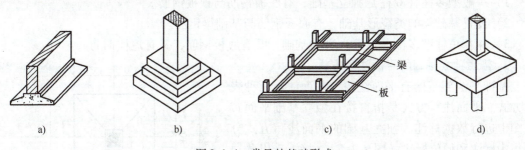

图 9.1-4 常见的基础形式
a) 条形基础 b) 独立基础 c) 筏形基础 d) 桩基础

二、独立基础平法施工图

1. 独立基础的外形

独立基础按外形分类可以分为普通独立基础和杯形独立基础，如图 9.1-5 所示。普通独立基础是指柱子将荷载直接传给基础；杯形独立基础是指基础预留洞口，然后将柱子安装于洞内，再用细石混凝土填缝，常用于工业厂房结构。

普通独立基础根据外形的不同分为阶形和锥形两类，如图 9.1-6 所示。

2. 独立基础的钢筋构成

（1）单柱独立基础的钢筋构成

1）一般型单柱独立基础，只有底板钢筋，分 x 与 y 两个方向垂直布置。

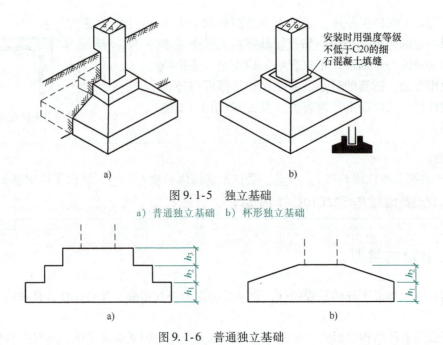

图 9.1-5 独立基础
a) 普通独立基础 b) 杯形独立基础

图 9.1-6 普通独立基础
a) 阶形 b) 锥形

2) 深基短柱型单柱独立基础,既有底板钢筋,又有短柱钢筋。

（2）多柱（双柱）独立基础的钢筋构成

1) 一般型多柱（双柱）独立基础,有底板钢筋与顶板钢筋。

2) 设置基础梁的类筏形基础,有底板钢筋与基础梁钢筋。

3) 深基短柱型多柱（双柱）独立基础,既有底板钢筋,又有短柱钢筋。

3. 普通独立基础的平面注写方式

基础平法施工图有平面注写与截面注写两种表达方式。平面注写方式是指直接在独立基础平面布置图上进行数据标注。独立基础的平面注写方式分为集中标注和原位标注（图 9.1-7）,接下来以普通独立基础为例具体讲解识图规则。

（1）集中标注 集中标注用引出线引出,包含三部分内容,分别是编号、截面竖向尺寸及配筋。

1) 编号。独立基础编号见表 9.1-2。独立基础拼音简称 DJ,根据基础底板截面形状不同分为阶形及锥形,在代号处以角标 j 和 z 来进行区分,见表 9.1-2。

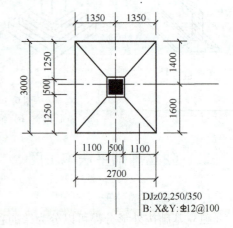

图 9.1-7 独立基础原位标注

表 9.1-2 独立基础的编号

类型	基础底板截面形状	代号	序号
普通独立基础	阶形	DJ_j	××
	锥形	DJ_z	××

2）截面竖向尺寸。标注的是由下往上的截面竖向尺寸变化，阶形截面注写为 $h_1/h_2/$ ……；锥形截面注写为 h_1/h_2，如图 9.1-8 所示。

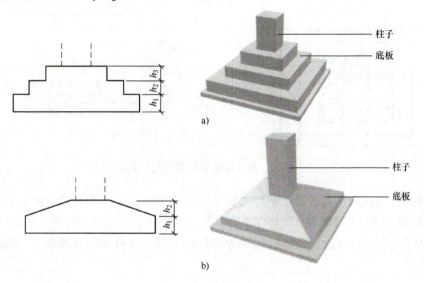

图 9.1-8　截面竖向尺寸
a）阶形截面竖向尺寸　b）锥形截面竖向尺寸

3）配筋。配筋集中标注有以下 4 种情况：

① 独立基础底板板部采用双向配筋，以 B 代表独立基础底板的底部配筋，x 向配筋以 X 开头、y 向配筋以 Y 开头注写；两向配筋相同时，则以 X&Y 开头注写，如图 9.1-9 所示。

图 9.1-9　独立基础底板配筋示意

② 注写普通独立深基础带短柱竖向尺寸及配筋。当独立基础埋深较大设置短柱时，短柱配筋应注写在独立基础中，以 DZ 代表普通独立基础短柱。标注时先注写短柱纵筋，再注写箍筋，最后注写短柱标高范围。注写形式为：角筋/长边中部筋/短边中部筋，箍筋，短柱标高范围，如图 9.1-10 所示。深基短柱型普通独立基础可以是单柱或多柱基础。

图 9.1-10 中的集中标注表明是短柱，设在 -2.500 ~ -0.050 高度范围内，配置 HRB400 竖向钢筋和 HPB300 箍筋。其竖向钢筋为：4⟂20 角筋、5⟂18 x 边中部筋，5⟂18 y 边中部筋；其箍筋直径为 10mm，间距为 100mm。

③ 双柱独立基础的顶部配筋，通常对称分布在柱中心两侧，注写为：双柱间纵向受力

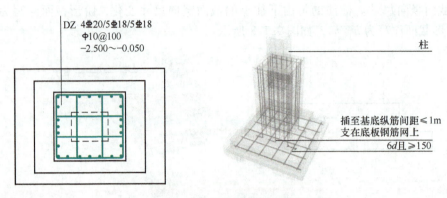

图 9.1-10　独立深基础带短柱配筋示意

钢筋/分布钢筋。当纵向受力钢筋在基础底板顶面非满布时，应注明其总根数。如图 9.1-11 所示，独立基础顶部配置 HRB400 纵向受力钢筋，直径 18mm，设置 11 根，间距为 100mm；配置 HPB300 分布钢筋，直径 10mm，间距为 200mm。只有多柱或双柱基础才可能配有顶部双向钢筋网。

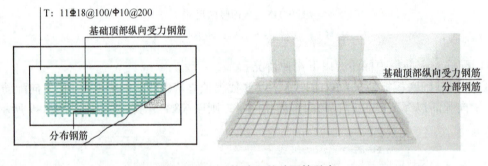

图 9.1-11　双柱独立基础配筋示意

④ 带基础梁的基础底板配筋，只有多柱或双柱基础才配基础梁，基础梁纵筋直接放在底板配筋上，不再另设底板分布筋，如图 9.1-12 所示。

（2）原位标注　直接注写在基础周边的尺寸为原位标注（图 9.1-7），对于有基础梁的多柱独立基础，标注基础梁配筋时也采用原位标注，如图 9.1-12 所示。

4. 截面注写方式

独立基础的截面注写方式又分为截面标注和列表注写（结合截面示意图）两种表达方式。对单个基础进行截面标注的内容和形式，与传统的单构件正投影表示方法基本相同，具体表达内容可参照 22G101-3 图集中相应的标准构造。普通独立基础列表注写的具体内容如图 9.1-13 所示。

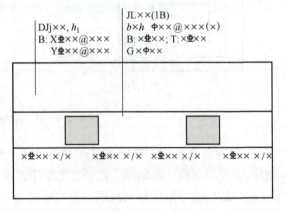

图 9.1-12　带基础梁的基础底板配筋示意

基础编号/	截面几何尺寸						底部配筋(B)	
截面号	x	y	x_i	y_i	h_1	h_2	x向	y向

图 9.1-13　普通独立基础列表注写的具体内容

三、独立基础配筋构造

1. 单柱独立基础底板配筋构造

单柱独立基础底板配筋构造适用于普通独立基础和杯口独立基础，独立基础底板 x 与 y 双向交叉钢筋的长边钢筋设置在下，短边钢筋设置在上，呈网格状布置，尺寸构造要求如图 9.1-14 所示。

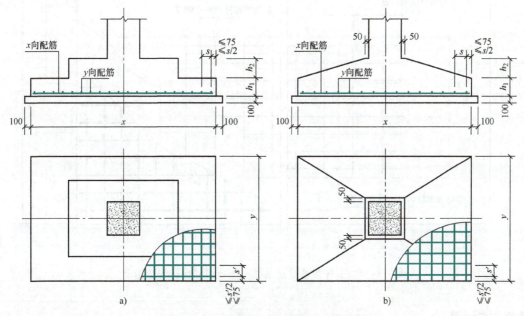

图 9.1-14　单柱独立基础底板配筋示意
a) 阶形　b) 锥形

2. 双柱普通独立基础底部与顶部配筋构造

双柱普通独立基础底板的截面形状可以是阶形截面或锥形截面；双柱普通独立基础底部 x 与 y 双向交叉钢筋，根据基础两个方向从柱外缘至基础外缘的伸出长度 ex 和 ey 的大小，较大值方向的钢筋设置在下，较小值方向的钢筋设置在上。对于顶部配置的钢筋，长边是受力筋，短边是分布筋，在布置时观察构造图集可知，长边钢筋在上，短边钢筋在下，构造要求如图 9.1-15 所示。

3. 设置基础梁的双柱普通独立基础配筋构造

双柱普通独立基础底部短向受力钢筋设置在基础梁纵筋之下，与基础梁箍筋的下水平段位于同一层面，因此在基础梁底部范围内不再另外布置底板分布筋，如图 9.1-16 所示。

独立基础的钢筋构造要求

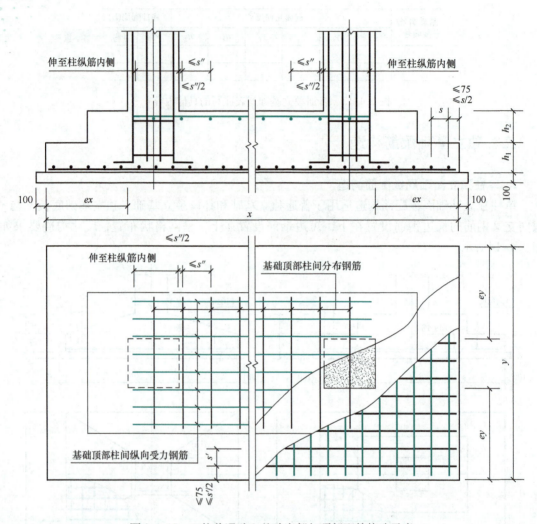

图 9.1-15 双柱普通独立基础底部与顶部配筋构造示意

依据构造计算：

根据图 9.1-7 的平面注写内容，计算底板配筋长度及根数（已知基础底板的侧边混凝土保护层厚度为 30mm，不考虑钢筋折减）。

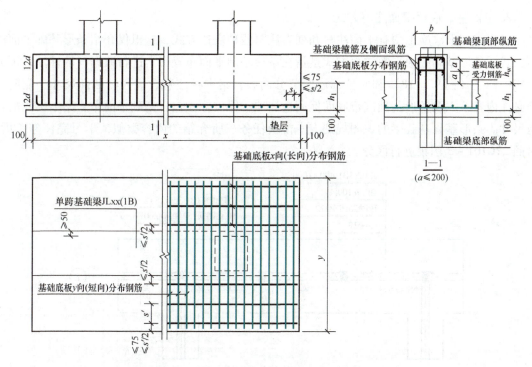

图 9.1-16 设置基础梁的双柱普通独立基础配筋构造

四、条形基础平法施工图

1. 条形基础的概念及分类

条形基础为连续的带状基础,故也称为带形基础,一般位于砖墙或混凝土墙下,用以支撑墙体构件,按受力特点分为梁板式条形基础与板式条形基础。梁板式条形基础含有肋梁,适用于钢筋混凝土框架结构、框架-剪力墙结构、部分框支剪力墙结构和钢结构,平法施工图中将梁板式条形基础分解为基础梁和条形基础底板分别进行表达;板式条形基础上方承受从墙传来的荷载,适用于钢筋混凝土剪力墙和砌体结构,平法施工图中仅表达条形基础底板,如图 9.1-17 所示。

有荷载受力变形过程
(条形基础底板
识图规则)

a)

b)

图 9.1-17 条形基础分类
a) 板式条形基础 b) 梁板式条形基础

2. 条形基础底板平面注写方式

条形基础平法施工图有平面注写和列表注写两种表达方式，这里仅介绍条形基础平面注写方式。条形基础底板平面注写方式是指在条形基础平面布置图上进行数据项的标注，可分为集中标注（图9.1-18）和原位标注两部分内容，集中标注包含编号、截面尺寸、配筋三项必注内容，以及条形基础底板底面标高选注项；原位标注包含基础平面布置图上标注的各跨尺寸。条形基础基础梁的识图规则与本模块任务三所介绍的内容类似，学习完任务三后，对照22G101-3图集进行区分。

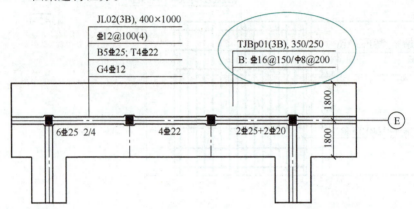

图9.1-18 条形基础底板集中标注

（1）编号 条形基础底板编号组成见表9.1-3。

表9.1-3 条形基础底板编号组成

类型		代号	序号	跨数及有无外伸
条形基础底板	坡形	TJBp	××	（××）端部无外伸
	阶形	TJBj	××	（××A）一端有外伸
				（××B）两端有外伸

注：条形基础通常采用坡形截面或单阶形截面。

表9.1-3 中的"TJB"代表条形基础底板，角标"j"和"p"分别代表基础截面形状为阶形、坡形。

思考：

TJB_j01（2）、TJB_p02（3A）、TJB_p03（4B）分别表示什么？

（2）截面尺寸 条形基础底板截面竖向尺寸用"$h_1/h_2/\cdots\cdots$"自下而上进行标注，这与独立基础表示相同，如图9.1-19所示。

（3）配筋

1）只有底部配筋。以"B"打头注写条形基础底板底部的横向受力钢筋，注写时用

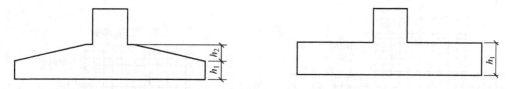

图9.1-19 条形基础底板截面竖向尺寸

"/"分隔条形基础底板的横向受力钢筋与分布筋。对于条形基础而言,短边是受力边,因此沿短边分布的钢筋是受力筋,如图9.1-20a所示。

2)有底部及顶部配筋。双梁条形基础不仅有底板底部配筋,还有顶部配筋,以"B"打头注写条形基础底板底部的横向受力钢筋,以"T"打头注写条形基础底板顶部的横向受力钢筋。注写时,用"/"分隔条形基础底板的横向受力钢筋与分布筋,如图9.1-20b所示。

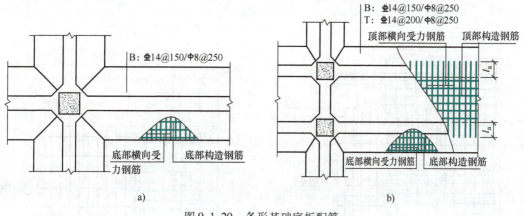

图9.1-20 条形基础底板配筋
a)只有底部配筋时 b)有底部及顶部配筋时

(4)底板配筋构造要求

1)梁板式条形基础。梁板式条形基础的配筋断面图如图9.1-21所示。梁板式条形基础底板的分布钢筋在梁宽范围内不设置;在两向受力钢筋交接处的网状部位,分布钢筋与同向受力钢筋的搭接长度为150mm,构造要求如图9.1-22所示。

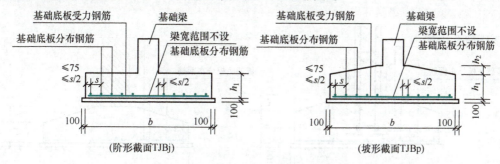

图9.1-21 梁板式条形基础配筋断面图

2)板式条形基础。板式条形基础的配筋断面图如图9.1-23所示;在两向受力钢筋交接处的网状部位,分布钢筋与同向受力钢筋的搭接长度为150mm,构造要求如图9.1-24所示。

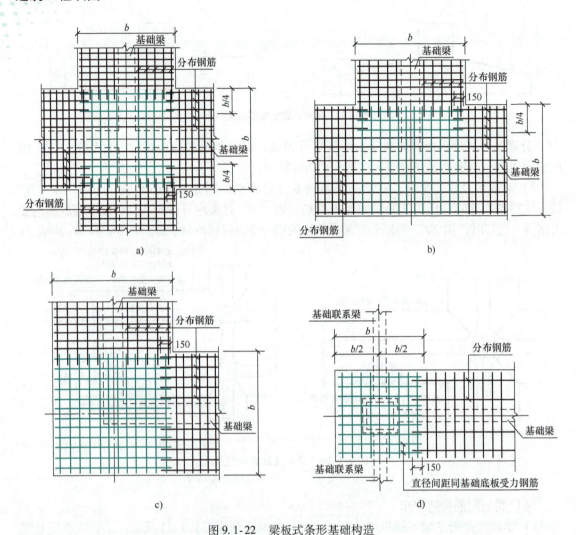

图 9.1-22 梁板式条形基础构造

a) 十字交接基础底板,也可用于转角梁板端部均有纵向延伸 b) 丁字交接基础底板
c) 转角梁板端部无纵向延伸 d) 条形基础无交接底板端部构造

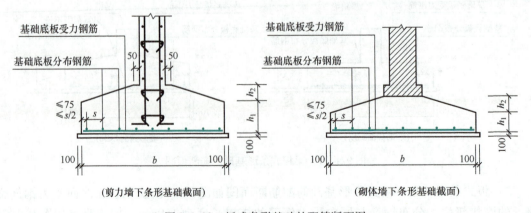

图 9.1-23 板式条形基础的配筋断面图

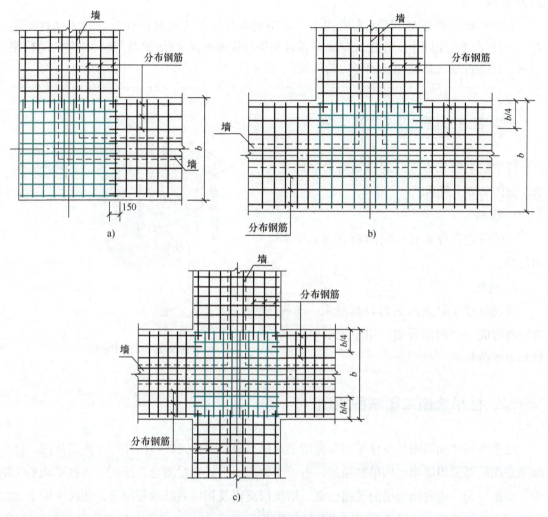

图 9.1-24 板式条形基础构造
a) 转角处墙基础底板 b) 丁字交接基础底板 c) 十字交接基础底板

任务二　柱平法识图

学习目标

1. 掌握柱平法施工图制图规则。
2. 掌握柱平法施工图的表示方法与注写方式。

任务描述

1. 根据柱的列表注写内容绘制柱截面配筋图。
2. 根据标准图集中的构造要求,确定柱内箍筋加密区计算方法。

相关知识

> 柱平法施工图是在柱平面布置图上，采用列表注写方式或截面注写方式表达柱子信息。在柱平法施工图中，应按规定注明各结构层的楼面标高、结构层层高及相应的结构层层号，还应注明上部结构嵌固部位的位置。

一、柱中钢筋的种类及作用

柱中的钢筋分为竖向的纵筋与横向的箍筋，如图 9.2-1 所示。

1. 纵筋

柱子每边都分布有竖向的钢筋来承受竖向荷载。

2. 箍筋

箍筋将柱子每边的纵筋包裹起来，与纵筋一起形成一个钢筋骨架，用于承受竖向荷载和水平荷载。

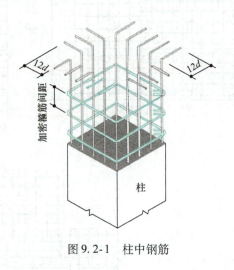

图 9.2-1　柱中钢筋

二、柱平法施工图制图规则

柱平面整体配筋图是在柱平面布置图上采用列表注写方式或截面注写方式表达的。柱平面布置图既可采用适当比例单独绘制，也可与剪力墙平面布置图合并绘制。在柱平法施工图中，应按规定注明各结构层的楼面标高、结构层层高及相应的结构层层号，还应注明上部结构嵌固部位的位置。柱平法施工图中的柱子由编号来表示，柱编号由类型代号和序号组成，见表 9.2-1。

表 9.2-1　柱编号

柱类型	类型代号	序号
框架柱	KZ	××
转换柱	ZHZ	××
芯柱	XZ	××

注：编号时，当柱子的总高、分段截面尺寸和配筋均对应相同，仅截面与轴线的关系不同时，仍可将其编为同一柱号，但应在图中注明截面与轴线的关系。

1. 截面注写

截面注写是在柱平面布置图的柱截面上，分别在同一编号的柱中选择一个截面，以直接注写截面尺寸和配筋具体数值的方式来表达柱平法施工图，如图 9.2-2 所示。

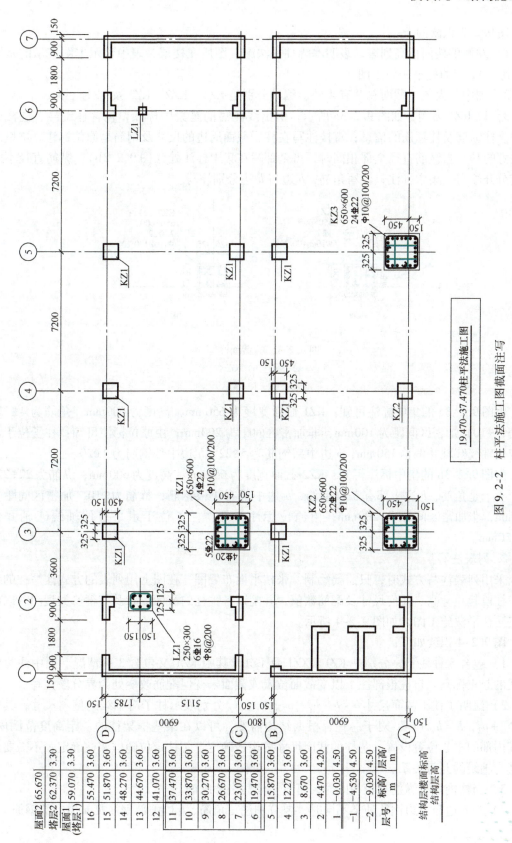

图 9.2-2 柱平法施工图截面注写

图 9.2-2 识读如下：

1）左侧的楼面标高列表，表明本幅柱平法施工图所在楼层，表中显示本图表示的是第 6 层到第 11 层的柱平法施工图。

2）图中放大的柱截面总共有 4 处，编号分别是 KZ1、KZ2、KZ3 及 LZ1。

3）以 KZ1 为例，如图 9.2-3a 所示，引出线注写的是集中标注，包含柱编号、柱截面尺寸、柱纵筋及柱箍筋的信息；直接注写在柱子截面周边的尺寸及钢筋是原位标注。这里需要注意的是，当纵筋直径全部相同时，可全部写在集中标注处（图 9.2-3b）；纵筋直径不同时应分开注写，集中标注只注写角筋，b 边与 h 边分别注写。

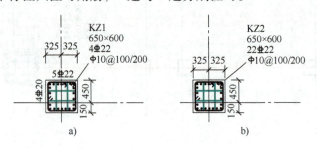

图 9.2-3　柱截面注写
a）KZ1　b）KZ2

由图 9.2-3a 的集中标注可知：KZ1 截面宽度为 650mm，高度为 600mm；角筋为 4⏀22；箍筋为Φ10，加密区间距为 100mm，非加密区间距为 200mm；由原位标注可知：柱子位于水平定位轴线Ⓒ轴并偏移 150mm，b 边中部钢筋为 5⏀22，h 边中部钢筋为 4⏀20。

由图 9.2-3b 的集中标注可知：KZ2 截面宽度为 650mm，高度为 600mm；纵筋为 22⏀22，其中 4 个是角筋，b 边中部有 5 根钢筋，h 边中部有 4 根钢筋；箍筋为Φ10，加密区间距为 100mm，非加密区间距为 200mm；由原位标注可知：柱子位于水平定位轴线Ⓐ轴并偏移 150mm。

2. 列表注写

采用列表注写方式时，只需要绘制一张柱平面布置图，在图上用列表的方式注写柱的编号、柱段起止标高、几何尺寸及配筋数值，并配以各种柱的截面形状及其箍筋类型图，以此来表达柱平法施工图，如图 9.2-4 所示。

图 9.2-4 识读如下：

1）包含 3 种柱子，分别是 KZ1、XZ1 及 LZ1，其中 KZ1 又包含 3 种情况。图中注写各段柱的起止标高，自柱根部往上以变截面位置或截面未变但配筋改变处为界分段注写。

2）注明了柱子截面尺寸 $b \times h$。b_1、b_2、h_1、h_2 分别表示柱子对轴线的偏离尺寸，其中 $b = b_1 + b_2$，$h = h_1 + h_2$。对于芯柱，根据结构需要，可以在某些框架柱的一定高度范围内，在其内部的中心位置设置。芯柱的截面尺寸按构造确定，芯柱定位随框架柱确定，不需要注写其与轴线的几何关系。

3）当柱内所有纵筋直径相同时，可直接注写全部纵筋。

4）当 b 边与 h 边钢筋种类不同时，要分别注写角筋、b 边中部钢筋及 h 边中部钢筋。

模块九 结构施工图

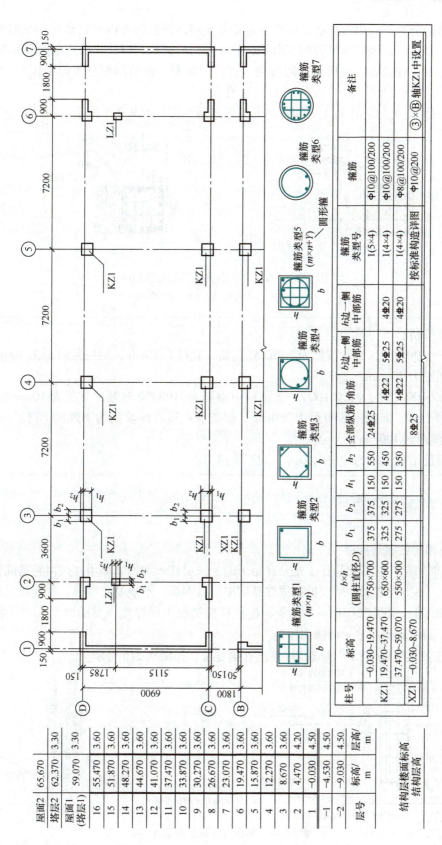

图 9.2-4 列表注写方式

5）箍筋类型，柱中的箍筋采用的多为复合箍筋，使箍筋可以更紧密地与纵筋相连，箍筋类型号"5×4"，表明水平方向五肢箍，竖直方向四肢箍，以此类推其余箍筋种类。

6）注写了柱箍筋，包括钢筋的级别、直径与间距。箍筋间距分为加密区与非加密区，加密区在每层柱顶及柱底，具体尺寸见构造要求。

根据图9.2-4绘制的KZ1不同标高处的配筋断面图如图9.2-5所示。

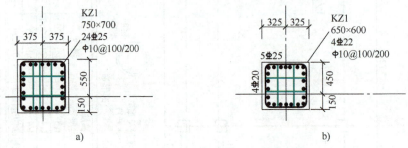

图9.2-5 KZ1不同标高处的配筋断面图
a）−0.030~19.470 b）19.470~37.470

知识要点解析：

Φ10@100/250，表示箍筋为HPB300钢筋，直径为10mm，加密区间距为100mm，非加密区间距为250mm。

Φ10@100/250（Φ12@100），表示柱中箍筋为HPB300钢筋，直径为10mm，加密区间距为100mm，非加密区间距为250mm；框架节点核心区箍筋为HPB300钢筋，直径为12mm，间距为100mm。

当箍筋沿柱全高为一种间距时，则不使用"/"线。

三、柱配筋构造

1. 基础内柱插筋构造

一般框架结构的基础和柱子是分开施工的，底层柱子的钢筋如果直接留到基础里，由于钢筋很长，不方便施工，所以就锚固在基础中一段钢筋，形成基础插筋，其配筋量应该和柱根部钢筋相同。根据22G101-3图集，按照柱插筋保护层厚度、基础厚度h_j、受拉钢筋锚固长度l_{aE}的不同给出了4种锚固构造。

1）保护层厚度>5d，基础高度满足直锚要求，如图9.2-6所示。

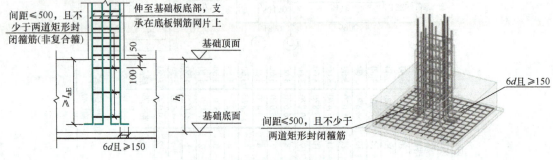

图9.2-6 基础内柱插筋构造（一）

纵筋：当基础厚度 $h_j > l_{aE}$ 时，柱插筋伸至基础板底部，支承在底板钢筋网上，弯折长度为 max（$6d$, 150）。

箍筋：当保护层厚度 >$5d$ 时，基础内柱箍筋间距小于等于 500mm，且不少于两道矩形封闭钢筋（非复合箍筋）。

2）保护层厚度 ≤$5d$，基础高度满足直锚要求，如图 9.2-7 所示。

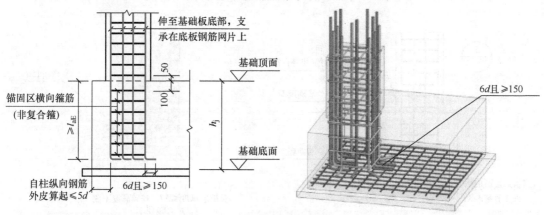

图 9.2-7　基础内柱插筋构造（二）

纵筋：当基础厚度 $h_j > l_{aE}$ 时，柱插筋伸至基础板底部，支承在底板钢筋网上，弯折长度为 max（$6d$, 150）。

箍筋：当保护层厚度 ≤$5d$ 时，锚固区横向箍筋应满足下列要求：直径 ≥$d/4$（纵筋最大直径），间距 ≤$5d$（纵筋最小直径）且 ≤100mm。

3）保护层厚度 >$5d$，基础高度不满足直锚要求，如图 9.2-8 所示。

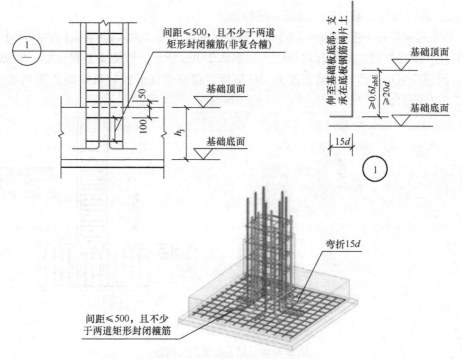

图 9.2-8　基础内柱插筋构造（三）

纵筋：当基础厚度 $h_j < l_{aE}$ 时，柱插筋伸至基础板底部，支承在底板钢筋网上，弯折 $15d$。

箍筋：当保护层厚度 $>5d$ 时，基础内柱箍筋间距小于等于 $500mm$，且不少于两道矩形封闭钢筋（非复合箍筋）。

4）保护层厚度 $\leq 5d$，基础高度不满足直锚要求，如图9.2-9所示。

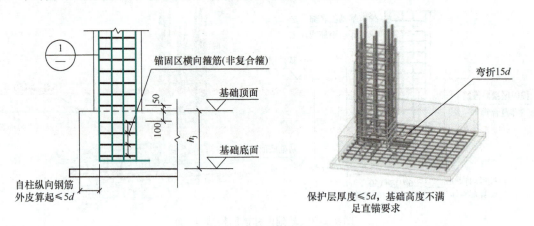

图 9.2-9　基础内柱插筋构造（四）

纵筋：当基础厚度 $h_j < l_{aE}$ 时，柱插筋伸至基础板底部，支承在底板钢筋网上，弯折 $15d$。

箍筋：当保护层厚度 $\leq 5d$ 时，锚固区横向箍筋应满足下列要求：直径 $\geq d/4$（纵筋最大直径），间距 $\leq 5d$（纵筋最小直径）且 $\leq 100mm$。

2. 梁上起框架柱、剪力墙上起框架柱构造

1）梁上起框架柱一般是指框架梁上"生根"的少量柱，例如框架结构楼梯间中承托层间梯梁的柱，就是常见的梁上起框架柱，如图9.2-10a所示。框架梁上起柱时，框架梁是柱的支撑，因此应尽可能设计成梁宽度大于柱宽度，使柱钢筋能比较可靠地锚固到框架梁中，如图9.2-10b所示。

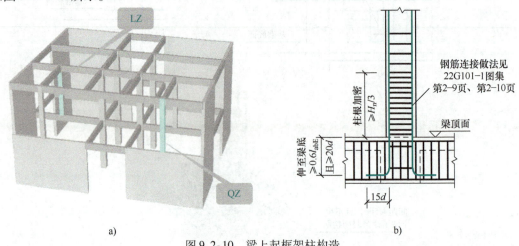

图 9.2-10　梁上起框架柱构造
a) 梁上起柱、墙上起柱　b) 梁上起柱纵筋构造

当框架梁宽度大于柱宽度时，梁上起柱的插筋应伸至框架梁底部配筋位置，其直锚深度应 $\geqslant 0.6l_{abE}$ 且 $\geqslant 20d$，并且插筋端部做 90° 弯钩，弯钩平直段长度取 $15d$（d 为柱插筋直径）。梁上起柱时，在梁内设置间距不大于 500mm 的至少两道柱箍筋。

2）剪力墙上起框架柱是指在普通剪力墙上的个别部位少量起柱，不包括结构转换层上的剪力墙起柱。剪力墙上起框架柱按纵筋锚固情况分为柱与墙重叠在同一层和柱纵筋锚固在墙顶部两种类型。

剪力墙上起柱的插筋锚固在墙顶部时，插筋应伸至墙顶面以下 $1.2l_{aE}$ 处，然后做 90° 弯钩，弯钩平直段长度取 150mm，如图 9.2-11 所示。墙上起框架柱时，在墙顶面标高以下锚固范围内的柱箍筋按上柱非加密区箍筋要求配置。

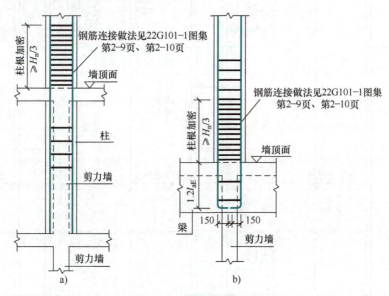

图 9.2-11　剪力墙上起框架柱构造
a）柱与墙重叠在同一层　b）柱纵筋锚固在墙顶部时柱根构造

3. 中间层纵筋构造

（1）嵌固部位　嵌固部位一般指嵌固端，就是土木行业常说的固定端，不允许构件在此部位有任何位移或相对嵌固端以上部位位移很小，通过设置嵌固部位，保证节点满足受力要求。嵌固部位位置：如果是基础顶面，可以不做标注；嵌固部位不在基础顶面的，需要用双细线注明具体位置和对应标高；地下室顶面考虑嵌固时，楼层表用双虚线标明。

（2）柱纵向钢筋非连接区位置　地上一层柱下端（嵌固部位）非连接区高度：$\geqslant H_n/3$；其他部位柱上端和柱下端非连接区高度：$\geqslant H_n/6$、$\geqslant h_c$、$\geqslant 500\text{mm}$，即 $\geqslant \max(H_n/6、h_c、500\text{mm})$，纵筋可以在非连接区之外的任何位置进行连接，如图 9.2-12 所示。其中，h_c 表示柱截面长边尺寸，H_n 表示框架柱所在楼层的柱净高。

（3）钢筋连接的方式　钢筋连接的方式有绑扎搭接、机械连接和焊接连接。柱纵向相邻钢筋连接接头相互错开，在同一截面内钢筋接头面积百分率不宜大于 50%。如图 9.2-12 所示。

1）当采用绑扎搭接时，搭接长度为 l_{lE}（按较小钢筋直径计算），相邻纵筋连接点应错

开 $0.3l_{lE}$。

2）当采用机械连接时，相邻纵筋连接点应错开 $\geqslant 35d$（d 为较大纵筋直径）。

3）当采用焊接连接时，相邻纵筋连接点应错开 $\geqslant 35d$ 且 $\geqslant 500$mm。

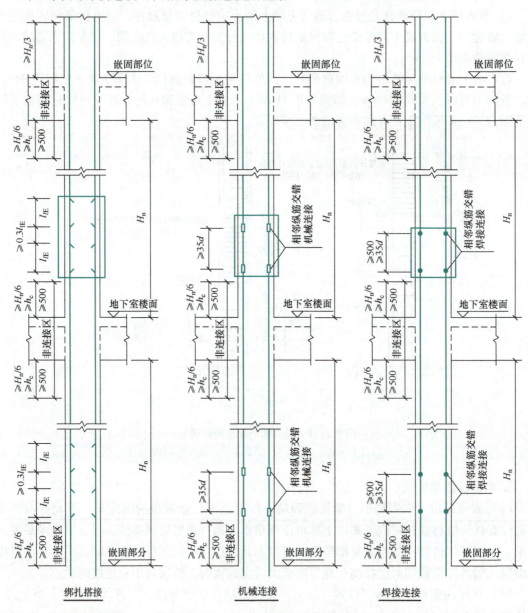

图 9.2-12　纵向钢筋连接方式

4. 顶层纵筋构造：边柱、角柱、中柱柱顶纵向钢筋构造

这是柱平法识图的难点，角柱、边柱、中柱的区别如图 9.2-13 所示。

（1）框架柱中柱柱顶节点构造　中柱柱顶两侧有梁，中柱柱头纵向钢筋构造分为 4 种构造做法，施工人员应根据各种做法所要求的条件正确选用，如图 9.2-14 所示。

柱的位置分类

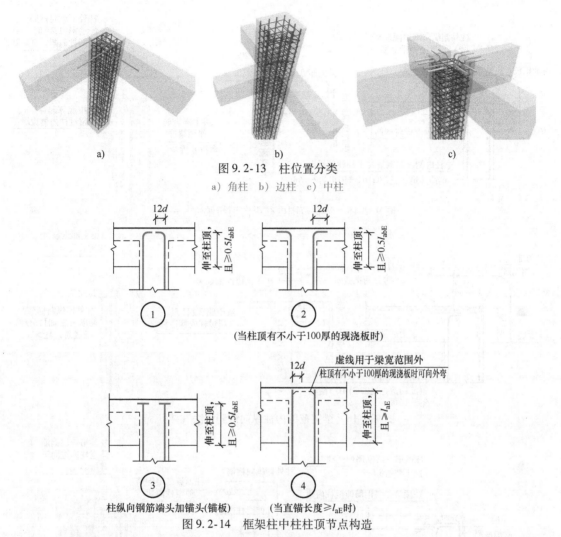

图 9.2-13 柱位置分类
a) 角柱 b) 边柱 c) 中柱

图 9.2-14 框架柱中柱柱顶节点构造

(2) 框架柱边柱和角柱柱顶节点构造 框架柱一侧有梁时的顶层端节点构造,应遵循 22G101-1 图集中所表示的框架边柱和角柱柱顶节点构造做法。框架柱边柱和角柱梁宽范围外节点外侧的柱纵向钢筋构造应与梁宽范围内节点外侧和梁端顶部弯折搭接构造配合使用,梁宽范围内框架柱边柱和角柱柱顶纵向钢筋伸入梁内的柱外侧纵筋不宜少于柱外侧全部纵筋面积的 65%。框架柱边柱和角柱一侧有梁时,柱外侧纵向钢筋和梁上部纵向钢筋在节点外侧的弯折搭接构造共有 4 种做法。

1) 梁宽度范围内伸入梁内柱纵向钢筋做法,当从梁底算起 $1.5l_{abE}$ 超过柱内侧边缘时,其做法如图 9.2-15 所示;当柱外侧纵筋配筋率 >1.2% 时,柱外侧纵筋在梁内应当分两批截断,截断点延伸错开距离 $\geqslant 20d$。

2) 梁宽度范围内伸入梁内柱纵向钢筋做法,当从梁底算起 $1.5l_{abE}$ 未超过柱内侧边缘时,其做法如图 9.2-16 所示,相当于图 9.2-15 节点,此时第一批柱纵筋截断点位于柱内。

3) 梁宽范围外钢筋在节点内的锚固,柱内钢筋走不到梁里面去,柱内纵筋弯折构造如图 9.2-17 所示。

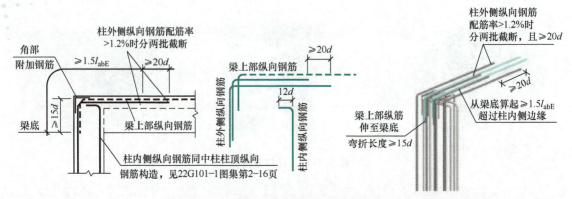

图 9.2-15 梁宽范围内柱纵向钢筋做法（一）

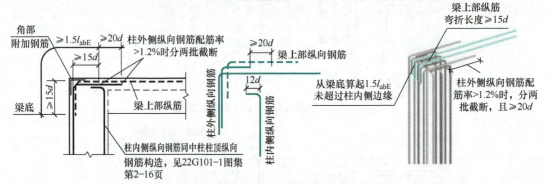

图 9.2-16 梁宽范围内柱纵向钢筋做法（二）

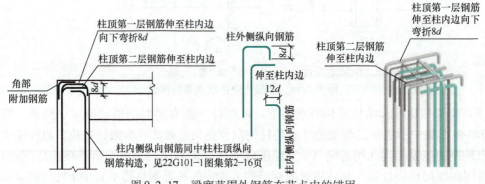

图 9.2-17 梁宽范围外钢筋在节点内的锚固

4）梁宽范围外钢筋伸入现浇板内锚固，当现浇板厚度不小于100mm时，柱内纵筋构造如图9.2-18所示。

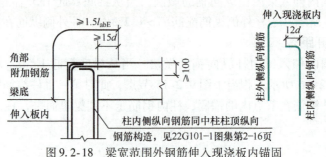

图 9.2-18 梁宽范围外钢筋伸入现浇板内锚固

这里需要注意，当柱外侧纵向钢筋直径不小于梁上部钢筋时，梁宽范围内的柱外侧纵向钢筋可弯入梁内作为梁上部纵向钢筋，其构造如图 9.2-19a 所示；柱端角部附加钢筋构造如图 9.2-19b 所示。

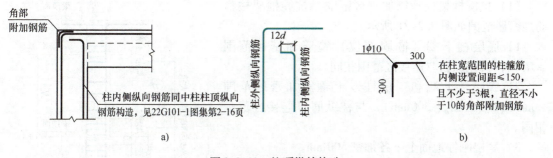

图 9.2-19　柱顶纵筋构造
a) 梁宽范围内的柱外侧纵向钢筋弯入梁内作为梁筋构造　b) 柱端角部附加钢筋构造

识读图 9.2-20，总结图中框架柱纵向钢筋构造，可列表说明。

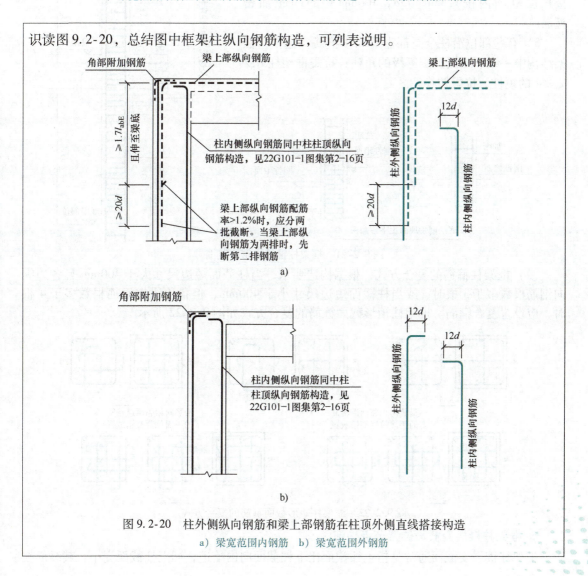

图 9.2-20　柱外侧纵向钢筋和梁上部钢筋在柱顶外侧直线搭接构造
a) 梁宽范围内钢筋　b) 梁宽范围外钢筋

5. 箍筋构造

箍筋加密区范围布置在抗震框架柱梁节点附近的区域，该区域也是柱纵筋的非连接区。除了非连接区外，抗震框架柱的其他部位为可连接区，也是箍筋的非加密区。

（1）抗震框架柱箍筋加密区范围　抗震框架柱箍筋加密区范围如图 9.2-21 所示。

1）底层柱下端（嵌固部位）箍筋加密区范围 $\geq H_n/3$，与柱纵筋非连接区范围相同。

2）底层柱上端和二层柱以上箍筋加密区范围 $\geq \max(H_n/6、h_c、500\text{mm})$，与柱纵筋非连接区范围相同。

3）底层刚性地面上下各加密 500mm。

4）当框架柱纵筋采用搭接连接时，应在柱纵筋搭接长度范围内按 $\leq \min(5d，100\text{mm})$ 的间距加密箍筋。

5）有些部位沿柱全高都需要加密箍筋，包括：框架结构中一级、二级抗震等级的角柱；抗震框架柱 $H_n/h_c \leq 4$ 的短柱；抗震转换柱。

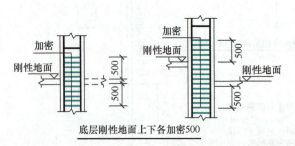

图 9.2-21　框架柱箍筋加密区范围

（2）框架柱箍筋的复合方式　根据构造要求，当柱截面短边尺寸大于 400mm 且各边纵向钢筋根数多于 3 根时，或当柱截面短边尺寸小于 400mm，但各边纵向钢筋根数多于 4 根时，应设置复合箍筋。框架柱矩形截面箍筋的复合方式如图 9.2-22 所示。

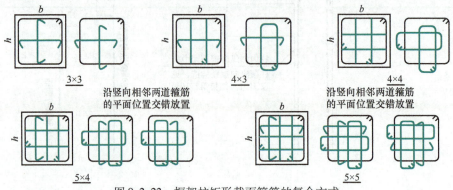

图 9.2-22　框架柱矩形截面箍筋的复合方式

6. 框架柱楼层变截面位置节点构造

框架柱楼层变截面通常是指上柱截面比下柱截面向内缩进，即上柱截面变小，其纵筋在梁、柱节点内有直通或非直通两种构造，而且还区分上柱截面是双侧缩进或单侧缩进的情况，具体构造做法如图9.2-23所示。

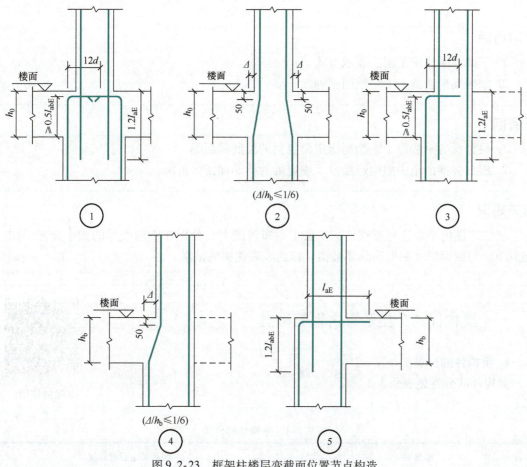

图9.2-23 框架柱楼层变截面位置节点构造

柱中箍筋加密区的计算：
　　已知与KZ2相交的梁高均为600mm，请结合结构层高确定7.450处KZ2的箍筋加密区范围。

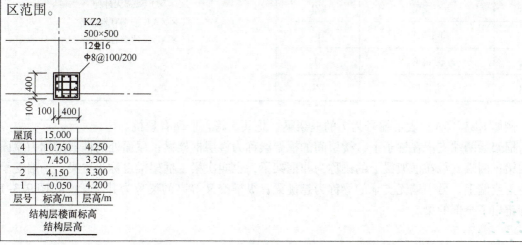

任务三　梁平法识图

学习目标

1. 了解梁平法施工图的表示方式。
2. 掌握梁平法施工图的制图规则。

任务描述

1. 根据梁的平法施工图绘制指定位置梁的配筋断面图。
2. 根据标准图集中的构造要求，确定梁的箍筋加密区范围。

相关知识

梁施工图的平面注写方式是指在梁平面布置图上，分别在不同编号的梁中选一根梁，在其上注写截面尺寸和配筋具体数值，以此来表达梁的信息。

一、梁构件的分类及梁内钢筋种类

1. 梁构件的分类

梁构件的分类见表 9.3-1。

梁的作用

表 9.3-1　梁构件的分类

序号	梁类型	代号	跨数及是否带悬挑
1	楼层框架梁	KL	
2	屋面框架梁	WKL	
3	框支梁	KZL	（××）端部无外伸 （××A）一端有外伸 （××B）两端有外伸
4	非框架梁	L	
5	悬挑梁	XL	
6	井字梁	JZL	

例如 KL7（5A）表示编号为 7 的框架梁，总共 5 跨，一端有悬挑。

框架梁两端支承在柱子上，楼层间的框架梁称为楼层框架梁；屋面处的框架梁称为屋面框架梁；两端支承在框架梁上的梁称为非框架梁，也叫次梁，框架梁也称为主梁；一端支承在柱上或墙上，另一端无支承的梁为悬挑梁；纵横交叉等高的梁称为井字梁。在图 9.3-1 中标记出了全部的梁。

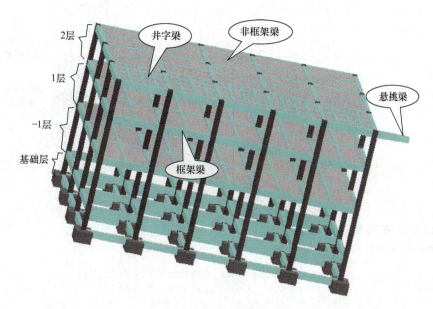

图 9.3-1 结构中的梁

思考：

L9（7B）、JZL1（8）分别表示什么？

2. 梁内钢筋的种类及作用

梁内钢筋分为纵筋与横向钢筋，其中纵筋有梁底受力筋、梁顶通长钢筋、架立筋、梁两侧的构造钢筋；横向钢筋一般是箍筋。框架梁受力图及钢筋布置情况如图 9.3-2 所示。接下来依据受力特点分别来认识不同钢筋的作用。

连续多跨梁受力变形

（1）梁底受力筋　梁承受由板所传来的荷载，梁受力分析简图如图 9.3-2b 所示，跨中位置梁下受拉，支座处梁上受拉，在建筑结构中混凝土承受压力，钢筋承受拉力，哪边受拉哪边就分布受力筋，因此布置在梁底的钢筋称为受力筋。

（2）支座负筋　梁两端支座处的受力与跨中受力相反，支座上方受拉，支座下方受压，规范规定梁下方受拉为正，上方受拉为负，因此在支座上端布置的受力筋称为支座负筋。

（3）梁顶通长钢筋与架立筋　梁顶通长钢筋与架立筋和梁底受力筋一起与箍筋绑扎，形成稳定的钢筋骨架。

（4）构造钢筋　当梁的腹板高度大于等于 450mm 时，需要在梁的两侧布置构造钢筋，避免由于梁过高而发生失稳，如图 9.3-2a 所示。

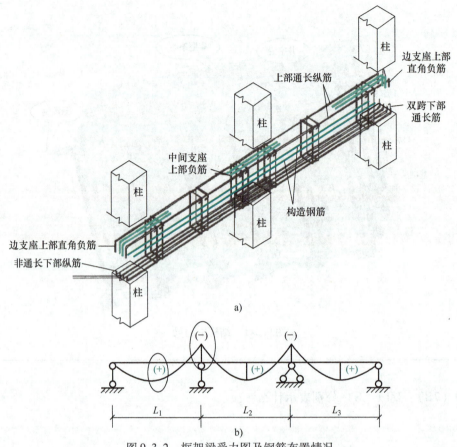

图 9.3-2 框架梁受力图及钢筋布置情况
a) 梁内钢筋的布置 b) 梁受力分析

(5) 箍筋 箍筋将梁内的所有纵向钢筋绑扎在一起,形成稳定的钢筋骨架,同时箍筋可以有效抵抗剪力。在梁两端为箍筋的加密区,跨中为非加密区,具体的加密区长度按图集构造要求确定。

二、梁平法施工图表示方式

梁平法识图规则

梁平法施工图表示方式分为平面注写方式与截面注写方式,如图 9.3-3 所示。

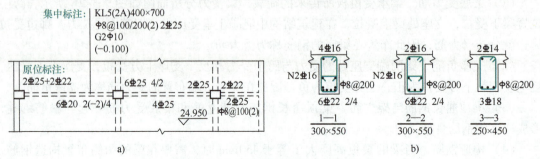

图 9.3-3 梁平法施工图表示方式
a) 平面注写方式 b) 截面注写方式

1. 平面注写方式

平面注写方式分为集中标注与原位标注，如图9.3-3a所示，用线引出来注写的是集中标注，直接注写在梁周边的标注是原位标注。集中标注内容包含梁编号、梁截面尺寸、箍筋、梁上部通长筋或架立筋、梁侧面纵向构造钢筋或受扭钢筋及梁顶面标高高差（选注）；原位标注内容包含梁支座上部纵筋、梁下部纵筋、修正集中标注的内容及附加箍筋或吊筋。

（1）集中标注

1）梁编号。梁编号由梁类型代号、序号、跨数及是否带悬挑代号组成，如图9.3-3a所示，由图可知为框架梁5，两跨，一端悬挑，其三维立体图如图9.3-4所示。

2）梁截面尺寸。等截面梁用$b \times h$表示；当有悬挑梁且根部和端部的高度不同时（变截面悬挑梁），用斜线分隔根部与端部的高度值（该项为原位标注），即$b \times h_1/h_2$。由图9.3-3a中的集中标注可知，KL5的截面尺寸为宽400mm，高700mm，如图9.3-5所示。

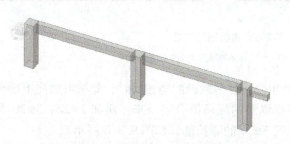
图9.3-4 框架梁5三维立体图

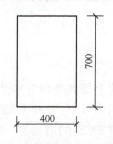
图9.3-5 框架梁5截面尺寸

3）箍筋。梁箍筋注写内容包括钢筋的级别、直径，以及加密区与非加密区的间距及肢数。箍筋加密区与非加密区的不同间距及肢数需用斜线"/"分隔；当加密区与非加密区的箍筋肢数相同时，则肢数只注写一次，箍筋肢数应写在括号内。由图9.3-3a可知箍筋是直径为8mm的两肢箍，加密区间距100mm，非加密区间距200mm，其加密区在梁跨两侧，中间为非加密区，如图9.3-6所示。

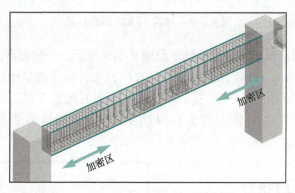
图9.3-6 箍筋的布置

4）梁上部通长筋或架立筋。通长筋可以是相同或不同直径的采用搭接连接、焊接连接或机械连接的钢筋。当框架梁箍筋采用四肢箍或更多肢时，由于通长筋一般仅需设置2根，所以应补充设置架立筋；当同排纵筋中既有通长筋又有架立筋时，用加号"+"将通长筋和架立筋相联。标注时将角部纵筋写在加号的前面，架立筋写在加号后面的括号内。由

图9.3-3a中的集中标注可知，通长筋是两根直径25mm的三级钢筋，其三维立体图如图9.3-7a所示，此跨梁也是两肢箍，刚好与顶部两根通长筋形成稳定骨架。如果标注成2⊈20＋（2Φ12），则是用于四肢箍，其中2⊈20为通长筋，2Φ12为架立筋，与四肢箍形成稳定骨架，如图9.3-7b所示。

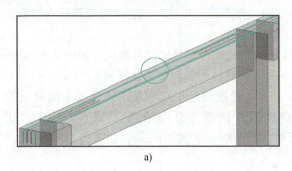 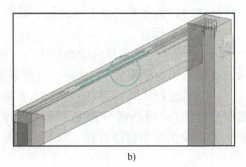

a) b)

图9.3-7 梁顶部钢筋布置
a）两根通长筋 b）两根通长筋＋两根架立筋

当梁的上部纵筋和下部纵筋为全跨相同，且多数跨配筋相同时，此项可加注下部纵筋的配筋值，用分号"；"将上部纵筋与下部纵筋的配筋值分隔开来。例如2⊈22；3⊈20表示梁的上部配置2⊈22的通长筋，梁下部配置3⊈20的通长筋，如图9.3-8所示。

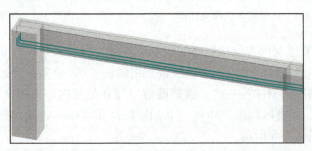

图9.3-8 2⊈22；3⊈20纵筋布置

5）梁侧面纵向构造钢筋或受扭钢筋。如图9.3-9所示，当腹板高度$h_w \geq 450mm$时，需配置梁侧面纵向构造钢筋，此项标注以大写字母G打头，标注值是梁两个侧面的总配筋值，且对称配置。图9.3-3a中的G2Φ10表示梁的两个侧面共配置2根直径10mm的一级钢筋，每侧各配置1根，其三维立体图如图9.3-10所示，梁侧面纵向构造钢筋需用拉结筋连接，以保证整体的稳定性。

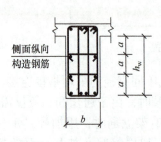 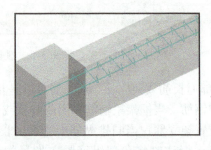

图9.3-9 腹板高度　　图9.3-10 梁侧面纵向构造钢筋三维立体图

当梁侧面需配置受扭钢筋时，以大写字母 N 打头，标注梁侧面的总配筋值，且对称配置。

6）梁顶面标高高差。梁顶面标高高差是指相对于结构层楼面标高的高差值；对于位于结构夹层的梁，则是指相对于结构夹层楼面标高的高差。有高差时，需将其写入括号内，无高差时不注写。当某梁的顶面高于所在楼层标高时，其标高高差为正值，反之为负值。由图 9.3-3a 可知，KL5 的梁顶标高比结构层楼面标高低 0.1m，其三维立体图如图 9.3-11 所示。

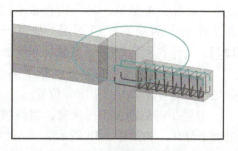

图 9.3-11　梁顶面标高高差三维立体图

（2）原位标注　当集中标注中的某项数值不适用于梁的某部位时，则将该项数值原位标注。如梁支座上部纵筋、梁下部纵筋及附加箍筋或吊筋等，施工时原位标注取值优先。

1）梁支座上部纵筋原位标注。原位标注注写的梁支座上部纵筋是包含上部通长筋在内的所有纵筋，例如图 9.3-3a 中的注写情况如下：

① 当上部纵筋多于一排时，用斜线"/"将各排纵筋自上而下分开。图 9.3-3a 中的 6⊕25 4/2，表示共 6 根直径 25mm 的三级钢筋，分两层布置，上层 4 根，下层 2 根，其立体布置与断面布置如图 9.3-12 所示。

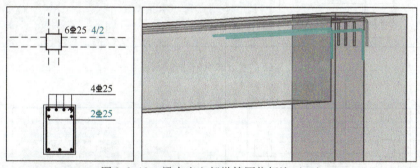

图 9.3-12　梁支座上部纵筋原位标注（一）

② 当同排纵筋有两种直径时，用加号"＋"将两种直径的纵筋相联，标注时将角部纵筋写在前面。图 9.3-3a 中的 2⊕25＋2⊕22，表示支座负筋共 4 根，其中 2 根直径 25mm 的三级钢筋，2 根直径 22mm 的三级钢筋，加号前的靠梁外侧布置，其立体布置与断面布置如图 9.3-13 所示。

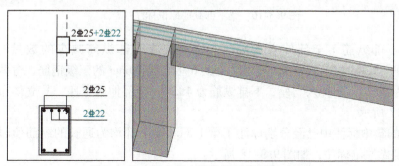

图 9.3-13　梁支座上部纵筋原位标注（二）

③ 当梁中间支座两边的上部纵筋不同时，须在支座两边分别标注；当梁中间支座两边的上部纵筋相同时，可仅在支座的一边标注配筋值，另一边省去不注。图 9.3-3a 中最右侧支座上方两端的配筋不同，故分开标注，支座左侧为 2⊉25，支座右侧为 2⊉22，其断面布置如图 9.3-14 所示。

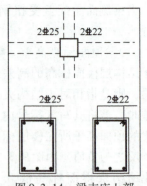

2）梁下部纵筋原位标注。梁下部受力筋通常采用原位标注直接注写在梁的跨中下方位置。

① 当下部纵筋多于一排时，用斜线"/"将各排纵筋自上而下分开，如图 9.3-15 所示。

② 当同排纵筋有两种直径时，用加号"+"将两种直径的纵筋相联，标注时将角部纵筋写在前面，如图 9.3-16 所示。

图 9.3-14 梁支座上部纵筋原位标注（三）

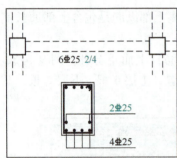
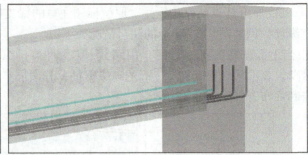

图 9.3-15 梁下部纵筋原位标注（一）

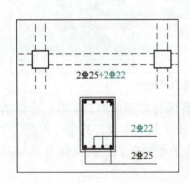
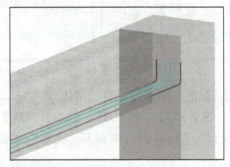

图 9.3-16 梁下部纵筋原位标注（二）

③ 当梁下部纵筋不全部伸入支座时，将梁支座下部纵筋减少的数量写在括号内。图 9.3-3a 中的 6⊉20 2（-2）/4，表示底部共 6 根直径 20mm 的三级钢筋，分两排布置，其中上排纵筋为 2⊉20，不伸入支座；下排纵筋为 4⊉20，全部伸入支座，其立体布置与断面布置如图 9.3-17 所示。

④ 当梁的集中标注中已经分别标注了梁上部和梁下部均为通长的纵筋值时，则不必再对梁下部重复做原位标注，如图 9.3-18 所示。

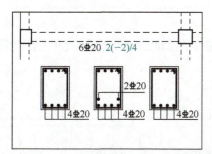
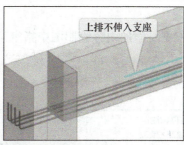

图 9.3-17 梁下部纵筋原位标注（三）

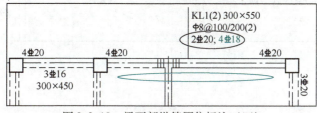

图 9.3-18 梁下部纵筋原位标注（四）

思考：

图 9.3-18 中的梁下纵筋是如何分布的？试着画出立体图。

3）附加箍筋或吊筋原位标注。在主次梁相交处的主梁上一般要设置附加箍筋或吊筋，直接将附加箍筋或吊筋画在平面图中的主梁上，用线引注总配筋值（附加箍筋的肢数注写在括号内）。当多数附加箍筋或吊筋相同时，可在梁平法施工图上统一注明。附加箍筋与吊筋原位标注如图 9.3-19 所示。

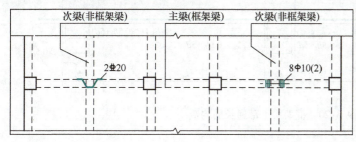
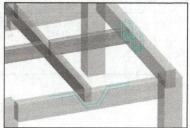

图 9.3-19 附加箍筋与吊筋原位标注

2. 截面注写方式

截面注写方式是指在梁平面布置图上，分别在不同编号的梁中各选择一根梁用剖切符号引出断面配筋图，并在其上注写截面尺寸和配筋具体数值，如图 9.3-3b 所示。

建筑工程识图

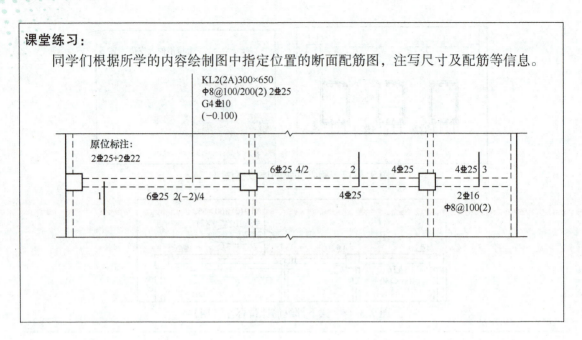

三、梁构件钢筋构造

1. 框架梁上部通长筋

根据抗震规范要求,框架梁上部应设置至少两根通长筋,通长筋可以是相同或不同直径的采用搭接连接、焊接连接或机械连接的钢筋,如图9.3-20所示。

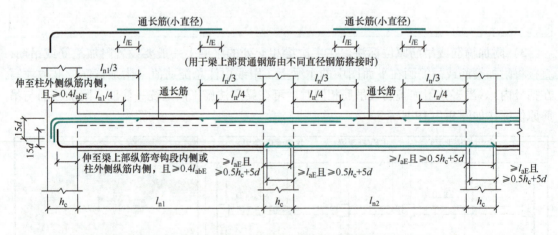

图9.3-20 框架梁上部通长筋构造

(1)端支座

1)端支座弯锚:当 $h_c \leqslant l_{aE}$ 时,采用弯锚;支座宽度不够直锚时,采用弯锚,如图9.3-20所示。

2)端支座加锚头锚固时,伸至柱外侧纵筋内侧且 $\geqslant 0.4l_{abE}$,如图9.3-21a所示。

3)端支座直锚:当 $h_c > l_{aE}$ 时,采用直锚;支座宽度够直锚时,采用直锚,如

图 9.3-21b 所示。

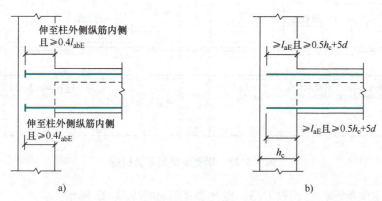

图 9.3-21 梁端支座锚固构造
a) 加锚头 b) 直锚

（2）中间支座

1）变截面：当支座两边的梁截面尺寸不同时，上部通长筋断开，锚固在支座内并伸至柱外侧弯折 $15d$；当支座宽度满足直锚要求时，既可直锚，也可斜弯通过，如图 9.3-22a、b 所示。

2）梁高相同，梁宽不同时，将无法直通的纵筋锚入柱内，如图 9.3-22c 所示。

3）支座两边纵筋根数不同时，将多出的纵筋锚入柱内，如图 9.3-22c 所示。

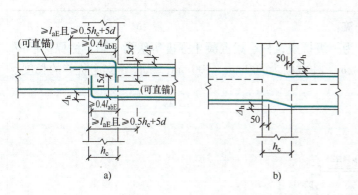

图 9.3-22 梁中间支座锚固构造

2. 梁支座负筋

（1）一般情况 支座负筋端部锚固同上部通长筋；支座负筋由支座向跨内延伸，延伸长度从支座边起算：上排支座负筋延伸长度为 $l_n/3$，下排支座负筋延伸长度为 $l_n/4$，其中 l_n 为本跨的净跨长（端支座），或者取相邻两跨净跨长的较大值（中间支座）。梁支座负筋布置构造如图 9.3-23 所示。

梁支座负筋

（2）支座两边配筋不同 此时，多出的纵筋在中间支座锚固，锚固长度同上部通长筋端部支座锚固，如图 9.3-23 所示。

（3）上排无支座负筋 当上排全部是通长筋时，第二排支座负筋延伸长度参照一般情

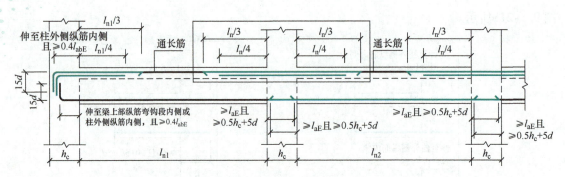

图 9.3-23 梁支座负筋布置构造

况下的第一排支座负筋构造,取 $l_n/3$,以此类推,如图 9.3-23 所示。

(4)贯通小跨 标注在跨中的钢筋一般是贯通小跨,如图 9.3-24 所示,梁上部有 6 根直径 25mm 的三级钢筋,分两层布置,上层 4 根,下层 2 根,贯通小跨。

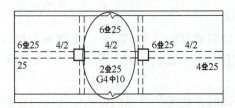

图 9.3-24 贯通小跨注写方式

根据梁支座负筋的构造要求,计算:

框架梁 1 如下图所示,设计为一级抗震,柱、梁混凝土强度等级为 C30,柱保护层厚度为 30mm,梁保护层厚度为 25mm,柱截面为 400mm×400mm,试计算支座负筋的长度。

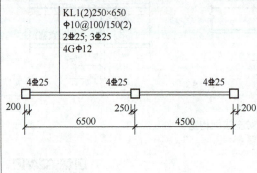

3. 梁上部架立筋

架立筋是用来固定箍筋和形成钢筋骨架的一种构造钢筋,当梁顶箍筋转角处无纵向受力钢筋时,应设置架立筋。若梁箍筋为四肢箍时,梁的上部通长筋为 2 根,这时就需要再设置 2 根架立筋。梁的上部架立筋与支座负筋(非贯通筋)的搭接长度为 150mm,如图 9.3-25 所示架立筋的锚固长度为 150mm。

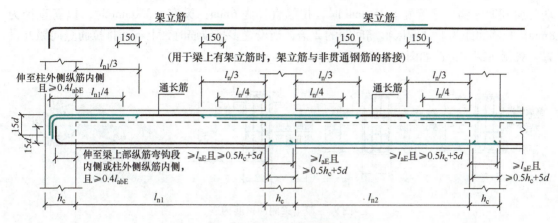

图 9.3-25 架立筋锚固长度

4. 梁下部钢筋

端支座处的梁下部钢筋同上部通长筋,中间支座处梁下部钢筋的变截面思路同上部通长筋,具体构造相反,梁下部钢筋搭接构造如图 9.3-26 所示。

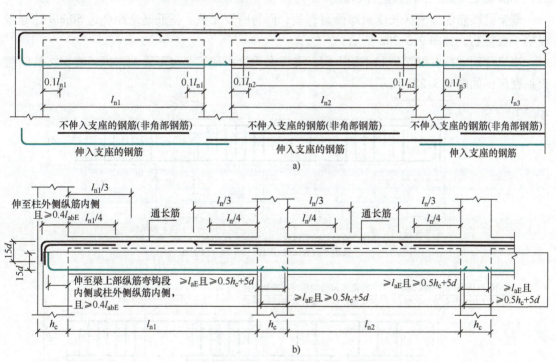

图 9.3-26 梁下部钢筋搭接构造
a) 梁底钢筋不伸入支座 b) 梁底钢筋伸入支座

5. 梁侧面钢筋

当梁腹板高度 $h_w \geqslant 450$mm 时,在梁的两个侧面沿高度配置纵向构造钢筋,纵向构造钢筋竖向间距≤200mm。梁侧面构造纵筋的搭接与锚固长度可取 $15d$,梁侧面受扭纵筋的搭接长度为 l_{lE} 或 l_l,其锚固长度为 l_{aE} 或 l_a,锚固方式同框架梁下部纵筋,采用光圆钢筋时,末端要加180°弯钩。当梁宽≤350mm时，拉筋直径为6mm；梁宽＞350mm时，拉筋直径为8mm。拉筋间距为非加密区箍筋间距的2倍，当设置多排拉筋时，上下两排拉筋竖向错开设置。梁侧面钢筋构造如图9.3-27所示。

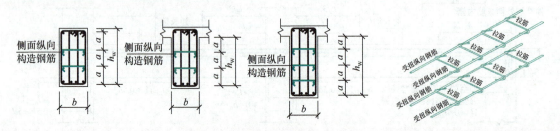

图9.3-27 梁侧面钢筋构造

6. 箍筋、附加箍筋及吊筋

（1）箍筋 按抗震设计要求，楼层框架梁（KL）及屋面框架梁（WKL）的箍筋设置应有加密区和非加密区。框架梁箍筋加密区设置在柱支座附近，加密范围与框架抗震等级有关。非框架梁（L）不设箍筋加密区。

框架梁箍筋的加密区长度只跟梁高有关，而与跨度无关。箍筋是从距柱边50mm处起步设第一根箍筋，如图9.3-28a所示。

当梁分别支撑在框架柱和主梁上时，支撑在主梁一端箍筋可不设加密区，支撑在柱端需设加密区，如图9.3-28b所示。

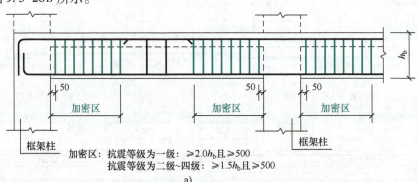

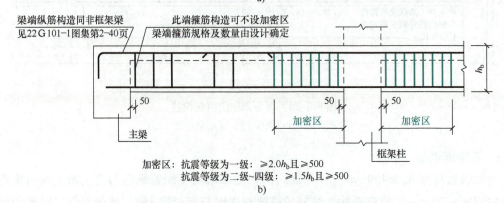

图9.3-28 箍筋加密区与非加密区设置
a) 框架梁箍筋加密区范围（一） b) 框架梁箍筋加密区范围（二）

依据箍筋加密构造要求,计算下图中 KL2 的箍筋加密区长度以及箍筋根数。

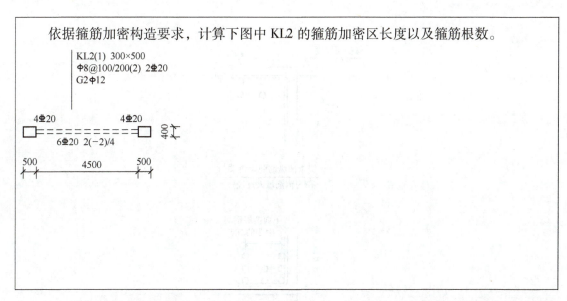

(2)附加箍筋与附加吊筋　在主梁与次梁相交处,次梁的集中荷载可能使主梁的腹部产生斜裂缝,并引起局部破坏,为了防止出现这种情况,应在次梁两侧的主梁内设置附加箍筋或附加吊筋。

附加箍筋应布置在次梁两侧 $2h_1+3b$ 的长度范围内,第一道附加箍筋距离次梁边缘 50mm,如图 9.3-29a 所示。当梁高≤800mm 时,附加吊筋弯折角度为45°;当梁高>800mm 时,附加吊筋弯折角度为60°,附加吊筋下部尺寸为次梁宽度加上 100mm,弯折到上部的水平段长度为 $20d$,如图 9.3-29b 所示。

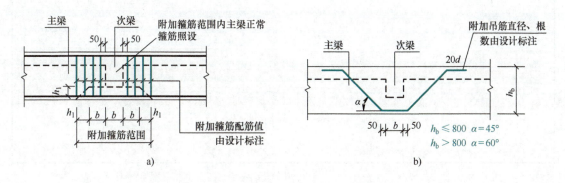

图 9.3-29　附加箍筋与附加吊筋构造要求
a)附加箍筋构造　b)附加吊筋构造

7. 梁断面纵筋间距

纵向钢筋在放置时,预留的间距要满足规范要求,要保证混凝土能振捣密实,从而不影响结构受力,具体要求如图 9.3-30 所示。

建筑工程识图

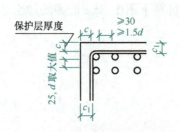

梁上部纵筋间距要求
(d 为钢筋最大直径)

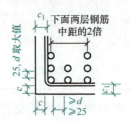

梁下部纵筋间距要求
(d 为钢筋最大直径)

图 9.3-30　梁断面钢筋间距要求

> **思考总结：**
> 　　自主查阅 22G101-3 图集，区分基础梁与本节框架梁构造的不同点，并进行总结。

任务四　板平法识图

学习目标

1. 了解钢筋混凝土板的分类、受力特点及钢筋的分布情况。
2. 掌握板平法施工图制图规则。

任务描述

1. 通过对板的平法识图，描述板内钢筋的分布。
2. 根据标准图集中的构造要求，说明板内钢筋的锚固及搭接长度。

一、板构件分类

钢筋混凝土板按受力分为单向板、双向板；按做法分为预制板、现浇板；现浇钢筋混凝土板分为有梁楼盖板（图9.4-1a）、无梁楼盖板（图9.4-1b）、悬挑板等。有梁楼盖板是由梁和楼面板组成的，楼面荷载通过楼面板传递给梁，再通过梁传递给柱子或墙体。无梁楼盖板的柱上不设置梁（无梁），楼面荷载通过"柱帽"传递给柱子。

a)　　　　　　　　　　　　　　　b)

图9.4-1　有梁楼盖板与无梁楼盖板

a）有梁楼盖板　b）无梁楼盖板

二、板中钢筋的种类及受力特点分析

板承受由楼地面传来的荷载，因此板底承受拉力，板顶承受压力，板将上部力传递给梁。板内钢筋根据受力特点分为板底受力筋、分布筋、支座负筋、板顶通长分布筋。

1）板底受力筋主要承受拉力。

2）分布筋将板顶承受的荷载均匀地传递给受力筋。

3）支座负筋：在梁支座处，板顶受拉，因此梁支座处的板上部布置受力筋，上部受拉为负，因此称为支座负筋。

4）板顶通长分布筋：当板开间较小时，可将板顶钢筋通长布置，起到均匀分布荷载的作用。

常见板的钢筋骨架组合有以下情况：

1）板底钢筋网+四周支座负筋：此时板比较大，适用于开间较大的房间，如图9.4-2所示。

2）底部与顶部双向钢筋网：此时板较小，适用于开间较小的房间，例如厨房卫生间，如图9.4-3所示。

3）板底钢筋网+四周支座负筋+中间顶部温度筋：当板特别大时，如门厅处，板顶中

图 9.4-2　板底钢筋网+四周支座负筋

图 9.4-3　底部与顶部双向钢筋网

部需要配置温度筋，以免造成混凝土上部开裂，如图 9.4-4 所示。

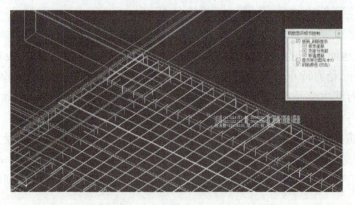

图 9.4-4　板底钢筋网+四周支座负筋+中间顶部温度筋

三、有梁楼盖板平法施工图

有梁楼盖板平法施工图采用平面注写的表达方式，平面注写内容主要包括板块集中标注和板支座的原位标注，如图 9.4-5 所示。板块集中标注内容包含板块编号、板厚、贯通纵筋及板面标高高差（选注项）。板支座原位标注的主要内容是板支座上部非贯通纵筋和悬挑板上部受力钢筋。

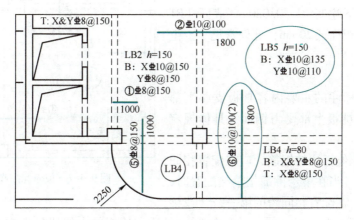

图 9.4-5　板平面注写

1. 集中标注

（1）板块编号　板块编号见表 9.4-1。

（2）板厚　板厚注写为 $h=×××$（垂直于板面的厚度），例如 $h=120$；当悬挑板的端部改变截面厚度时，注写为 $h=×××/×××$（斜线前为板根的厚度，斜线后为板端的厚度），例如，XB2 $h=120/80$，表示 2 号悬挑板，板根部厚 120mm，端部厚 80mm，如图 9.4-6 所示。

表 9.4-1　板块编号

板类型	代号	序号
楼面板	LB	××
屋面板	WB	××
悬挑板	XB	××

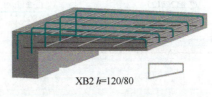

图 9.4-6　变截面板

（3）贯通纵筋　贯通纵筋按板块的下部纵筋和上部纵筋分别注写，当板块上部不设贯通纵筋时则不注写；22G101-1 图集规定，以 B 代表板下部钢筋，T 代表板上部钢筋，B&T 代表下部与上部钢筋；以 X 代表 x 向贯通纵筋，Y 代表 y 向贯通纵筋，X&Y 代表两贯通纵筋配置相同。图 9.4-5 中 LB5 的厚度为 150mm，只有板底配筋，x 方向为直径 10mm 的三级钢筋，间距为 135mm；y 方向为直径 10mm 的三级钢筋，间距 110mm，x 方向与 y 方向钢筋横纵交叉呈网格状布置，由配筋可知 y 方向为受力筋，在最下方。

> **思考：**
> 图 9.4-5 中 LB4 的集中标注中的配筋分别是什么？

（4）板面标高高差　板面标高高差是指相对于结构层楼面标高的高差，应将其注写在括号内，且有高差时才注，无高差时不注。图9.4-7中LB1下注写（-0.020），表示LB1的板面较LB5的板面低20mm，此处常见于卫生间地面。

2. 原位标注

板支座原位标注的主要内容是板支座上部非贯通纵筋和悬挑板上部受力钢筋，具体规定如下：

1）板支座原位标注的钢筋，应在配置相同跨的第一跨表示（当在梁悬挑部位单独配置时，则在原位表达）。在配置相同跨的第一跨（或梁悬挑部位），垂直于板支座（梁或墙）绘制一段适宜长度的中粗线代表支座上部非贯通纵筋，并在线段上方注写箍筋符号、配筋值，如图9.4-7所示，粗实线代表钢筋。

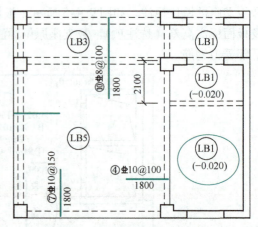

图9.4-7　板面标高高差表示

2）板支座上部非贯通纵筋自支座边线向跨内的伸出长度，注写在线段的下方位置，如图9.4-8所示。

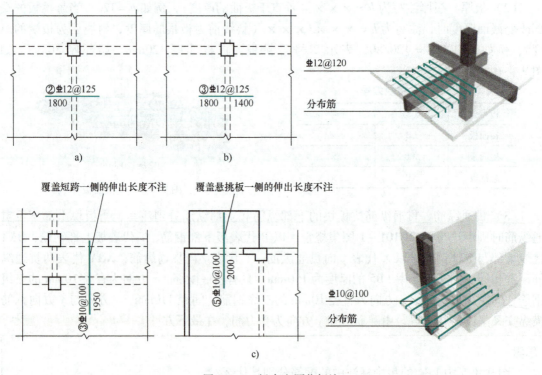

图9.4-8　板支座原位标注

a) 对称伸出　b) 非对称伸出　c) 板支座非贯通纵筋贯通全跨或伸出至悬挑端

3）当中间支座上部非贯通纵筋向支座两侧对称伸出时，可仅在支座一侧线段下方标注伸出长度，另一侧不注，如图9.4-8a所示。

4)当支座两侧非对称延伸时,应分别在支座线段下方注写延伸长度,如图 9.4-8b 所示。

5)对于线段画至对边贯通全跨或贯通全悬挑长度的上部通长纵筋,贯通全跨或伸出至全悬挑一侧的长度值不注,只注明非贯通纵筋另一侧的伸出长度值,如图 9.4-8c 所示。

四、有梁楼盖板钢筋构造

1. 板底贯通钢筋

(1)端支座为梁时的板端支座构造(剪力墙、圈梁同此处理)

1)普通楼(屋)面板下部贯通纵筋在支座的直锚长度 $\geq 5d$ 且至少伸到梁中线,如图 9.4-9a 所示。

2)转换层楼面板在支座处的锚固长度:平直段 $\geq 0.6l_{abE}$,并弯折 $15d$,如图 9.4-9b 所示。

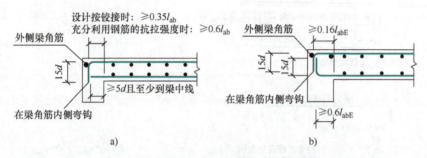

图 9.4-9 板端支座构造

a)普通楼(屋)面板 b)梁板式转换层楼面板

(2)板中间支座构造 板中间支座底筋构造如图 9.4-10 所示。

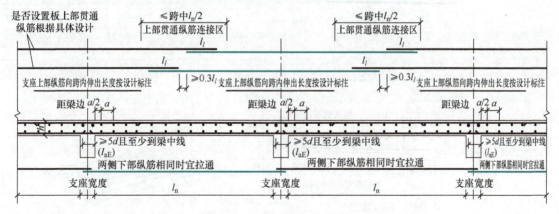

图 9.4-10 板中间支座底筋构造

1)与支座垂直的贯通纵筋伸入支座 $5d$ 且至少到梁中线。

2)梁板式转换层楼面板的下部贯通纵筋在支座处的直锚长度为 l_{aE}。

3)与支座同向的贯通纵筋,第一根钢筋在距梁边 1/2 板筋间距处开始设置。

4）当采用机械连接或焊接连接时，下部纵筋的连接位置宜在距支座 1/4 净跨内。

（3）板悬挑端构造　悬挑板分为板延伸的悬挑板、梁延伸的悬挑板及板延伸的变截面悬挑板 3 种情况，其钢筋构造如图 9.4-11 所示，总结为以下 2 点：

悬挑板受力变形

1）板底通长钢筋是构造筋与分布筋，短边是构造筋在下，长边是分布筋在上。

2）板底钢筋根部的锚固长度为 $\max(12d, b/2)$。

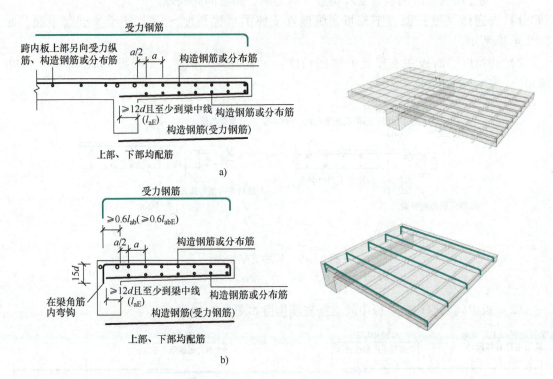

图 9.4-11　板悬挑端构造

a）板延伸的悬挑板　b）梁延伸的悬挑板　c）板延伸的悬挑板（变截面）

根据板底贯通纵筋构造要求,计算板底贯通纵筋。

如下图所示,已知板 LB1,图中轴线均为正中轴线,混凝土强度等级为 C25,二级抗震等级,求板下部贯通纵筋。

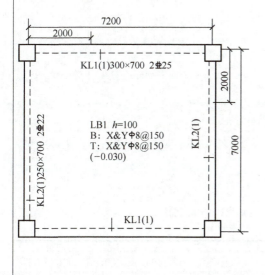

2. 板顶贯通钢筋

(1) 端支座为梁时的板端支座构造(剪力墙、圈梁同此处理) 相关构造如图 9.4-9 所示。

1) 上部纵筋伸到外侧梁角筋内侧弯钩,弯折段长度 $15d$。

2) 弯锚的平直段长度:设计按铰接时 $\geq 0.35l_{ab}$,充分利用钢筋的抗拉强度时 $\geq 0.6l_{ab}$。

(2) 板中间支座构造 板中间支座构造如图 9.4-10 所示。

1) 与支座垂直的贯通纵筋设置要求:

① 贯通跨越中间支座。

② 上部贯通纵筋连接区在跨中 1/2 跨度范围之内 ($l_n/2$),l_n 为板净跨跨度。

③ 当相邻等跨或不等跨的上部贯通纵筋配置不同时,应将配置较大的越过其标注的跨数终点或起点延伸至相邻跨的跨中连接区域连接。

2) 与支座同向的贯通纵筋,第一根钢筋在距梁边为 1/2 板筋间距处开始设置。

(3) 板悬挑端构造 板悬挑端构造如图 9.4-11 所示,区分受力筋与分布筋,受力筋沿短边布置。

3. 板顶非贯通钢筋

(1) 支座负筋构造

1) 板端支座构造同板顶贯通纵筋,板顶纵筋在端支座处应伸至梁支座外侧纵筋内侧后弯折 $15d$,当平直段长度分别 $\geq l_a$、l_{aE} 时可不弯折,采用直锚,如图 9.4-9 所示。

2) 板中间支座构造:支座负筋长度即平直段长度,无弯折(注意,此处与 16G101 系列图集不同);分布筋起步距离距梁边 $a/2$,a 为板筋间距,如图 9.4-10 所示。

根据板顶贯通纵筋构造要求，计算板顶贯通纵筋。

如下图所示，已知板 LB1，图中轴线均为正中轴线，混凝土强度等级为 C25，二级抗震等级，求板上部贯通纵筋。

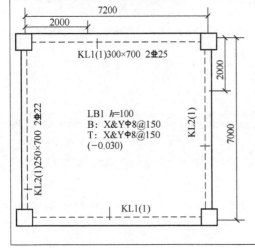

根据支座负筋构造要求，计算支座负筋。

已知图中梁宽 300mm，求②轴线处支座负筋的长度及根数。

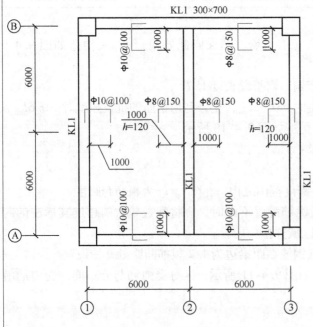

（2）板分布筋构造

1）分布筋自身及与受力主筋、构造钢筋的搭接长度为 150mm。

2）当分布筋兼作温度筋时，其自身及与受力主筋、构造钢筋的搭接长度为 l_l；其在支座的锚固按受拉要求考虑。图 9.4-12a 为纵向钢筋非接触搭接构造。

3）分布筋靠支座边的起步距离为 $a/2$，如图 9.4-12b 所示。

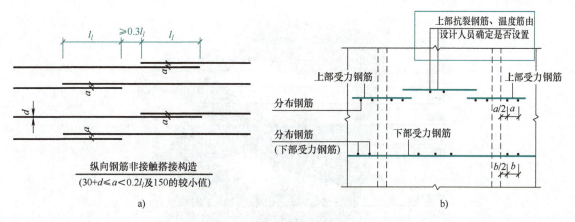

图 9.4-12 板分布筋构造

任务五 楼梯平法识图

学习目标

1. 掌握板式楼梯的分类。
2. 掌握板式楼梯平法施工图的表示方法与注写方式。

任务描述

1. 依据楼梯的平法施工图说明楼梯内钢筋的布置情况。
2. 根据标准图集中的构造要求，说明楼梯内钢筋的锚固措施。

一、楼梯概述

从结构上划分，现浇钢筋混凝土楼梯可分为板式楼梯（图 9.5-1）、梁式楼梯、悬挑楼梯和旋转楼梯等，22G101-2 图集只适用于板式楼梯。板式楼梯的构成包括踏步段斜板（梯板）、梯梁、楼层平台、层间平台（休息平台）以及梁上柱（框架结构）等。

二、板式楼梯平法识图规则

22G101-2 图集中介绍的板式楼梯是由一块踏步段斜板（梯板）、高端梯梁和低端梯梁组成的，梯板支承在高端梯梁和低端梯梁上，或者直接与楼层平板和层间平板连成一体。板式楼梯的类型如图 9.5-2 所示。

AT 型梯板全部由踏步段构成，BT 型梯板由低端平板和踏步段构成，CT 型梯板由踏步段和高端平板构成，DT 型梯板由低端平板、踏步段和高端平板构成，如图 9.5-3 所示。其他类型楼梯详见 22G101-2 图集。

建筑工程识图

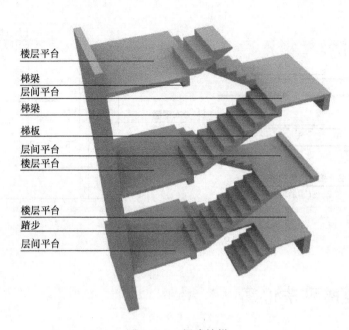

图 9.5-1 板式楼梯

梯板代号	适用范围		是否参与结构整体抗震计算	示意图所在页码 (22G101-2图集)	注写方式及构造图所在页码 (22G101-2图集)
	抗震构造措施	适用结构			
AT	无	剪力墙、砌体结构	不参与	1-8	2-7、2-8
BT				1-8	2-9、2-10
CT	无	剪力墙、砌体结构	不参与	1-9	2-11、2-12
DT				1-9	2-13、2-14
ET	无	剪力墙、砌体结构	不参与	1-10	2-15、2-16
FT				1-10	2-17、2-18、2-19、2-23
GT	无	剪力墙、砌体结构	不参与	1-11	2-20~2-23
ATa	有	框架结构、框剪结构中框架部分	不参与	1-12	2-24、2-26
ATb			不参与	1-12	2-24、2-27、2-28
ATc			参与	1-12	2-29、2-30
BTb	有	框架结构、框剪结构中框架部分	不参与	1-13	2-31~2-33
CTa	有	框架结构、框剪结构中框架部分	不参与	1-14	2-25、2-34、2-35
CTb				1-14	2-27、2-34、2-36
DTb	有	框架结构、框剪结构中框架部分	不参与	1-13	2-32、2-37、2-38

注：ATa、CTa低端带滑动支座支承在梯梁上；ATb、BTb、CTb、DTb低端带滑动支座支承在挑板上。

图 9.5-2 板式楼梯的类型

模块九　结构施工图

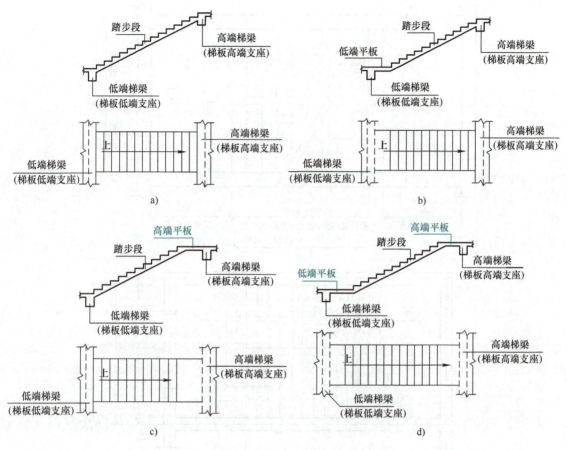

图 9.5-3　不同类型楼梯
a) AT 型　b) BT 型　c) CT 型　d) DT 型

三、板式楼梯的注写方式

现浇混凝土板式楼梯平法施工图有平面注写、剖面注写和列表注写三种表达方式。

1. 平面注写方式

平面注写方式是在楼梯平面布置图上注写截面尺寸和配筋数值来表达楼梯施工图，包括集中标注和外围标注，如图 9.5-4 所示，三维立体楼梯如图 9.5-5 所示。

集中标注包含以下信息：

1) 楼梯的板类型代号及序号，如 AT××，图 9.5-4b 中表示的是编号为 3 的 AT 型楼梯。

2) 梯板厚度注写为 $h = \times \times \times$，图 9.5-4b 中的梯板厚度为 120mm；当为带平板的梯板且梯段板厚度和平板厚度不同时，可在梯段板厚度后面括号内以字母 P 打头注写平板厚度，例如 $h = 130$（P = 150），"130"表示梯段板厚度，"150"表示梯板平板厚度。

3) 踏步段总高度和踏步级数之间以"/"分隔，图 9.5-4b 中踏步段总高为 1800mm，踏步级数为 12。

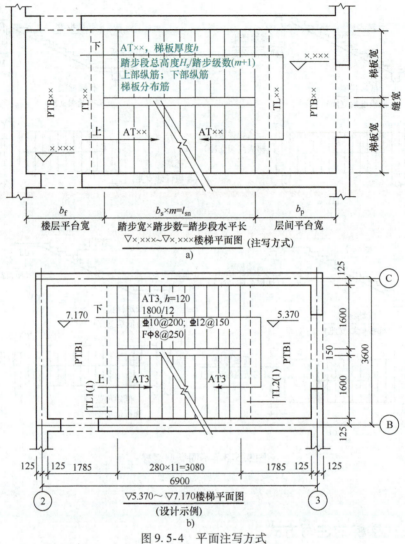

图9.5-4 平面注写方式
a) 注写方式 b) 举例

4) 梯板支座上部纵筋和下部纵筋之间以";"分隔,图9.5-4b中的上部纵筋是直径为10mm的三级钢筋,间距为200mm;下部纵筋是直径为12mm的三级钢筋,间距为150mm。

5) 梯板分布筋以F打头注写分布钢筋具体数值,该项也可以在图中统一说明,图9.5-4b中的分布筋是直径为8mm的一级钢筋,间距为250mm。

楼梯外围标注的内容包括楼梯间平面尺寸、楼层结构标高、层间结构标高、楼梯的上下方向、梯板的平面几何尺寸、平台板配

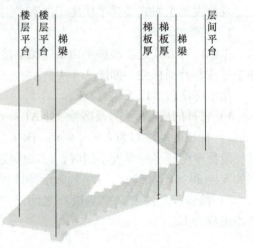

图9.5-5 三维立体楼梯展示

筋、梯梁及梯柱（梁上柱）配筋等。

2. 剖面注写方式

剖面注写方式需在楼梯平法施工图中绘制楼梯平面布置图和楼梯剖面图，注写方式分平面注写和剖面注写两部分。楼梯平面布置图中的注写内容包括楼梯间平面尺寸、楼层结构标高、层间结构标高、楼梯的上下方向、梯板的平面几何尺寸、梯板类型及编号、平台板配筋、梯梁及梯柱（梁上柱）配筋等，如图9.5-6a所示。

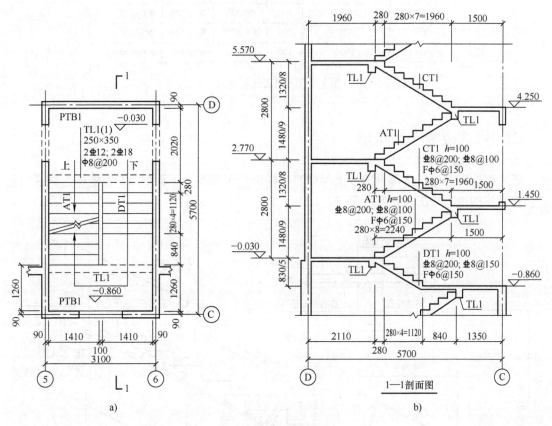

图9.5-6 剖面注写方式
a) 平面布置图 b) 剖面注写

楼梯剖面图中的注写内容包括梯板集中标注、梯梁和梯柱（梁上柱）编号、梯板水平及竖向尺寸、楼层结构标高、层间结构标高等，图9.5-6b中有DT1、CT1、AT1等类型梯板，剖面图中的注写规则与平面注写相同。

描述图9.5-6b中CT1、AT1集中标注的含义。

3. 列表注写方式

列表注写方式是用列表的方式注写梯板截面尺寸和配筋具体数值，以此来表达楼梯施工图。列表注写方式的具体要求同剖面注写方式，仅将剖面注写方式中的梯板配筋集中标注要求改为列表注写即可，例如图9.5-6中AT1、CT1、DT1的列表注写方式如图9.5-7所示。

梯板编号	踏步段总高度(mm)/踏步级数	板厚/mm	上部纵筋	下部纵筋	分布筋
AT1	1480/9	100	⊥8@200	⊥8@100	Φ6@150
CT1	1320/8	100	⊥8@200	⊥8@100	Φ6@150
DT1	830/5	100	⊥8@200	⊥8@150	Φ6@150

图 9.5-7　列表注写方式

四、板式楼梯钢筋构造

板式楼梯钢筋包括下部纵筋、上部纵筋、梯板分布筋等，下面以AT型楼梯为例说明板式楼梯钢筋构造，如图9.5-8所示。

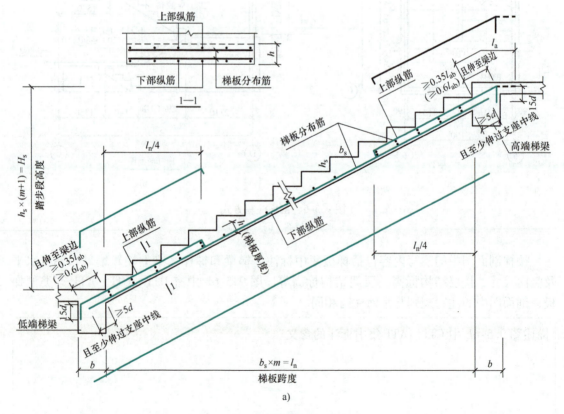

图 9.5-8　AT型楼梯配筋构造要求

a）AT型楼梯剖面构造要求

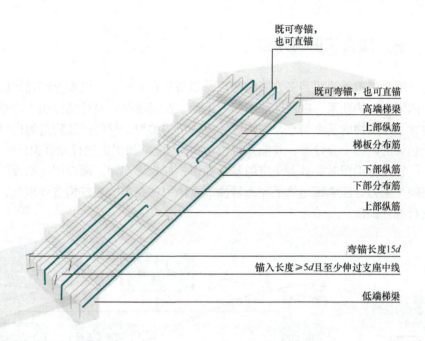

图 9.5-8 AT 型楼梯配筋构造要求（续）
b）三维立体图

由图 9.5-8 可知，板式楼梯钢筋的构造要点为：

1）下部纵筋端部要求伸过支座中线且不小于 $5d$。

2）上部纵筋在支座内需伸至对边再向下弯折 $15d$，当有条件时可直接伸入平台板内锚固，从支座内边算起总锚固长度不小于 l_a。上部纵筋在支座内的锚固长度：$0.35l_{ab}$ 用于设计按铰接的情况，$0.6l_{ab}$ 用于设计考虑充分发挥钢筋抗拉强度的情况，具体工程中设计人员应指明采用何种情况。

3）上部纵筋向跨内的水平延伸长度为 $l_n/4$。

任务六　某办公楼结构施工图识读

学习目标

1. 能熟练掌握 22G101 图集的正确用法。
2. 能将图纸结合起来识读。
3. 能正确掌握识读的方法与步骤。
4. 能独立完成整套结构施工图的识读工作。

任务描述

独自识读一套完整的结构施工图，并能准确查阅标准图集，确定构造要求。

一、综合识图的内容

综合识图需要用到多方面的知识,如图 9.6-1 所示,想要透彻理解施工图纸,就必须了解图纸之间的联系,以及标准图集的出处。在识图时,设计总说明十分重要,设计总说明中包含了建筑物的基本信息,如抗震等级、结构类型、材料以及构造等内容。在识图时要对图纸包含的内容十分熟悉,并能熟练运用 22G101 系列图集进行综合识读。

在进行识图时要具备一定的基本知识,如投影知识、断面图与剖面图的绘制,有一定的空间想象力,能熟练地将平面图转换成立体图;在识读建筑构造要求时,要对应相应的图集进行综合识读。

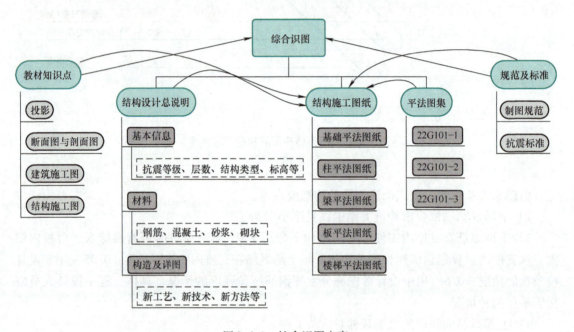

图 9.6-1 综合识图内容

二、识图步骤

对于整套的结构施工图,在初步识图时有一定的识图步骤(图 9.6-2):
1) 详细识读设计总说明,了解建筑结构的基本信息及主要构件的构造要求。
2) 查看基础布置图,了解基础类型及配筋构造,查阅 22G101-3 图集。
3) 查阅柱平法施工图,并与基础布置图相对应,查阅 22G101-1 图集。
4) 查阅梁平法施工图,并与柱平法施工图相对应,查阅 22G101-1 图集。
5) 查阅板平法施工图,并与梁平法施工图相对应,查阅 22G101-1 图集。
6) 查阅楼梯平法施工图,并与板平法施工图相对应,查阅 22G101-2 图集。

模块九 结构施工图

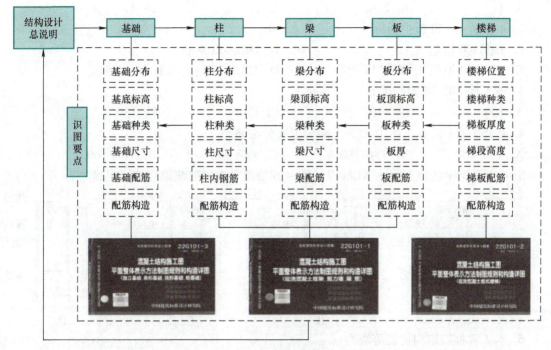

图 9.6-2 识图步骤

三、识图易错点

识图时，要先看设计总说明，对于单张图纸，应先看图名，再看图中的文字说明，最后再详细看图样。图中如果有括号类的标注信息，要特别注意；在识图时，有些内容需要联系建筑施工图综合考虑。识图时的易错点如下所示，在识图时要特别留意：

1) 基础底端的埋置深度。
2) 基础底板配筋的上下位置关系。
3) 不同高度位置处柱内箍筋的形式及纵筋的配置。
4) 柱、梁连接区内钢筋的搭接情况。
5) 柱内箍筋加密区与非加密区的具体计算方法。
6) 梁内纵筋的布置及搭接情况。
7) 梁内箍筋加密区与非加密区的具体计算方法。
8) 板内支座负筋的搭接情况。
9) 板与梁相交处钢筋的搭接情况。
10) 板式楼梯的类型、区别。
11) 板式楼梯与梯梁连接处钢筋的构造要求。

四、结构施工图识图训练

下载结构施工图，进行识图训练并总结识图规律。
1. KZ4 的 b 边中部有（　　）根钢筋。

A. 1　　　　　　B. 2　　　　　　C. 3　　　　　　D. 4

2. 本工程 4.150 板中面筋采用的是（　　）。

A. HPB300 钢筋　　　　　　　　　B. HRB400 钢筋

C. HPB300 钢筋和 HRB335 钢筋　　　D. HRB335 钢筋和 HRB400 钢筋

3. 该工程 LB3 的厚度为（　　）mm。

A. 100　　　　　B. 110　　　　　C. 120　　　　　D. 130

4. 4.150 梁平法施工图中 KL3 上部的板底分布筋是（　　）。

A. Φ8@150　　　B. Φ8@180　　　C. Φ8@200　　　D. Φ8@160

5. 4.150 梁平法施工图中 KL7（7）⑤~⑥轴段左支座处截面配筋图正确的为（　　）。

A.　　　　　　　B.　　　　　　　C.　　　　　　　D.

6. 本工程框架结构抗震等级为（　　）。

A. 一级　　　　　B. 二级　　　　　C. 三级　　　　　D. 四级

7. ③轴交Ⓓ轴标高 12.850 处的框柱配筋截面应为（　　）。

A.　　　　　　　B.　　　　　　　C.　　　　　　　D. 此处无柱

8. ⑥轴交Ⓓ轴处框架柱标高 11.100 处的配筋截面应为（　　）。

A.　　　　　　　B.　　　　　　　C.　　　　　　　D.

9. 本工程中框架柱混凝土强度等级说法正确的是（　　）。

A. 全部采用 C25　　　　　　　　　B. 全部采用 C30

C. 二层以下 C30，其余均为 C25　　　D. 图中未明确

10. 4.150 板平法施工图中 LB2 的混凝土最小保护层厚度为（　　）。

A. 15mm　　　　B. 20mm　　　　C. 25mm　　　　D. 30mm

11. 以下说法正确的是（　　）。

A. 当柱混凝土强度等级高于梁一个等级时，梁、柱节点处混凝土必须按柱混凝土强度等级浇筑

B. 当柱混凝土强度等级高于梁一个等级时，梁、柱节点处混凝土可随梁混凝土强度等级浇筑

C. 当柱混凝土强度等级高于梁两个等级时，梁、柱节点处混凝土可随梁混凝土强度等级浇筑

D. 柱混凝土强度等级不允许高于梁两个等级

12. 填充墙施工做法正确的是（　　）。

A. 填充墙顶与梁板底之间不得顶紧

B. 由下而上逐层砌筑至梁板底

C. 填充墙砌至梁板底附近，待砌体沉实后再由上而下逐层用斜砌法顶紧填实

D. 填充墙砌至梁板底附近，待砌体沉实后再由下而上逐层用斜砌法顶紧填实

13. 本工程采用的基础形式为（　　）。

A. 独立基础　　　　　　　　　B. 十字交叉条形基础

C. 筏形基础　　　　　　　　　D. 桩基础

14. 梁内第一根箍筋的位置（　　）。

A. 自柱边起　　　　　　　　　B. 自梁边起

C. 自柱边或梁边 50mm 起　　　D. 自柱边或梁边 100mm 起

15. ⑤轴交Ⓓ轴处 KZ4 柱下基础的基底标高为（　　）。

A. −1.200　　　B. −1.300　　　C. −1.400　　　D. −2.100

16. ⑤~⑥轴之间入口雨篷板的厚度为（　　）mm。

A. 120　　　　B. 280　　　　C. 100　　　　D. 150

17. Ⓑ轴交⑤轴处 KZ2 柱中心线与轴线的定位关系是（　　）。

A. 重合　　　　　　　　　　　B. Ⓑ轴与柱中心线的间距为 150mm

C. ⑤轴与柱中心线的间距为 250mm　　D. Ⓑ轴与柱中心线的间距为 100mm

18. 4⊕18 表示的含义正确的是（　　）。

A. 4 根直径为 18mm 的 HRB335 钢筋　　B. 4 根直径为 18mm 的 HPB335 钢筋

C. 4 根直径为 18mm 的 HRBF335 钢筋　　D. 4 根直径为 18mm 的 HRB400 钢筋

19. 4.150 梁平法施工图中 KL10（5）支座的通长筋为（　　）。

A. 4⊕20　　　B. 4⊕22　　　C. 2⊕20　　　D. 2⊕22

20. 4.150 梁平法施工图中存在错误或矛盾的是（　　）。

A. KL3（3）　　B. KL4（3）　　C. KL5（3）　　D. L3（1）

21. 关于独立基础配筋标注"B：X⊕16@150，Y⊕16@200"，以下说法错误的是（　　）。

A. 配有底部（B）双向钢筋网

B. 配有顶部（T）双向钢筋网

C. x 方向配有直径为 16mm 的二级钢筋，间距为 150mm

D. y 方向配有直径为 16mm 的二级钢筋，间距为 200mm

22. 基础平法施工图中 $A—A$ 断面应为（　　）。

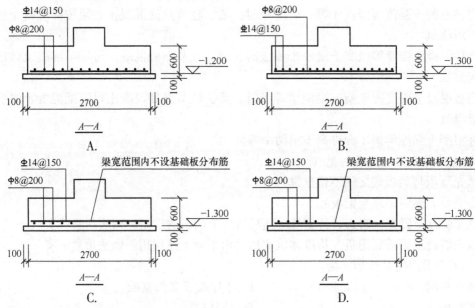

23. 基础平法施工图中 $B—B$ 断面应为（　　）。

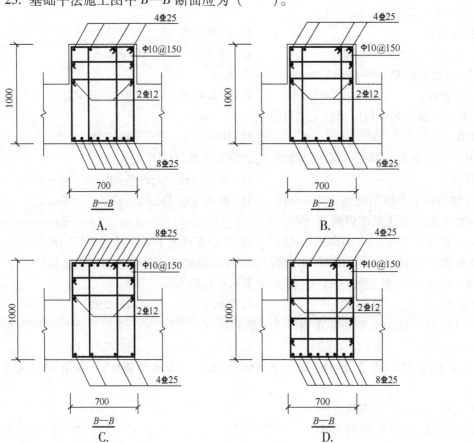

模块九 结构施工图

24. TJBp02（3A）表示什么意思？（　　）。
  A. 2号条形基础基础梁，3跨，一端外伸
  B. 2号条形基础基础梁，3跨，两端外伸
  C. 2号条形基础底板坡形，3跨，一端外伸
  D. 2号条形基础底板阶形，3跨，一端外伸

25. 4.150板平法施工图中LB1板面受力钢筋的间距为（　　）mm。
  A. 100　　　　B. 150　　　　C. 200　　　　D. 250

26. 梁端上部钢筋第一排全部为4根通长筋，第二排为2根支座负筋，则支座负筋长度为（　　）。
  A. $1/5L_n$+锚固　　B. $1/4L_n$+锚固　　C. $1/3L_n$+锚固　　D. 其他值

27. WKL7（2A）表示（　　）。
  A. 7号楼层框架梁，2跨，其中一跨为悬挑梁
  B. 7号楼层框架梁，2跨，一端为悬挑梁，悬挑梁不计入2跨内
  C. 7号屋面框架梁，2跨，其中一跨为悬挑梁
  D. 7号屋面框架梁，2跨，一端为悬挑梁，悬挑梁不计入2跨内

28. 下图哪项是对"DJp03，250/150"的正确表述（　　）。

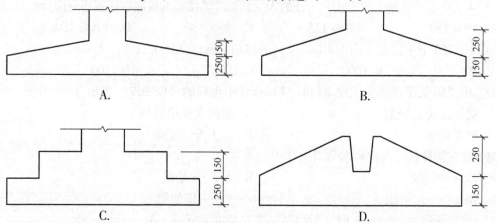

29. 10.750梁平法施工图中②轴处KL15（3）的A～B段跨中截面正确的是（　　）。

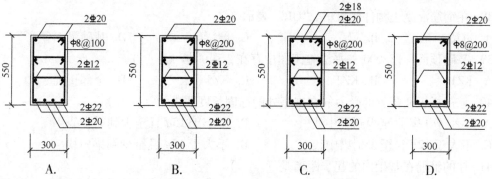

30. 10.750梁平法施工图中KL17（7）的吊筋构造做法应为（　　）。

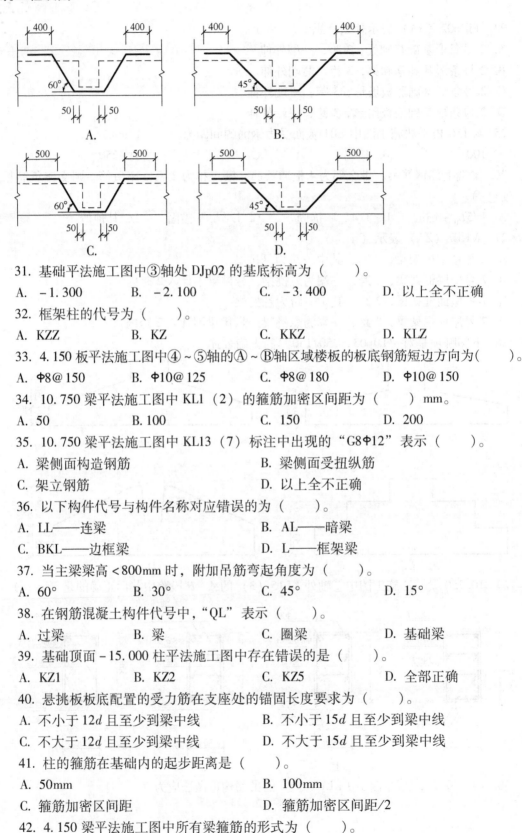

31. 基础平法施工图中③轴处 DJp02 的基底标高为（　　）。
A. -1.300　　　B. -2.100　　　C. -3.400　　　D. 以上全不正确

32. 框架柱的代号为（　　）。
A. KZZ　　　B. KZ　　　C. KKZ　　　D. KLZ

33. 4.150 板平法施工图中④~⑤轴的Ⓐ~Ⓑ轴区域楼板的板底钢筋短边方向为（　　）。
A. Φ8@150　　　B. Φ10@125　　　C. Φ8@180　　　D. Φ10@150

34. 10.750 梁平法施工图中 KL1（2）的箍筋加密区间距为（　　）mm。
A. 50　　　B. 100　　　C. 150　　　D. 200

35. 10.750 梁平法施工图中 KL13（7）标注中出现的"G8Φ12"表示（　　）。
A. 梁侧面构造钢筋　　　B. 梁侧面受扭纵筋
C. 架立钢筋　　　D. 以上全不正确

36. 以下构件代号与构件名称对应错误的为（　　）。
A. LL——连梁　　　B. AL——暗梁
C. BKL——边框梁　　　D. L——框架梁

37. 当主梁梁高 <800mm 时，附加吊筋弯起角度为（　　）。
A. 60°　　　B. 30°　　　C. 45°　　　D. 15°

38. 在钢筋混凝土构件代号中，"QL"表示（　　）。
A. 过梁　　　B. 梁　　　C. 圈梁　　　D. 基础梁

39. 基础顶面 -15.000 柱平法施工图中存在错误的是（　　）。
A. KZ1　　　B. KZ2　　　C. KZ5　　　D. 全部正确

40. 悬挑板板底配置的受力筋在支座处的锚固长度要求为（　　）。
A. 不小于 12d 且至少到梁中线　　　B. 不小于 15d 且至少到梁中线
C. 不大于 12d 且至少到梁中线　　　D. 不大于 15d 且至少到梁中线

41. 柱的箍筋在基础内的起步距离是（　　）。
A. 50mm　　　B. 100mm
C. 箍筋加密区间距　　　D. 箍筋加密区间距/2

42. 4.150 梁平法施工图中所有梁箍筋的形式为（　　）。

A. 单肢箍　　　　B. 双肢箍　　　　　C. 四肢箍　　　　D. 双肢箍和四肢箍均有

43. 嵌固部位非连接区高度为（　　）。
A. $H_n/2$　　　B. $H_n/3$　　　　C. $H_n/4$　　　　D. $H_n/5$

44. 框架梁上部通长筋锚固构造，当支座宽度够直锚时，采用直锚，直锚长度为（　　）。
A. $15d$　　　　　　　　　　　　B. $\max(l_{aE}, 0.5h_c + 5d)$
C. l_{aE}　　　　　　　　　　　　D. 150mm

45. 梁侧面构造钢筋锚入支座的长度为（　　）。
A. $15d$　　　B. $12d$　　　　C. 150mm　　　D. L_{aE}

46. 一级抗震要求的框架梁箍筋加密区判断的条件是（　　）。
A. $1.5H_b$（梁高）、500mm 取大值
B. $2H_b$（梁高）、500mm 取大值
C. 1200mm
D. 1500mm

47. HRB400 钢筋的级别是（　　）。
A. 1 级　　　B. 2 级　　　　C. 3 级　　　　D. 4 级

48. 独立基础底板宽度都大于（　　）mm，钢筋长度才能对称缩减10%。
A. 800　　　B. 500　　　　C. 2000　　　D. 2500

49. 以下为光圆钢筋的是（　　）。
A. HRB335　　B. HPB300　　C. HRBF400　　D. RRB400

50. 框架梁内第一排端支座负筋伸入梁内的长度为（　　）。
A. $1/3L_n$　　B. $1/4L_n$　　C. $1/5L_n$　　D. $1/6L_n$

51. 梁的上部有4根纵筋在同一排，2⊈25为角筋，另还有两根钢筋为2⊈20，梁上部纵筋应注写为（　　）。
A. 2⊈25 + 2⊈20　B. 2⊈25/2⊈20　C. 2⊈25 + (2⊈20)　D. 2⊈20/2⊈25

52. 当主梁梁高>800mm时，附加吊筋弯起角度为（　　）。
A. 60°　　　B. 30°　　　　C. 45°　　　　D. 15°

53. 当梁的腹板高度 H_w 大于（　　）时必须配置构造钢筋，其间距不得大于（　　）。
A. 450mm，250mm　　　　　　B. 800mm，250mm
C. 450mm，200mm　　　　　　D. 800mm，200mm

54. 当梁底部或顶部贯通纵筋多于一排时，用（　　）将各排纵筋自上而下分开。
A. /　　　　B. +　　　　　C. -　　　　　D. 分号；

55. 柱基础插筋弯折长度值的判断在（　　）图集中可以找到依据。
A. 22G101-1　B. 22G101-2　C. 22G101-3　D. 22G101-4

56. 当梁的腹板高度 h_w ≥（　　）mm时，在梁的两个侧面应沿高度布置构造钢筋。
A. 350　　　B. 400　　　　C. 450　　　　D. 400

57. 根据以上识图练习手绘识图思维导图。

建筑工程识图

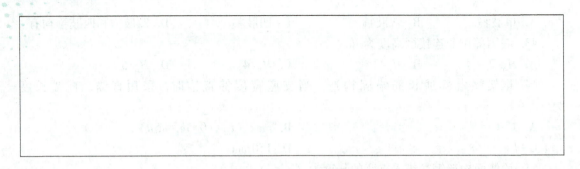

本模块知识框架

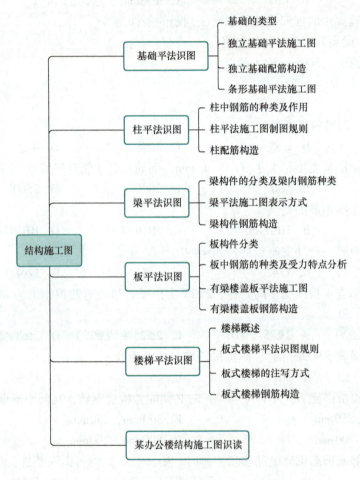

本模块拓展练习

1. 如题 1 图所示,已知在梁的底部配置两根 1 号钢筋(1 级钢筋,直径为 20mm),梁的上部两端共布置两根 2 号钢筋(1 级钢筋,直径 12mm),梁的上部中间布置 1 根 3 号钢筋(1 级钢筋,直径 12mm),沿梁全长布置 4 号箍筋(1 级钢筋,直径 8mm,间距 150mm),试在指定位置完成1—1 和 2—2 断面图,并对钢筋进行标注。

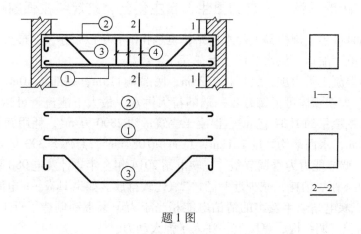

题 1 图

2. 根据题 2 图所示基础平面图，画出指定位置的 A—A 断面图并标注内部钢筋，绘图时不需要考虑比例，但要标注尺寸。

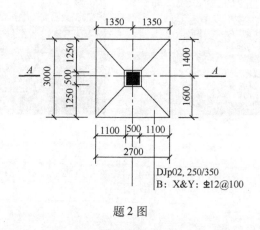

DJp02, 250/350
B: X&Y: ⌀12@100

题 2 图

3. 框架柱列表标注如题 3 图所示，试画出不同标高处的截面图（绘图时不需要考虑比例，但要标注尺寸）。

柱号	标高	b×h/mm	全部纵筋	角筋	b边一侧中部钢筋	h边一侧中部钢筋	箍筋类型	箍筋
KZ1	−0.03～12.27	750×700	24⌀22				1(5×4)	Φ10@100/200
	12.27～23.07	650×600		4⌀22	5⌀22	4⌀20	1(4×4)	Φ10@100/200
	23.07～37.047	550×500		4⌀20	5⌀20	4⌀20	1(4×4)	Φ10@100/200

题 3 图

拓展阅读——自力更生、自主创新，筑起科技强国

三峡水电站是世界上规模最大的水电站，也是我国有史以来建设的最大型工程项目，全面发挥防洪、发电、航运、供水及环境生态等综合效益。

三峡大坝为混凝土重力坝，大坝长 2335m，底部宽 115m，顶部宽 40m，高程 185m，正常蓄水位 175m。大坝坝体可抵御万年一遇的特大洪水，最大下泄流量可达 10 万 m^3/s。整个工程的土石方挖填量约 1.34 亿 m^3，混凝土浇筑量约 2800 万 m^3，耗用钢材 59.3 万 t。水库全长超过 600km，水面平均宽度 1.1km，总面积 1084km^2，总库容 393 亿 m^3，其中防洪库容 221.5 亿 m^3，调节能力为季调节型。三峡电站 2014 年全年累计发电 988 亿 kW·h，相当于减少 4900 多万 t 原煤消耗，减少近 1 亿 t 二氧化碳排放。如果 1kW·h 电能对 GDP 的贡献按 10 元计算，三峡电站全年发出的清洁电能相当于为国家带动创造了近 1 万亿元的财富。这为国家"稳增长、调结构、惠民生"注入了强大动力。

三峡工程是国之重器，是靠劳动者的辛勤劳动自力更生创造出来的。真正的大国重器，一定要掌握在自己手里。核心技术、关键技术，化缘是化不来的，要靠自己拼搏。

模块十　建筑装饰施工图

【模块概述】

建筑装饰施工图包含了装饰平面图、顶棚平面图、装饰立面图、装饰剖面图及节点详图。装饰平面图主要反映室内平面形状和尺寸、功能布局、家具和陈设布置，以及地面造型、材料做法等；顶棚平面图主要反映室内顶棚的造型、材料做法、尺寸标高等；装饰立面图是室内墙面的正投影图，反映墙面的做法、造型和尺寸等；装饰剖面图和节点详图是以上图纸的细化，反映装饰造型的内外构造、材料选用、尺寸标高及饰面要求等细节内容。

【知识目标】

1. 掌握建筑装饰施工图所包含的基本内容及识读要点。
2. 掌握建筑装饰施工图的绘图方法。

【能力目标】

1. 能独立完成建筑装饰施工图的识读工作。
2. 能准确绘制建筑装饰施工图。

【素质目标】

1. 培养细心识图、耐心绘图的职业素养。
2. 培养动手绘图的能力。
3. 培养自主探究学习的习惯。

> 建筑装饰施工图是以透视效果图为依据，采用正投影方法绘制的图纸，用于反映建筑物的装饰结构造型、饰面处理效果及做法，以及家具、陈设、绿化等的布置情况。
> 建筑装饰施工图是常见的施工图纸，正确识读建筑装饰施工图是进行装饰施工的基础。

建筑工程识图

任务一　建筑装饰施工图基础知识

学习目标

1. 掌握建筑装饰工程图的分类。
2. 掌握建筑装饰施工图的图例及图线规定。

任务描述

联系生活实际识别某户型建筑装饰施工图中的家具、卫生设备等。

相关知识

建筑装饰施工图基础知识是建筑装饰施工图识读与绘制的重要基础。

一、建筑装饰工程图概述

建筑装饰工程图由效果图、建筑装饰施工图和室内设备施工图组成。

从某种意义上讲，效果图也应该是施工图。在施工中，效果图是形象、材质、色彩、光影与氛围等艺术处理的重要依据，是建筑装饰工程所特有的、必备的施工图纸。

建筑装饰施工图包含装饰平面图、顶棚平面图、装饰立面图、装饰剖面图及节点详图。

室内设备施工图包含室内给水排水施工图、室内供暖施工图、室内电气施工图。

建筑装饰工程图编排顺序的原则：建筑装饰施工图在前，室内设备施工图在后；基本图在前，详图在后；先施工的图纸在前，后施工的图纸在后。应将图纸中未能详细标明或不易标明的内容写成设计说明，将门窗和图纸目录归纳成表格，并将这些内容放于首页图纸中。由于建筑装饰工程是在已经确定的建筑实体上或其空间内进行的，因而其首页图纸一般不布置总平面图。

二、建筑装饰施工图的有关规定

1. 图样的比例

建筑装饰施工图常用的比例有1∶1、1∶2、1∶5、1∶10、1∶20、1∶25、1∶30、1∶40、1∶50、1∶100、1∶200等，依据实际需要选择，其中在装饰平面图与顶棚平面图中主要用1∶50、1∶100、1∶200。

2. 建筑装饰施工图常用图例

建筑装饰施工图常用图例见表10.1-1～表10.1-4。

表 10.1-1　常用家具图例

名称	图例	名称	图例
单人沙发	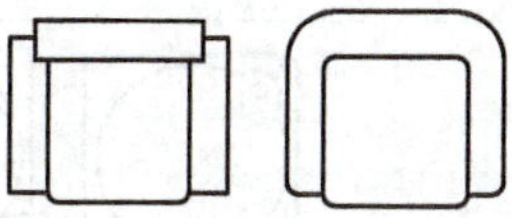	躺椅	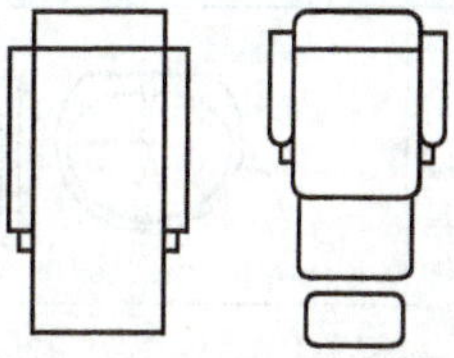
双人沙发	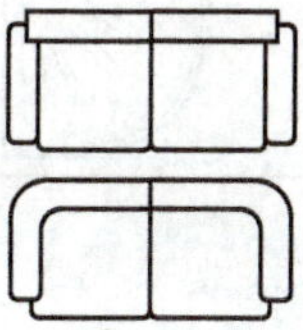	单人床	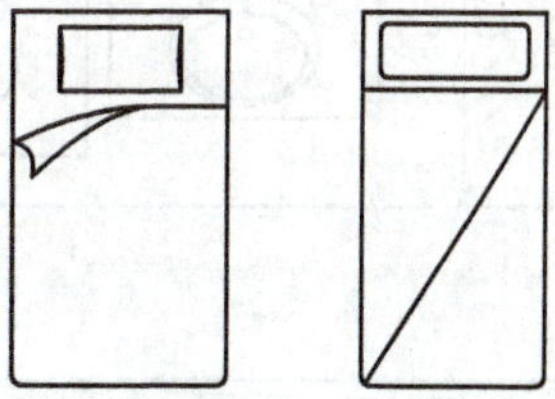
三人沙发	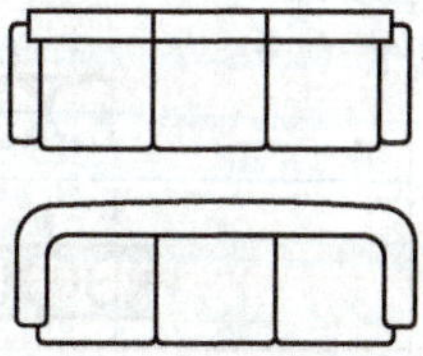	双人床	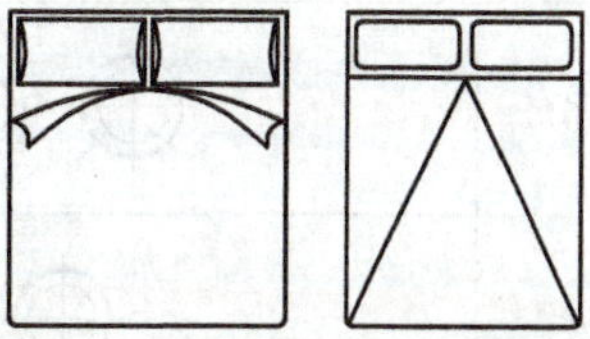
办公桌	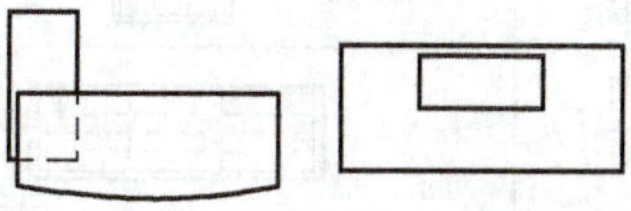	衣柜	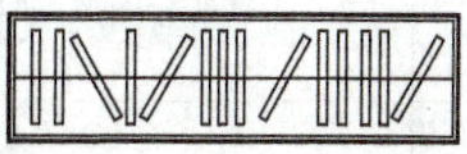
办公椅	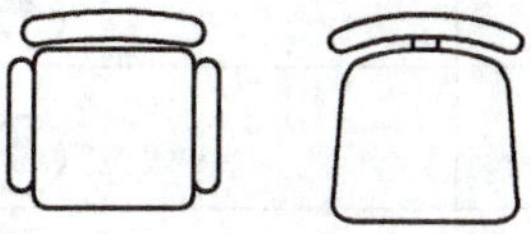	低柜	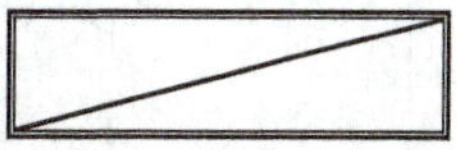
休闲椅	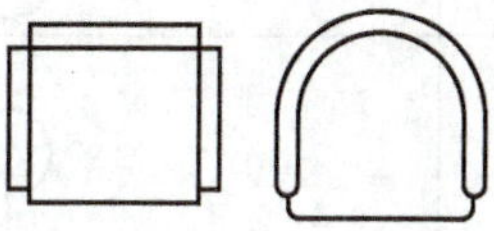	高柜	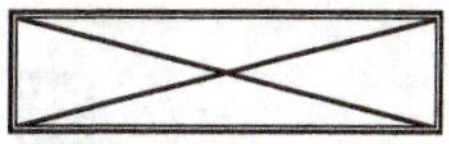

建筑工程识图

表 10.1-2 常用洁具图例

名称		图例	名称		图例
大便器	坐式	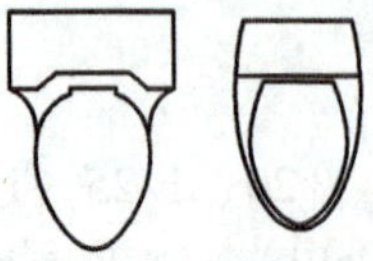	污水池		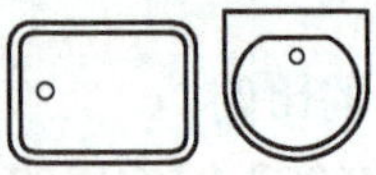
	蹲式	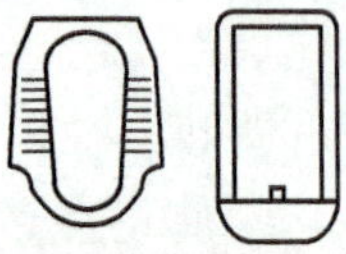	浴缸	长方形	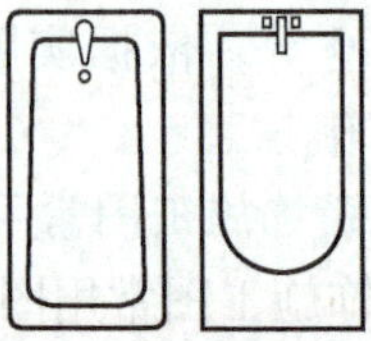
小便器		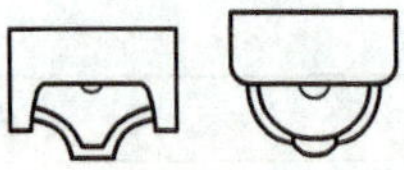		三角形	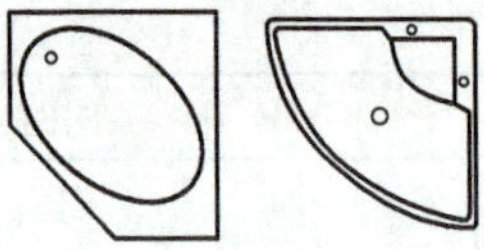
台盆	立式	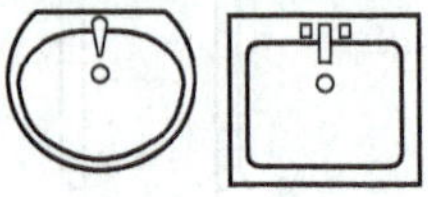		圆形	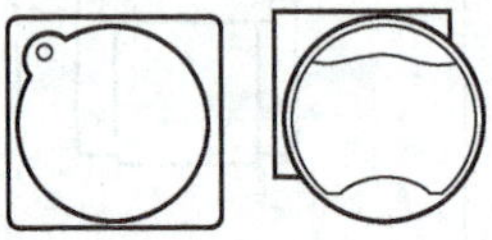
	台式	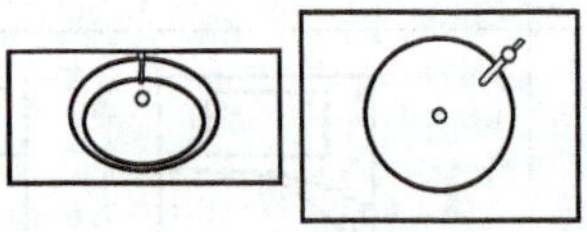	淋浴房		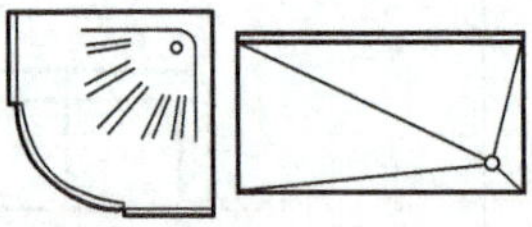

表 10.1-3 常用灯光照明图例

名称	图例	名称	图例
艺术吊灯	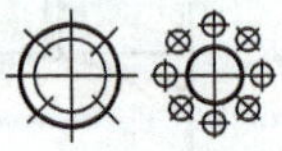	格栅射灯	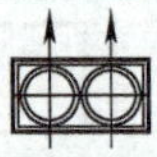 (双头)
			 (三头)
吸顶灯		格栅荧光灯	 (正方形)
筒灯			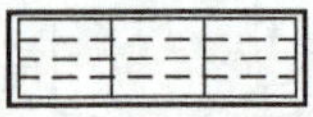 (长方形)
射灯		暗藏灯带	
轨道射灯		壁灯	
		台灯	
		落地灯	
格栅射灯	 (单头)	水下灯	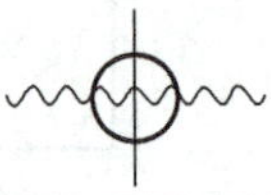

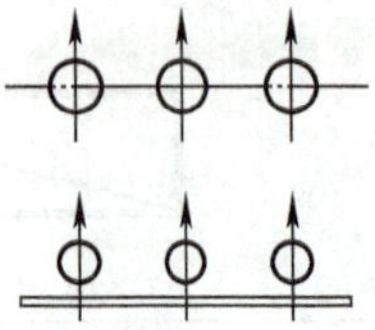

模块十 建筑装饰施工图

（续）

名称	图例	名称	图例
踏步灯		泛光灯	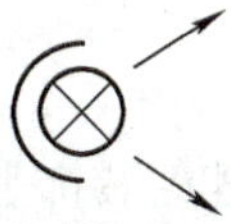
荧光灯	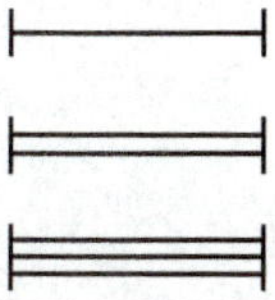		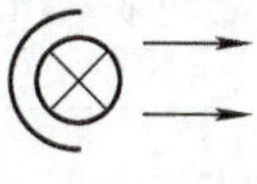
投光灯		聚光灯	

表 10.1-4　常用开关、插座平面图例

名称	图例	名称	图例
（电源）插座		网络插座	 C
三个插座		有线电视插座	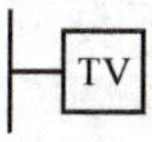 TV
带保护极的（电源）插座		单联单控开关	
单相二、三极电源插座		双联单控开关	
带单极开关的（电源）插座		三联单控开关	
带保护极的单极开关的（电源）插座		单极限时开关	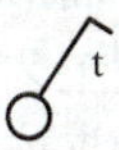 t
信息插座	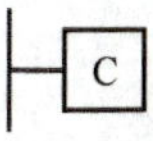 C	双极开关	
电接线箱	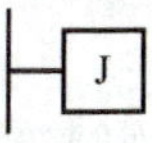 J	多位单极开关	
公用电话插座		双控单极开关	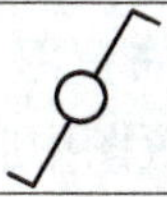
直线电话插座		按钮	
传真机插座	 F	配电箱	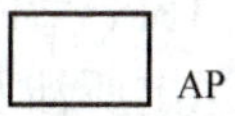 AP

任务二　建筑装饰平面图识读

学习目标

1. 了解建筑装饰平面图的形成。
2. 掌握建筑装饰平面图所表达的内容及识读要点。
3. 掌握建筑装饰平面图的绘制方法。

任务描述

1. 识读某建筑装饰平面图，并结合生活实际分析图中的空间布局及人流动线等情况。
2. 识读某地面装饰图，描述地面装修情况。

相关知识

建筑装饰平面图是装饰施工图的主要图纸，主要用于表示空间布局、空间关系、家具布置、人流动线等信息，让客户了解平面构思的意图，绘制时力求清晰地反映空间、家具等的功能关系。

一、建筑装饰平面图的形成与作用

建筑装饰平面图的形成与建筑平面图的形成方法相同，即假设用一个水平剖切平面沿着略高于窗台的位置对建筑进行剖切后得到的视图，但建筑装饰平面图只移去水平剖切平面以上的房屋形体，室内地面上摆设的家具等物体不论切到与否都要完整地画出来。绘制建筑装饰平面图时用粗实线绘制剖切到的墙体、柱等建筑结构的轮廓；用细实线绘制各房间内的家具、设备的平面形状，并用尺寸标注和文字说明的形式表达家具、设备的位置关系和各表面的饰面材料及工艺要求等。

建筑装饰平面图主要用来说明房间内各种家具、家电、陈设等物体的大小、形状和相互关系。

二、建筑装饰平面图的主要内容

建筑装饰平面图包括所有楼层的平面布置图、地面装饰图等。

1. 平面布置图

平面布置图中应根据室内设计原理、人体工程学、用户使用要求等因素对空间进行展开布置，平面布置图应清晰地表达以下内容：

1）用正投影的方法结合平面布置图的识读原理将设计中所涉及的建筑主体结构、构件（柱、墙、门窗、台阶、隔断、屏风等）的形式、位置绘制出来。

2）表示出所涉及的室内空间中的装饰构件、家具、景观植物、电器设备设施等的位置、形式。

3）表示出装饰构件与配套设施的尺寸标注。装饰构件应详细标示出定位尺寸、定形尺寸，同时建筑主体结构的开间进深尺寸、主要装修尺寸等均应标出，在适当的位置要注明界面位置的标高。

4）建筑规模较小的室内项目设计可以省略表示其墙体的定位轴线和轴号，但是在平面布置图中应表示出对应于某立面的内视符号，以及可能出现的详图索引符号、剖切符号等内容。

5）平面布置图中还应表示出相应的房间名称、必要的名称代号、图例说明等信息内容。对于个别的家具、装饰陈设可增加相应的文字说明，对于复杂的装饰构件要注写出装修要求等文字说明内容。图中要注明图名和比例，首层平面布置图宜表示出指北针和建筑室内空间的主入口位置。

6）当地面材料的种类、规格、划分等较为简单时，可以在平面布置图中画出地面装饰图的内容。

7）为了表示对应于某立面的平面位置，平面布置图中应该用内视符号注明视点位置、投视方向、立面编号。一般情况下，内视符号所在平面布置图中的位置即为视点位置，内视符号中字母所在一侧的三角形角端的指向为对应立面的投视方向。符号中的圆圈应用细实线绘制，圆圈的直径长度为 8~12mm，如图 10.2-1 所示为常见的 4 种内视符号，其中图 10.2-1b 为索引内视符号，分母表示立面所在图纸编号，分子表示立面编号。

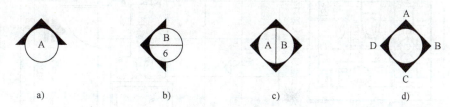

图 10.2-1　常见的内视符号
a）单面内视符号　b）索引内视符号　c）双面内视符号　d）四面内视符号

8）平面布置图中应标注出各个房间的净尺寸，并标注主要装饰构件的定形尺寸和定位尺寸，主要家具、设施之间的定位尺寸，而与装饰无关的外部尺寸可以不标注。个别构件的尺寸在平面布置图中不便标注的，可在立面图、节点详图中详细标注出来。图中连续重复的构（配）件当不易标明定位尺寸时，可以在总尺寸的控制下，定位尺寸不用注写数值而用"均分"或"EQ"表示，如图 10.2-2 所示。

图 10.2-2　尺寸标注

2. 平面布置图识图

识读图 10.2-3 所示平面布置图。

建筑工程识图

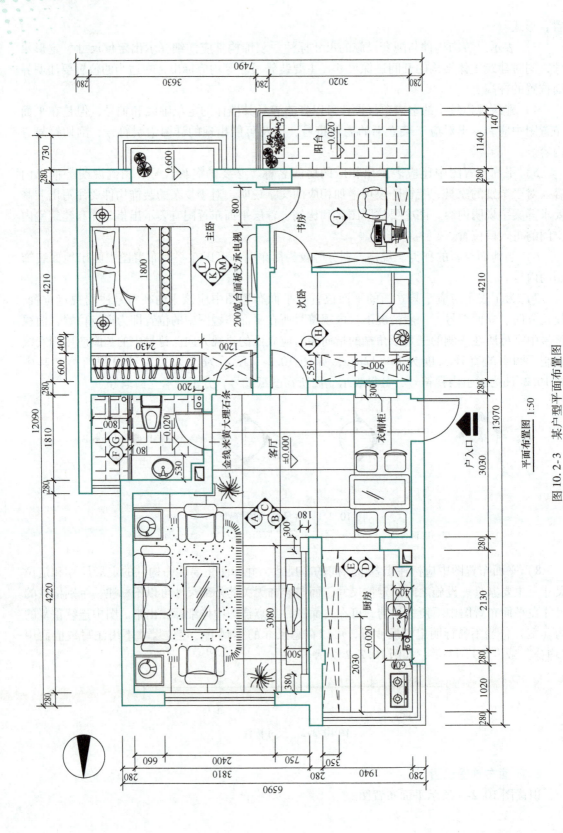

图 10.2-3 某户型平面布置图

叙述图 10.2-3 的装饰装修情况：

3. 地面装饰图

地面装饰图又有地面装修图、地面材质图等名称，它是反映室内地面材料的品种、规格、分格及图案拼花的图纸，其识读原理同平面布置图。

地面装饰图应该主要表示出以下内容：不同地面装饰材料的形式、规格；地面装饰材料的铺装方式、色彩、种类、施工工艺要求的文字说明；画出不同地面装饰材料的分格线以及必要的尺寸标注，以及表示施工时的铺装方向；需要用详图说明地面做法的地面构造处应标注出剖切符号、详图索引符号；当地面材料的种类、规格等较为简单时，地面装饰图可以合并到平面布置图中绘制。

4. 地面装饰图识图

识读图 10.2-4 所示地面装饰图。

叙述图 10.2-4 的装饰装修情况：

三、建筑装饰平面图的绘图要点

1. 平面布置图

平面布置图的画法与建筑平面图基本一致，其绘图要点如下：
1）选比例、定图幅。
2）先用细实线画出建筑主体结构，标注其开间、进深、门洞尺寸及轴线。
3）画出各种家具、陈设、隔断、绿化等的形状、位置。
4）标注装饰尺寸，如隔断、固定家具、装饰造型等的定型、定位尺寸。
5）绘制立面视图符号、详图符号等，并注写文字说明、图名比例等。
6）检查并加深图线，粗、细实线按规定应用。

建筑工程识图

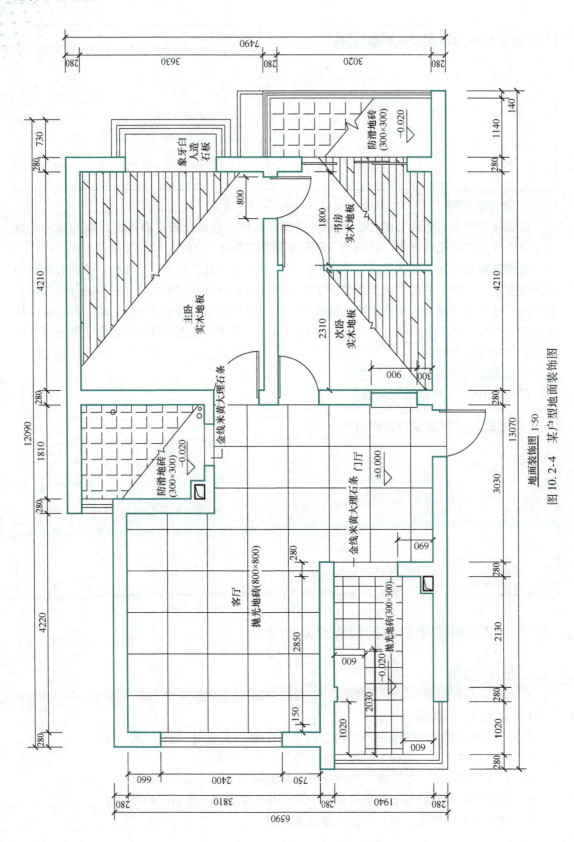

图 10.2-4 某户型地面装饰图

2. 地面装饰图

地面装饰图绘图要点如下：

1）选比例、定图幅。
2）先用细实线画出建筑主体结构，标注其开间、进深、门窗洞口等尺寸。
3）画出楼地面面层分格线和拼花造型等。
4）标注分格和造型尺寸，材料不同时用图例区分，并加以文字说明，以明确做法。
5）绘制细部做法的索引符号、图名比例。
6）检查并加深图线，粗、细实线应按规定应用，例如，门窗、楼梯、台阶、固定家具、铺地之前安装的洁具等用中实线表示；楼地面分格用细实线表示。

任务三　建筑装饰顶棚平面图识读

学习目标

1. 了解建筑装饰顶棚平面图的形成与作用。
2. 掌握建筑装饰顶棚平面图所表达的内容及识读要点。
3. 掌握建筑装饰顶棚平面图的绘制方法。

任务描述

1. 识读建筑装饰顶棚平面图，描述各房间顶棚装饰装修情况。
2. 依据建筑装饰顶棚平面图绘制要点，选择日常熟悉的房间绘制其建筑装饰顶棚平面图。

相关知识

顶棚的综合性功能较强，其作用除装饰之外，还兼有照明、调音、空调、防火等功能。顶棚是室内设计的重要部位，既要有较高的净空，以扩大空间效果，又要把在视觉范围内的梁、板处理好，其设计是否合理对居住人员的精神感受影响非常大。

一、建筑装饰顶棚平面图的形成与作用

建筑装饰顶棚平面图的形成如图 10.3-1 所示。

建筑装饰顶棚平面图一般是用镜面视图或仰视图的方法绘制的，当用镜面视图的方法绘图时，可直接利用建筑平面图的形成方法绘制，但要注意投射方向，同时按国家标准规定，应在图名旁注明"镜像"二字。建筑装饰顶棚平面图主要用来表现顶棚中花饰、浮雕及阴角线的处理形式；另外，建筑装饰顶棚平面图中还要表明顶棚上各种灯具的布置状况及类型，顶棚上消防装置和通风装置的布置状况与装饰形式。

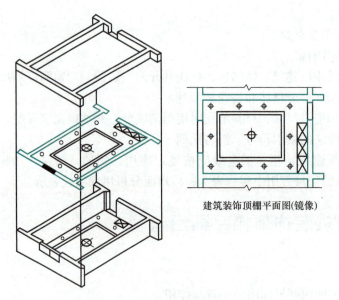

图 10.3-1　建筑装饰顶棚平面图的形成

二、建筑装饰顶棚平面图的基本内容

建筑装饰顶棚平面图包括所有楼层的顶棚总平面图及顶棚布置图，当顶棚规模较大时，要绘制顶棚总平面图，应能反映各楼层顶棚的总体情况，包括顶棚造型、顶棚装饰灯具布置、消防设施及其他设备布置等内容。家装设计图，只需要绘制顶棚布置图即可。所有的建筑装饰顶棚平面图应包含以下内容：

1）应与建筑装饰平面图一致，标明柱网和承重墙、主要轴线和编号、轴线间尺寸和总尺寸等信息。

2）建筑装饰顶棚平面图中应表明顶棚表面局部起伏变化状况，即吊顶叠层表面变化的深度和范围。变化深度可用标高标明，构造复杂的则要用剖面图表示。

3）建筑装饰顶棚平面图中应标明顶棚上各种灯具的设置状况，如吸顶灯、吊灯、筒灯、射灯等灯具的位置与类型，并标明灯具的设置间距及灯具安装方式。

4）顶棚上如有浮雕、花饰及藻井时，当建筑装饰顶棚平面图的比例较大能直接表达时，应在建筑装饰顶棚平面图中绘出，否则可用文字注明并另用大样图表明。

5）建筑装饰顶棚平面图应标明顶棚表面所使用的装饰材料的名称及色彩。

6）吊顶做法如需用剖面图表达时，建筑装饰顶棚平面图中还应指明剖面图的剖切位置与投射方向，对局部做法有要求时可用局部剖切来表示。

三、建筑装饰顶棚平面图识读实例

识读图 10.3-2 所示建筑装饰顶棚平面图。

模块十 建筑装饰施工图

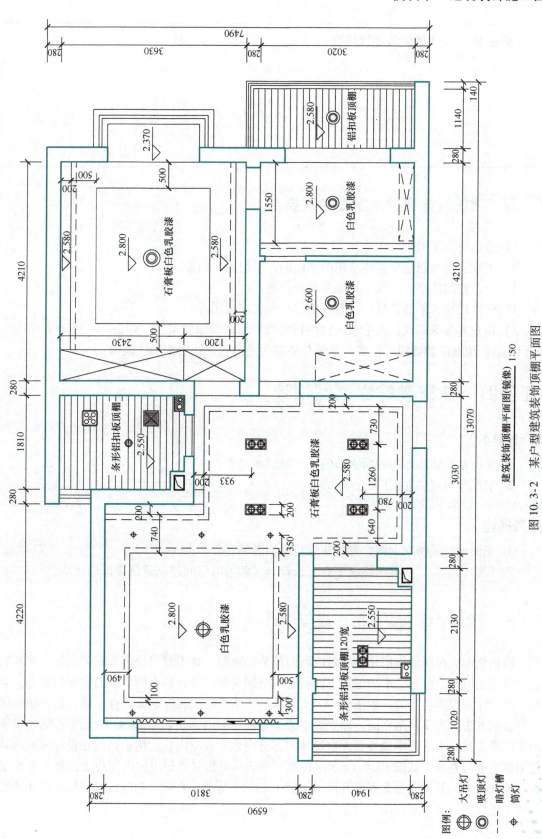

图 10.3-2 某户型建筑装饰顶棚平面图

叙述图 10.3-2 的装饰装修情况：

四、建筑装饰顶棚平面图绘制要点

1）选比例、定图幅。
2）用细实线绘制建筑主体结构的平面图，不用画出门窗。
3）画顶棚的造型轮廓线、灯饰及各种设施。
4）标注尺寸、剖面符号、详图索引符号和文字说明等。
5）检查并加深图线，其中墙、柱用粗实线表示；顶棚的藻井、灯饰等主要轮廓线用中实线表示；顶棚的装饰线、面板的拼装分格等次要的轮廓线用细实线表示。

任务四　建筑装饰立面图识读

学习目标

1. 掌握建筑装饰立面图所表示的内容及识读要点。
2. 掌握建筑装饰立面图的绘制方法。

任务描述

1. 识读建筑装饰立面图，完成装饰装修情况描述。
2. 依据建筑装饰立面图绘制要点，选择日常熟悉的房间绘制建筑装饰立面图。

一、建筑装饰立面图的形成与作用

建筑装饰立面图的作用是反映对应墙面的装饰造型、饰面材料处理等相关内容。建筑装饰立面图是用一个假想的水平剖切平面将室内空间垂直剖开，移去剖切平面前面的部分，对余下部分作正投影得到的，如图 10.4-1a 所示。常见的建筑装饰立面图有 3 种表示方法：第一种表示方法的实质是剖立面，即立面中表示有剖切的内容，如图 10.4-1b 所示；第二种表示方法是省略表示立面中顶棚、左右墙体的部分内容，省略内容的构造做法在设计说明或其他图纸中进行表示，如图 10.4-1c 所示；第三种表示方法是假想沿室内墙角依次展开各个墙面的装饰效果，其实质是立面展开图，如图 10.4-1d 所示。实际绘制时，可以根据具体情况采用上述任何一种表示方法。

模块十　建筑装饰施工图

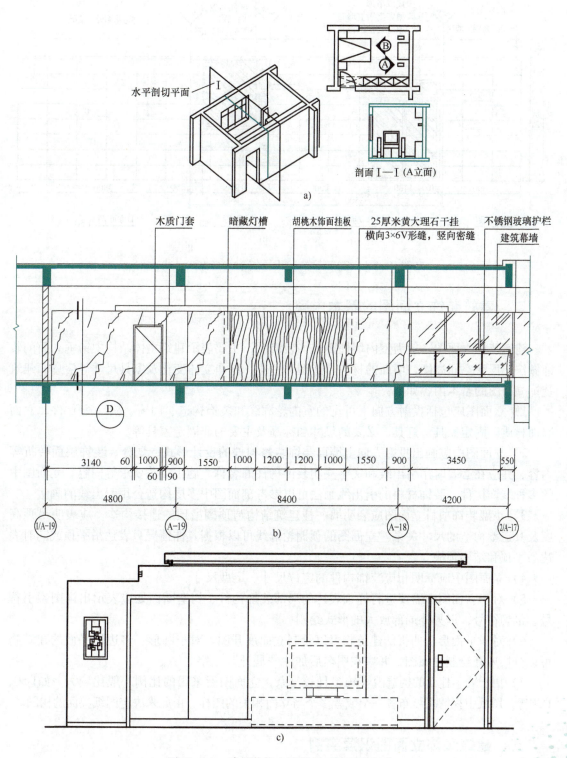

图 10.4-1　建筑装饰立面图的三种形成方式

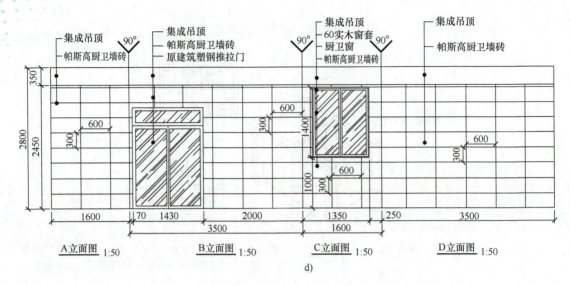

图 10.4-1 建筑装饰立面图的三种形成方式（续）

二、建筑装饰立面图的基本内容

建筑装饰立面图一般为室内墙柱面装饰装修图，主要表示建筑主体结构中铅垂立面的装饰做法，反映空间高度，墙面的材料、造型、色彩、凹凸立体变化及家具尺寸等信息。建筑装饰立面图的基本内容如下：

1）立面图应包括投射方向上可见的室内轮廓线和装饰构造、门窗、构（配）件、立面墙面材质、固定家具、灯具、必要的尺寸和标高及主要的非固定家具等。

2）立面图中应画出投射方向上墙面装饰装修构件的设计形式、划分、装饰层面转折等内容，并应在必要时用引出线和文字注明装饰构件的名称、施工工艺要求等内容。立面图中的多种装饰构件、装饰材料的引出线画法可以参考剖面图中多层构造公用引出线的画法。

3）小型装饰项目立面图应表明墙、柱建筑结构与顶棚吊顶的连接构造，应表明吊顶高度及其造型构造的尺寸关系。立面图的顶棚轮廓线可以根据具体情况只表达吊平顶或同时表达吊平顶和结构顶棚。

4）立面图中应标明相应装饰构件的定位尺寸、定型尺寸。

5）对于立面图中需要进行详细表达的局部装饰构件、构造断面处应表示出详图索引符号、剖切符号，以另外局部放大的形式绘制。

6）对于平面形状曲折的建筑物可以绘制立面展开图。对于圆形、多边形平面的建筑物可以分段展开绘制立面图，并应在图名后加注"展开"二字。

7）由于墙、柱面的构造内容较多且较复杂，立面图所采用的比例一般比较大，如1:50、1:30等。图纸中视情况可布置一个或者多个与立面相关的图样，由此来决定图纸幅面的构图。

三、建筑装饰立面图识读实例

识读图 10.4-2 所示建筑装饰立面图。

模块十 建筑装饰施工图

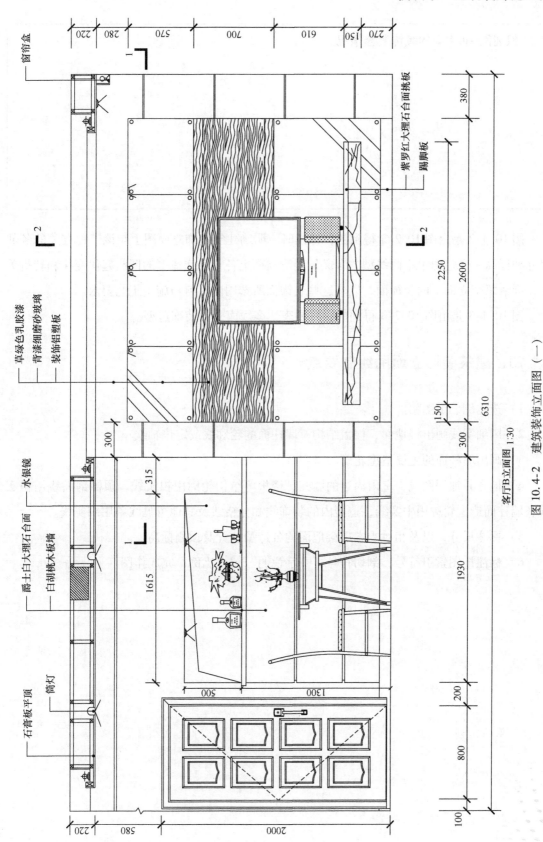

图 10.4-2 建筑装饰立面图（一）

叙述图 10.4-2 的装饰装修情况：

图 10.4-2 是由图 10.2-3 得到的，识读时应明确建筑装饰立面图上与该工程有关的各部尺寸和标高，通过图中不同线型的含义，弄清立面上各种装饰造型的凹凸起伏变化和转折关系，弄清每个立面上的装饰面，以及这些装饰面所选用的材料与施工工艺要求。

图 10.4-3 是由图 10.2-3 得到的，主要表达客厅南立面装饰造型。

四、建筑装饰立面图绘制要点

1）选比例、定图幅。

2）用细实线画出楼地面、楼盖结构、墙柱面的轮廓线或定位轴线。

3）画出墙柱面的主要造型轮廓。

4）检查并加深图线，室内周边的墙柱、楼板等结构轮廓用粗实线，顶棚剖面线用粗实线，墙柱面造型轮廓用中实线，造型内的装饰线和分格线及其他可见线条用细实线。

5）标注尺寸，以及相对于本层楼地面的各造型位置及顶棚标高。

6）标注详图索引符号、剖切符号、文字说明、图示比例，完成作图。

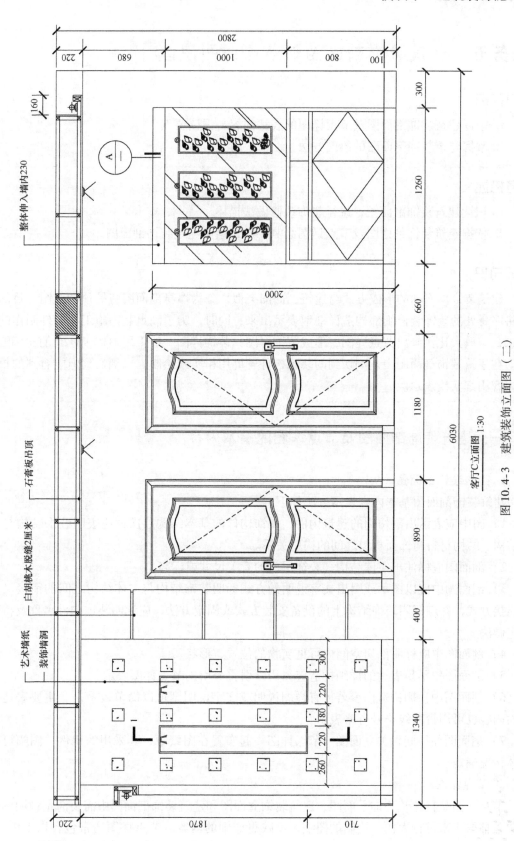

图10.4-3 建筑装饰立面图（二）

任务五　建筑装饰剖面图与节点详图识读

学习目标
1. 掌握建筑装饰剖面图及节点详图的表达内容与识读要点。
2. 掌握建筑装饰剖面图的绘图方法。

任务描述
1. 识读建筑装饰剖面图，进行装饰装修做法描述。
2. 依据建筑装饰剖面图及节点详图绘制要点，绘制建筑装饰剖面图。

相关知识

建筑装饰剖面图的形成方式与建筑剖面图类似，分为墙身剖面图与吊顶剖面图，目的是将墙身处的装饰装修细部构造详细地表示出来；同时，为了满足装饰施工与构件制作的需求，需放大比例画出节点详图，形成装饰详图，装饰详图一般采用1:10 ~ 1:20 的比例绘制。在建筑装饰剖面图中，剖切到的装饰构件轮廓用粗实线绘制，未剖切到但能看到的投影内容用细实线表示。

一、建筑装饰剖面图及节点详图的基本内容

1. 建筑装饰剖面图

建筑装饰剖面图基本内容表示方法如下：

1）图中应表示出剖切到的建筑构件、装饰构件的基本结构层次，应表明装饰结构与建筑结构、结构材料与饰面材料之间的构造关系。

2）剖面图应标注出主体结构、装饰层次的有关尺寸或标高。

3）剖面图中应以图示或引出文字说明的方式标明装饰结构与主体结构之间的衔接尺寸和连接方式，并应标明装饰结构上的设备安装方式或固定方法，应说明装饰构件名称及特殊工艺做法。

4）剖面图中应标明剖切空间内可见实物的位置、形状。

5）剖面图中不易表达的详细构造应另用索引符号引出节点详图表示。

6）剖面图中顶棚构造内容若另有详图说明或文字说明则可以简单表示，非主要表达的剖面内容也可用折断线符号省略表示。

7）剖面图往往同相关立面图、节点详图一起布置在图纸中，其采用的比例、图幅可视具体情况确定。

2. 节点详图

节点详图是将建筑装饰平面图、建筑装饰立面图和建筑装饰剖面图中需要清楚说明的部位单独抽取出来进行大比例绘制的图纸，反映更详细的内容。节点详图通常包含以下内容：

装饰面层材料、支承与连接材料，构（配）件的详细尺寸、做法和施工要求，装饰面上的设备和设施的安装方式及固定方式等。节点详图基本内容表示方法如下：

1）节点详图应表示出装饰结构与建筑结构之间的连接方式、衔接构造，并表示出各装饰层、装饰造型的结构形式，画出各装饰构件。

2）节点详图应表示出各主要装饰构造层的材料名称、施工工艺要求等，可以用引出线引出文字说明。

3）节点详图应标明装饰构件的装饰尺寸，需再次放大比例进行详细表示的细部要用详图索引符号引出详图。

4）节点详图中剖切到的建筑主体结构宜用粗实线表示，主要的装饰构造层宜用中实线表示，其他投影轮廓线宜用细实线表示。剖切到的主要的构造层情况应表示出材料的材质。

二、建筑装饰剖面图识读实例

识读图 10.5-1 所示建筑装饰剖面图。

图 10.5-1 出自图 10.4-2，主要说明电视墙立面从顶棚到踢脚板的具体装饰做法。

叙述图 10.5-1 的装饰装修情况：

三、建筑装饰剖面图及节点详图绘制要点

1）选比例、定图幅。
2）画墙、柱的结构轮廓。
3）画出装饰构造层次。
4）加粗图线，剖切到的建筑结构轮廓用粗实线绘制，装饰构造层次用中实线绘制，材料图例及分层引出线等用细实线绘制。
5）标注尺寸。
6）标注图名、比例、说明文字。

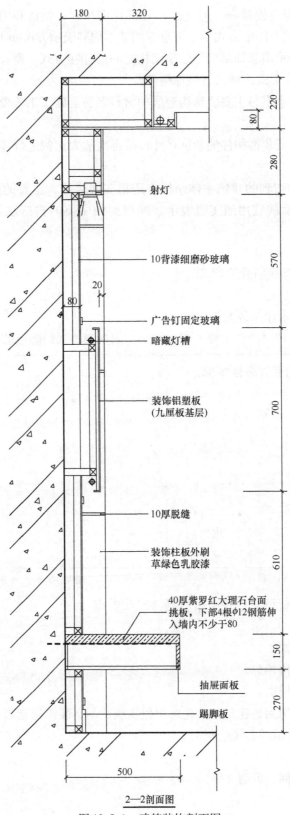

2—2剖面图

图10.5-1 建筑装饰剖面图

模块十　建筑装饰施工图

本模块知识框架

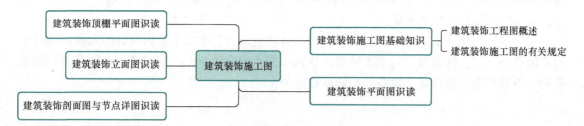

本模块拓展练习

下载并识读建筑装饰施工图，回答问题。
1. 识读休息区装饰平面图，描述休息区装饰布置。
2. 识读休息区地面装饰图，描述其地面铺装施工做法。
3. 识读休息区顶棚平面图，描述其顶棚分区做法。
4. 描述休息区 A-18～A-19 区域 A-F 墙面做法。
5. 描述图纸 08A-F 区域玻璃栏杆做法。

拓展阅读——依托室内设计传承中国传统文化

随着室内设计理论与实践的快速发展，现代室内设计理念更注重文化特性。我国传统文化中蕴含着丰富的文化内涵与审美底蕴，将这些元素或符号运用到室内装饰设计当中，既可以传承民族优秀文化，又可以将现代室内功能与传统文化广泛融合，进一步实现室内设计的再创造。进行室内设计时，要对多种室内设计元素进行组合，努力实现中国传统文化元素在室内设计中的充分运用。

在中国茶文化室内设计的案例中，陶瓷用于艺术装饰，通过一定的釉色、图案的结合，营造平和、安详的氛围，给人带来独特的艺术享受，例如走廊里的陶瓷瓶、展柜里的陶瓷杯等传统元素。木质材料的装饰是室内装饰的重要元素，设计师可以利用材料的原色进行装饰，以便较好地呈现中国传统文化元素的设计风格，从而达到优化空间定位的效果，例如原木柜、原木门窗、原木桌椅等。

走廊展柜　　　　　　新中式包间

瓦墙细部

对于窗棂格，融入图案中的生活元素并非只考虑其装饰作用，图案的内涵同样大有考究。例如，如意纹代表吉祥如意，龟背锦代表健康、长寿，步步锦代表步步高升，灯笼锦代表喜庆热闹；就连看似凌乱的冰裂纹也因其乱中有序、错落搭接的特性而被赋予寒窗苦读、稳中有进的精神气质。中式窗格给人简洁明快、轻松自然的氛围，搭配瓦墙，使人融入其中，感受中国传统文化的美丽。

中国传统文化元素的融入，提高了室内设计的生命力，丰富了室内设计的元素，增强了受众的情感共鸣，体现独特的东方神韵。致精于艺，致意于心，一路跋涉，一路芬芳，偶遇荆棘，不忘初心，演绎属于自我的精彩职业生涯。

参 考 文 献

［1］中国建筑标准设计研究院有限公司. 混凝土结构施工图平面整体表示方法制图规则和构造详图（现浇混凝土框架、剪力墙、梁、板）：22G101-1［S］. 北京：中国标准出版社，2022.
［2］中国建筑标准设计研究院有限公司. 混凝土结构施工图平面整体表示方法制图规则和构造详图（现浇混凝土板式楼梯）：22G101-2［S］. 北京：中国标准出版社，2022.
［3］中国建筑标准设计研究院有限公司. 混凝土结构施工图平面整体表示方法制图规则和构造详图（独立基础、条形基础、筏形基础、桩基础）：22G101-3［S］. 北京：中国标准出版社，2022.
［4］上官子昌. 22G101图集应用——平法钢筋算量［M］. 北京：中国建筑工业出版社，2022.
［5］王文仲. 建筑识图与构造［M］. 4版. 北京：高等教育出版社，2018.
［6］刘军旭，雷海涛. 建筑工程制图与识图［M］. 2版. 北京：高等教育出版社，2018.
［7］张喆，武可娟. 建筑制图与识图［M］. 北京：北京邮电大学出版社，2016.
［8］李伟珍，张煜，曹杰. 建筑构造［M］. 天津：天津大学出版社，2016.
［9］李元玲. 建筑制图与识图［M］. 2版. 北京：北京大学出版社，2016.
［10］杨京玲，丁源，周波. 装饰制图与识图［M］. 2版. 南京：东南大学出版社，2015.